小城镇水业及垃圾处理行业培训丛书

供 水 技 术

李 健 高沛峻 编著

中国建筑工业出版社

图书在版编目（CIP）数据

供水技术/李健，高沛峻编著. —北京：中国建筑工业出版社，2005

（小城镇水业及垃圾处理行业培训丛书）

ISBN 7-112-07776-1

Ⅰ. 供... Ⅱ. ①李...②高... Ⅲ. 城镇-城市供水-研究-中国 Ⅳ. TU991.92

中国版本图书馆 CIP 数据核字（2005）第 109331 号

小城镇水业及垃圾处理行业培训丛书
供 水 技 术
李 健 高沛峻 编著

*

中国建筑工业出版社出版、发行（北京西郊百万庄）

新 华 书 店 经 销

霸州市振兴制版公司制版

北京市安泰印刷厂印刷

*

开本：850×1168 毫米 1/32 印张：10¼ 字数：283 千字

2005 年 11 月第一版 2005 年 11 月第一次印刷

印数：1—3000 册 定价：**26.00** 元

ISBN 7-112-07776-1

（13730）

加快城镇化进程，是适应国民经济发展的需要，也是城镇化发展客观规律的要求。而小城镇的发展是城镇化的关键，作为小城镇建设重要基础设施之一的供水工程建设在小城镇发展中起着至关重要的作用。随着经济发展和人民生活水平的提高，近年来我国城市供水取得了迅速的发展，供水能力有了较大的提高。但现阶段供水基础很不稳固。本书系统介绍了小城镇供水的专业知识，全书共九章，第1、2章概述了我国现阶段供水现状、标准及其发展趋势；第3章至第7章分别阐述了供水厂的取水工程、处理工艺、水厂建设、输配水工程、供水安全等方面的具体要求，第8章介绍了西部小城镇水厂的运行管理，第九章为给水处理技术经济分析，实现水厂的最优化。

＊　　＊　　＊

责任编辑：于　莉　胡明安　姚荣华

责任设计：崔兰萍

责任校对：刘　梅　李志瑛

小城镇水业及垃圾处理行业培训丛书

编　委　会

名誉顾问：武　涌

顾　　问（按姓氏笔画）：

王建清　吴庆元　张锡辉　肖德长　邹常茂

施　阳　栾　华　徐海芸　富文玲

Frits Dirks

主　　编：李　健　高沛峻

编　　委（按姓氏笔画）：

王　靖　孔祥娟　刘宗源　吴景山　张　兰

修大鹏　姚　培　郑　梅　高　巍　黄文雄

梁建军　戚振强　彭志平　葛永涛　廖　利

樊宇红　樊　瑜　戴建如　Jan Hoffer

Meine Pieter van Dijk

组织策划：北京恒益合建筑节能环境保护研究所

前　言

　　我国现有约 2 万多个小城镇，这些小城镇在我国城镇化进程中扮演着吸收农村富余劳动力、带动农村地区经济发展、缩小城乡差别、解决"三农问题"等十分重要的角色。

　　我国政府一贯非常重视小城镇的建设和发展，先后出台了一系列政策措施，鼓励小城镇的健康可持续发展。然而，随着人口的增加和社会经济的发展，小城镇在基础设施建设和运营方面出现了很多新问题，如基础设施严重短缺、管理能力和效率低下、生态环境破坏日趋严重等，这些问题都迫切需要我们认真研究解决。通过调查，我们发现除了政策和资金方面的问题之外，影响小城镇发展的关键是人才缺乏和能力不足，主要表现在：

　　（1）缺乏熟悉市场经济原则、了解技术发展状况与水平的决策型人才，尤其是缺乏小城镇基础设施总体规划、总体设计方面的决策人才。从与当地政府的沟通来看，很多地方官员对小城镇总体规划与总体设计的认知程度不够，对相关政策法规的执行力度不足。

　　（2）缺少熟悉现代科学管理知识与方法的管理型人才，如小城镇建设所需的项目管理、项目融资与经营方面的人才，缺乏专业的培训。

　　（3）专业技术人员严重不足，缺乏项目建设、运行、维护、管理方面的专业人员。在 16 个调研点中，有 1/3 的地方基本上没有污水处理、垃圾处理和供水设施运行、维护和管理方面的专业技术人员；1/3 的调研点在污水处理、垃圾处理、供水设施方面的专业技术人员能力明显不足。

（4）对政策的理解和执行力度不够。相比较而言，我国东部地区关于基础设施的相关政策已经比较完善，实际执行情况较好；而西部许多小城镇只有一些简单的地方管理办法，管理措施很不完善，对国家政策的理解和执行能力很弱，执行结果差异较大。

针对以上存在的问题，2002年12月5日，建设部与荷兰大使馆签订了"中国西部小城镇环境基础设施经济适用技术及示范"项目合同。该项目是中荷两国政府在中国西部小城镇环境基础设施建设领域（包括城镇供水、污水处理和垃圾处理）开展的一次重要的双边国际科技合作。按照项目的设计，项目设计的总体目标是通过中国西部小城镇环境基础设施的经济适用技术集成、示范工程、能力建设、市场化机制和技术政策的形成以及成果扩散等活动，促进西部小城镇环境基础设施发展，推进环境基础设施建设的市场化进程，改善环境，减少贫困，实现社会经济可持续发展的目标。

根据要求，我们开展了针对西部地区小城镇水业及垃圾处理行业的培训需求调研、培训机构调查、培训教材编制等几个方面的工作，以期帮助解决小城镇能力不足和缺乏培训的问题。

据调查，目前国内水业及垃圾处理行业的培训教材的现状是：一是针对某种专业技术人员的专业书籍；二是对于操作工人的操作手册。而针对水业及垃圾处理行业的管理与决策者方面的教材很少，针对小城镇特点的培训教材更是寥寥无几。

本丛书在编写过程中，力求结合小城镇水业及垃圾处理行业的特点，从政策、管理、融资以及专业技术几个方面，系统介绍小城镇水业及垃圾处理行业的项目管理、政策制定与实施、融资决策以及污水处理、垃圾处理、供水等专业技术。同时，在建设部、荷兰使馆的大力支持下，编写组结合荷兰及我国东部地区的典型案例，通过案例分析，引进和吸收荷兰及我国东部地区的先进技术、管理经验和理念。

　　本丛书可作为水业及垃圾处理行业的政府主管部门、设计单位、研究单位、运行和管理人员及相关机构的培训用书，同时也可作为高等学校的教师和学生的教学与参考用书。

目　　录

第1章 绪 论

城镇化进程是人类社会文明进步和经济发展的必然趋势。加快城镇化进程，不仅是国民经济发展的需要，也是城镇化发展客观规律的要求。积极稳妥地推进城镇化进程，是进入 21 世纪国民经济和社会发展的重要战略内容之一，是优化城乡经济结构，促进国民经济良性循环和社会协调发展的重大措施。而加快小城镇的发展是城镇化的一个关键问题，作为小城镇建设重要基础设施之一的供水工程建设在小城镇的发展中起着至关重要的作用。

随着经济发展和人民生活水平的提高，近年来我国城市供水取得了迅速的发展，供水能力有了较大的提高。目前城市供水企业生产能力与最高日供水量的比达到了 1.32，水量的短缺已经不是供水的主要矛盾。水质处理技术也日臻成熟，为适应水质提高的要求，卫生部于 2001 年 6 月颁布了新的《生活饮用水卫生规范》，不仅测试项目有较大增长，指标标准要求也更为严格，建设部已经编制了新的《城市供水水质标准》，对检测项目和指标提出了较高的要求，这两个新的标准相比《生活饮用水卫生标准》（GB 5749—85），对于保障饮用水的卫生安全和人民群众的身体健康具有更为重要的意义。供水企业的管理目前正步入一个崭新的阶段，由传统的国有垄断经营向特许经营发展，允许民间及国外资金进入供水企业，将会更有利于供水企业的发展，为居民提供更为优质的饮用水和完善的服务。

虽然我国城镇供水事业迅速发展，在一定程度上缓解了城市供水的供求矛盾，但是这些技术进步和发展大部分集中在大中型城市供水企业。由于小城镇建设刚刚起步，无论供水的水质、水量还是供水管理，现状都令人担忧，存在不少的问题，要稳定地保障为数众多的小城镇的供水，需要处理好以下几个问题。

1.1 稳固基础

现阶段我国小城镇供水基础很不稳固，主要体现在：第一，存在水资源短缺，水污染严重，加剧了水源危机。第二，小城镇管网建设上还很薄弱，管网材质差，城镇近1/3管网超过了使用期，急需更新改造。第三，全国广大县镇和村镇的供水普及率低，而且大多数水质不符合标准。在城镇供水事业今后面临的首要问题是治理水污染，确保城市供水资源，提高供水普及率；在管理上强化节约用水，实行计划用水管理，采取阶梯式水价制度，以经济杠杆作用促进节约用水。

今后城镇供水工程建设重点在小城镇和城市管网建设方面。当前小城镇供水能力不足、设备简陋、技术管理力量不足，水质不符合国家标准。建议供水主管部门，应把小城镇供水工作作为投资重点。小城镇发展可带动广大村镇发展，也可使大量农村劳动力被接纳在小城镇，减轻大中城市人口剧增的压力。发展小城镇供水设施，在条件允许时，可采取区域联合供水，也可以以股份制的形式建设跨区域的联合供水工程。各地政府采取扶持政策，鼓励有经济实力的大中城市供水企业以科研成果和先进技术入股开发，可在一定程度上解决资金不足、技术管理水平落后等困难，进而逐步促进中国城镇供水事业发展，缩小我国供水事业与国际上的差距。

1.2 继续坚持改革开放政策，以改革求发展

小城镇水司一般归口管理，如果独立设置，要坚决贯彻《公司法》的有关规定，建立企业法人财产制度，使之成为产权清

晰、权责明确、政企分开、管理科学的现代企业制度。让企业成为"自主经营、自负盈亏、自我约束、自我发展"的经济实体。

在明确政府与企业职责问题上，政府应抓宏观和法规上的大事，做好城镇供水规划，以指导企业按规划发展；对供水水质、水量、水压进行监督；对供水价格进行审批和监督；对城市水资源、能源、土地等根据城市总体规划，予以有偿调配和保障；对国有资产进行增值保值的监督管理，指导和监督企业按照国家法规政策贯彻执行。而企业在政府授权经营，以企业法人身份，建立法人财产制度，遵守法规，搞好经营管理。

通过改制建立完善的经营管理机制、监督机制，确保国有资产增值保值。正确处理好产权、经营权、人事权、分配权等关系，逐步改变目前存在的投资是政府行为，价格背离价值，造成政策性亏损由政府补贴的状态，改变目前政企不分、职责不明的现象。

水价是供水行业走向自我发展的关键政策，也是牵连千家万户的国计民生的大事，此问题解决得好坏，关系着企业是否可以维持增值保值、能否进行金融信贷建设供水工程或者在提高水质、安全运行、节能降耗等方面的投资改造，能否按经济规律办事。在社会主义的市场经济条件下，只有具备合理的投入与产出条件，投资者具有一定的利润率保障，才能促进企业的良性发展。居民支付合理的水费，才能保障质优、量足的供水。水是安居乐业的重要物质基础，据统计，生活用水费用的支出还不足社会家庭总收入的 0.5%，水价改革具有社会和经济基础。

1.3　必须大力发展供水科技事业

要发展我国的供水事业，必须大力发展供水科技。当前科技兴业应首先发挥两个积极性，即发挥供水企业和科研设计院校的积极性。供水企业必须在科技上加大投入，达到水质优、运行安全、可靠和节能降耗的目的。但由于科技立项体系以及各地供水企业各自为战、势单力薄，难于发挥人力、物力上的潜在力量。

另一方面，全国供水科研院校，有高深理论知识和科学实践经验的高层次人才，在这些科研设计单位，具有高精尖的科学实践仪器，大量的国内外图书资料，可供科研人员借鉴，但由于遇到投资和生产实践场地等限制，其潜力也未能完全发挥。应有效利用积极因素，以应用科学为主，坚持提高水质，提高供水安全可靠性，降低能耗、漏损、药耗和减少人员等，在技术、管理、工艺设备、仪表和材料等方面通力合作，既具有生产科研实验和物质条件，又具有高层次的人才，在市场经济条件下，将科技力量组成集约化的松散型的联合体。

科技发展还要抓好科技发展规划。建设部颁布的《城市供水行业技术进步发展规划》，促进了供水事业的发展。但由于供水事业科技发展迅速，有些问题有待进一步修订，组织全行业继续做好供水科技规划工作，在一定时期内提出行业科技进步发展目标。

1.4 大力扶持我国民族水工业

大力扶持民族水工业，扶持水工业设备厂商，也是供水行业技术进步的先决物质条件。当前应当抓好城镇供水管网设备、仪表、材料等方面的工作。通过调查研究、评审、推荐等工作，把优质过关的产品，成龙配套推荐给各供水企业；再把用户意见反馈给厂家。认真做好用户和厂家之间的交流合作工作，使我国供水所需的设备、仪表、材料，逐步走向国产化。

在工程建设和改造中确立优先采用质量过关的国产设备、器材；各企业要成立采购决策审议机构，严格审批质量。

1.5 继续贯彻"开源与节流"并重的方针

城镇节约用水应采取科学技术进步手段，促进城镇节约用水，大力鼓励采用节水型生产工艺、先进设备，贯彻建设部颁布的《城镇节水 2010 年技术进步发展规划》。尽快推广实行节水型水价政策，例如阶梯水价制度，定额供水办法，超定额要加价收费等。以经济杠杆来促使全社会节约用水，这些措施在某种程度上会使今后城镇用水更加科学、公正、合理。

许多小城镇的发展缺乏整体规划，在一些较早发展起来的小城镇，建筑物沿公路两旁延伸，形成马路城市和带状城市。居民住房建设凌乱，给小城镇集中供水、供电、道路、通讯设施的改善以及排水和环境污染的治理等带来相当的难度。

此外，小城镇由于受到供水规模小、占地面积较小、日变化系数和时变化系数均较大、水厂技术力量较薄弱、管理水平较低、财力较为紧张等条件的制约，供水状况差的问题一直难以得到妥善解决，这就决定了小城镇供水不同于大中型城市供水，不能生搬硬套。针对小城镇的特点制定合适的供水发展目标，提供切实可行的建设、运行及管理操作依据是本书的主要目标。

第2章 供水标准及发展趋势

城镇供水标准包括水量标准和水质标准，小城镇应当考虑自身条件，在遵循国家供水条例的基础上做出适当的调整和变动。

2.1 用水量标准

2.1.1 用水量内容

小城镇用水量应根据下列各项用水量确定：

(1) 综合生活用水（包括居民生活用水和公共建筑用水）；

(2) 工业企业生产用水和工作人员生活用水；

(3) 消防用水；

(4) 浇洒道路和绿地用水；

(5) 未预见用水及管网漏失。

2.1.2 用水量标准

小城镇给水工程统一供给的综合生活用水量宜采用表 2-1 指标，并结合小城镇地理位置、水资源状况、气候条件、经济水平、社会发展与城镇公共设施水平、居民生活习惯等，综合分析比较选定指标。

2.1.3 用水量预测

小城镇用水量一般分为生活用水量、工业用水量和其他用水量。本文采用定额法进行用水量预测的有关分析。

小城镇人均综合生活用水量指标（L/（人·d））　表 2-1

地区区划	小城镇规模分级					
	一		二		三	
	近期	远期	近期	远期	近期	远期
一区	190～370	220～450	180～340	200～400	150～300	170～350
二区	150～280	170～350	140～250	160～310	120～210	140～260
三区	130～240	150～300	120～210	140～160	100～160	120～200

注：

1. 一区包括：贵州、四川、湖北、湖南、江西、浙江、福建、广东、广西、海南、上海、云南、江苏、安徽、重庆；

   二区包括：黑龙江、吉林、辽宁、北京、天津、河北、山西、河南、山东、宁夏、陕西、内蒙古河套以东和甘肃黄河以东的地区；

   三区包括：新疆、青海、西藏、内蒙古河套以西和甘肃黄河以西的地区。

2. 水人口为小城镇总体规划规定规划人口数。

3. 综合生活用水为小城镇居民日常生活用水和公共建筑用水之和，不包括浇洒道路、绿地、市政用水和管网漏失水量。

4. 指标为规划期最高日用水量指标。

5. 小城镇规模分级：一代表一级镇，指县驻地镇、经济发达地区 3 万人以上人口的中心镇、经济发展一般地区 2.5 万人以上镇区人口的中心镇；二代表二级镇，经济发达地区一级镇以外的中心镇和 2.5 万人以上人口的一般镇、经济发展一般地区一级镇以外的中心镇、2 万人以上镇区人口的一般镇、经济欠发达地区 1 万人以上镇区人口县城镇以外的其他镇；三代表三级镇，二级镇以外的一般镇和在规划期将发展的建制镇。

6. 特殊情况的小城镇，应根据实际情况，用水量指标酌情增减。

1. 生活用水

生活用水采用综合用水量的计算方法，即综合生活用水定额乘以规划人口。综合生活用水定额应根据当地国民经济和社会发展规划、城镇总体规划和水资源充沛程度，在现有用水定额基础上综合给水工程发展条件综合分析确定。小城镇用水人口少，居民住房条件、给水排水及卫生设备完善程度、生活水平比大中城市低，用水定额也相应降低。但降低多少为宜，目前尚无定论。统计资料表明，"集中龙头取水"的用水模式正逐渐被淘汰，"室内有给水龙头，但无卫生设备"的用水模式在小城镇还占有一定的比例，这主要分布在小城镇边缘的农村。目前，部分小城镇居民室内有给水、排水、卫生设备，并有淋浴设备，东部小城镇2～3层小楼房的比例已达到60％左右，居住面积比大中城市的居民好一些，但是东西部地区由于生活习惯的差异，在综合生活用水指标选择时应结合具体情况分析。最高日综合生活用水定额一般取 200～220L/（cap·d）为宜。但可根据近远期、地区经济差异乘以一个"调整系数"。

2. 生产用水

小城镇的工业企业一般以三资企业、乡镇企业为主。小城镇工业企业规模小，以加工业为主，循环用水率低，设备和工艺落后，大城市的万元产值用水量对小城镇仅能作为参考值，不能生搬硬套。规划时，应当通过收集调查历年的工业用水情况，然后根据工业用水的往年资料按历年工业用水的增长率来推算未来用水量，并适当考虑提高工业用水循环用水率。对新建工业开发区，规划用水量可以采用工业用地指标估算。由于小城镇工业企业职工人数少，职工生活用水难以单独计算，规划中可以把职工生活用水和生产用水合并计算。

3. 消防用水

小城镇给水工程规划中不可忽略消防用水这一项。消防用水应按同一时间内的火灾次数和一次灭火用水量确定，其值不应小于小城镇室外消防用水量标准。小城镇室外消防用水量应包括工厂、仓库和民用建筑室外消火栓用水量。当工厂、仓库和民用建筑室外消火栓用水量大于城镇室外消防用水量时，应取较大值。如小城镇人口不大于 1.0 万人时，室外消防用水量为 10L/s，而一座 5001～20000m³ 多层建筑其室外消火栓用水量为 20L/s 时，会出现室外消防用水量小于民用建筑室外消火栓用水量情况。小城镇人口不大于 2.5 万人时，也会出现此情况。在这种情况下，应注意采用较大值。

4. 市政用水量

道路和绿地等市政用水量在小城镇所占比例较小，小城镇规划时采用生活用水量的 3%～5% 估算，也可合并到未预见水量之中。

此外，由于小城镇的人口资料也比较齐全，也容易收集，规划中采用人口比量法进行计算，可能与现实更接近，预测会更准确。

2.2　用水水质标准

供水水质和服务直接关系到广大人民群众和社会各个方面，因此世界各国均把提高供水水质和改善供水服务列为供水企业部门的主要工作目标。中国建设部编制的《城市供水行业 2000 年技术进步发展规划》（简称《规划》）提出"二提高"（提高供水水质、提高供水安全度），"三降低"（降低电耗、降低药耗、降低漏水率）的目标。

2.2.1　水质定义

就表面含义而言，水质就是水的质量，但是水质已经成为一条具有特定科技内涵的术语，并通过水质参数的术语形式来表达，指水的使用性质。为了控制水中成分产生的不良作用，每一种用水都制定了一套有一系列水质参数所定义的水质标准。每一项水质参数表征一项水质成分所产生的物理的、化学的或生物的特性。水质标准则对这些参数加以量的界定。用水的水质标准是给水处理的水质约束条件。

2.2.2　主要水质参数含义

水质参数指所有反映水的使用性质的一种量，包括水质直接参数和水质替代参数。

1. 水质直接参数

水质直接参数是指水中的一种具体成分（温度除外），绝大多数水质参数均属于这一类。可粗略分为三类：无机物，有机物和污染物质。

无机物包括水中溶解的离子、气体和悬浮的泥沙；天然水中常见的有机物主要为腐殖质和多核芳香烃；合成有机物构成了水中污染物质的主要来源。

2. 水质替代参数

水质替代参数值反映水中某一类具有共性的物质的参考指标。常见的水质替代参数及其含义见表2-2。

常见水质替代参数　　　　　　表2-2

替代参数	替代的水质对象	替代参数	替代的水质对象
浊度	悬浮颗粒物	BOD	生物降解有机物
色度	腐殖质	COD	化学氧化的有机物和无机物
嗅	产生嗅味的物质	TOC	有机物
电阻率	溶解离子	总三卤甲烷 TTHM	四种三卤甲烷
电导率	溶解离子	总三卤甲烷生成势 TTHMFP	三卤甲烷前体
总溶解固体 TDS	溶解固体	UV（254mm）吸光度	TOC、THM前体
硬度	钙离子与镁离子	叶绿素	藻类计数
碱度	碳酸氢根、碳酸根和氢氧根	NPTOC	非挥发性有机物
总大肠杆菌	病原菌	PTOC	挥发性有机物

2.2.3　饮用水水质与健康

水是自然界一切生命的重要基础，是人类赖以生存和发展必不可少的物质之一。然而，水在自然界的循环过程中，由于人类的活动和工农业的发展，往往会通过不同途径使天然地表水和地下水受到不同程度的污染，因此，水又成为人们疾病发生和传播的重要媒介。世界卫生组织的统计表明，人体所得的各种疾病，80％与水有关。从 20 世纪 70 年代起，饮用水中化学成分的数量急剧增加，世界范围内饮用水中，已出现 765 种合成有机化合物，其中 117 种是属于致癌的或有关致癌的物质。2003 年，世界水资源大会公布的统计报告称，全球约有 14 亿人喝不到安全的饮用水，有 23 亿人没有起码的卫生条件，每天有 6000 名儿童死于卫生不良引起的疾病，尤其在发展中国家已出现了由于饮用水卫生恶劣而造成的令人不安的征兆。我国仅有不足 11％的人能饮到符合卫生标准的水，有 65.4％的人口在饮用混浊、苦咸、受工业污染或能传播疾病的水，约 7 亿人在饮用大肠杆菌超标的水，1.7 亿人在饮用受有机物污染的水，其中近 4 千万人的饮用水污染尤其严重，主要分布在长江沿岸及人口稠密的地区。

地方病与水质的关系就是一个非常典型的问题。由饮用水所导致的地方病是由于饮用水中某些微量元素过多或严重缺乏而引起的地方性非传染性疾病。我国地方病主要有地方性氟中毒、碘缺乏病（IDD）、克山病、大骨节病、砷中毒等。地方性氟中毒病是由于居民生活环境特别是饮水或空气或食物中氟化合物含量超过了允许浓度，造成氟在机体内过量蓄积引起的中毒。在我国，主要分布在北方、西南和西北地区。据统计，中国氟斑牙患者有 4000 多万人，氟骨症患者有 260 余万人。碘缺乏病（IDD）是由于居民长期摄入碘不足而引起的，我国是碘缺乏病较严重的国家，病区波及 29 个省、自治区、直辖市，病区人口 4.25 亿人，占世界病区人口的 40％，这种危害具有多重表现，主要包括地方性甲状腺肿，地方性克汀病，甲状腺机能低下，智力障碍等一系列病症。克山病是以心肌病为主的地方病，重症死亡率高达 85％以上。克山病因现在有两种假说，其中一种认为是由于土壤中或饮水中的元素成分和含量引起的。

由此可见，饮用水是否安全将直接影响到使用者的健康，关系到人民生活质量的改善与提高。安全的饮用水不会因饮入此种水后发生传染病、地方病或长期饮用后也不会发生某些慢性疾病或者产生对健康不利影响。安全的饮用水首先必须符合国家饮水卫生标准,该标准是从保障人体健康角度,结合具体国情(技术、经济、居民文化、卫生素质)制定。

2.2.4 饮用水水质标准

现代的饮用水要求同时满足卫生和美感两个要求。每个国家饮用水水质卫生标准都是结合本国具体条件制定的,而且随着具体条件的变化不断修改。因而,小城镇可视具体情况灵活掌握,但强制标准必须执行。我国生活饮用水水质应符合以下要求:水中不得含有病原微生物;水中所含化学物质及放射性物质不得危害人体健康;水的感官性状良好。具体的水质见表 2-3。

生活饮用水水质卫生规范常规检
测项目及限值 (卫生部,2001) 表 2-3

项 目	限 值
感官性状和一般化学指标	
色	色度不超过 15 度,并不得呈现其他异色
浑浊度	不超过 1 度(NTU)[①],特殊情况下不超过 5 度(NTU)
嗅和味	不得有异臭、异味
肉眼可见物	不得含有
pH	6.5～8.5
总硬度(以 $CaCO_3$ 计)	450mg/L
铝	0.2mg/L
铁	0.3mg/L
锰	0.1mg/L
铜	1.0mg/L
锌	1.0mg/L
挥发酚类(以苯酚计)	0.002mg/L

续表

项 目	限 值
阴离子合成洗涤剂	0.3mg/L
硫酸盐	250mg/L
氯化物	250mg/L
溶解性总固体	1000mg/L
耗氧量(以 O_2 计)	3mg/L,特殊情况下不超过 5mg/L[②]
毒理学指标	
砷	0.05mg/L
镉	0.005mg/L
铬(六价)	0.05mg/L
氰化物	0.05mg/L
氟化物	1.0mg/L
铅	0.01mg/L
汞	0.001mg/L
硝酸盐(以 N 计)	20mg/L
硒	0.01mg/L
四氯化碳	0.002mg/L
氯仿	0.06mg/L
细菌学指标	
细菌总数	100CFU/mL[③]
总大肠菌群	每 100mL 水样中不得检出
粪大肠菌群	每 100mL 水样中不得检出
游离余氯	在与水接触 30min 后应不低于 0.3mg/L,管网末梢水不应低于 0.05mg/L(适用于加氯消毒)
放射性指标[④]	
总 α 放射性	0.5Bq/L
总 β 放射性	1Bq/L

①表中 NTU 为散射浊度单位。②特殊情况包括水源限制等情况。③CFU 为菌落形成单位。④放射性指标规定数值不是限值,而是参考水平。放射性指标超过表中所规定的数值时,必须进行核素分析和评价,以决定能否饮用。

世界卫生组织（WHO）饮用水水质标准的制定考虑到不同国家经济水平的差异和保障人体健康的基本要求，制定的水质标准具有较高的参考价值和指导意义，具体见表2-4。由于欧共体和美国经济比较发达，生活水平较高，因而制定的饮用水水质标准相当严格，这也是我国饮用水水质标准需要努力的目标。

世界卫生组织《饮用水水质标准》（第二版）　　　表 2-4

A 饮用水中的细菌质量

有机体类	指标值	旧标准
所有用于饮用水大肠杆菌或耐热大肠菌	在任意 100mL 水样中检测不出	
进入配水管网的处理后水大肠杆菌或耐热大肠菌,总大肠菌群	在任意 100mL 水样中检测不出； 在任意 100mL 水样中检测不出	在任意 100mL 水样中检测不出； 在任意 100mL 水样中检测不出
配水管网中的处理后水大肠杆菌或耐热大肠菌,总大肠菌群	在任意 100mL 水样中检测不出； 在任意 100mL 水样中检测不出。对于供水量大的情况,应检测足够多次的水样,在任意 12 个月中 95% 水样应合格	

注：如果检测到大肠杆菌或总大肠菌，应立即进行调查。如果发现总大肠菌，应重新取样再测。如果重取的水样中仍检测出大肠菌，则必须进一步调查以确定原因。

B 饮用水中对健康有影响的化学物质

无机组分

指标	指标值（mg/L）	旧标准（mg/L）	备　　注
锑	0.005(p)		
砷	0.01(p)	0.05	含量超过 6×10^{-4} 将有致癌的危险
钡	0.7		
铍			NAD&

指标	指标值（mg/L）	旧标准（mg/L）	备　注
硼	0.3		
镉	0.003	0.005	
铬	0.05（p）	0.05	
铜	2（p）	1.0	ATO
氰	0.07	0.1	
氟	1.5	1.5	当制定国家标准时，应考虑气候条件、用水总量以及其他水源的引入
铅	0.01	0.05	并非所有的给水都能立即满足指标值的要求，所有其他用以减少水暴露于铅污染下的推荐措施都应采用
锰	0.5（p）	0.1	ATO
汞（总）	0.001	0.001	
钼	0.07		
镍	0.02		
NO^{3-}	50	10	每一项浓度与它相应的指标值的比率的总和不能超过 1
NO^{2-}	3（p）		
硒	0.01	0.01	
钨			NAD

有机组分

指标	指标值（μg/L）	旧标准（μg/L）	备　注
氯化烷烃类			
四氯化碳	2	3	
二氯甲烷	20		
1,1-二氯乙烷			NAD
1,1,1-三氯乙烷	2000（p）		

续表

指　　标	指标值(μg/L)	旧标准(μg/L)	备　　注
1,2-二氯乙烷	30	10	过量致险值为 10^{-5}
氯乙烯类			
氯乙烯	5		过量致险值为 10^{-5}
1,1-二氯乙烯	30	0.3	
1,2-二氯乙烯	50		
三氯乙烯	70(p)	10	
四氯乙烯	40	10	
芳香烃族			
苯	10	10	过量致险值为 10^{-5}
甲苯	700		ATO
二甲苯族	500		ATO
乙苯	300		ATO
苯乙烯	20		ATO
苯并[a]芘	0.7	0.01	过量致险值为 10^{-5}
氯苯类			
一氯苯	300		ATO
1,2-二氯苯	1000		ATO
1,3-二氯苯			NAD
1,4-二氯苯	300		ATO
三氯苯(总)	20		ATO
其他类			
二-(2-乙基己基)己二酸	80		
二-(2-乙基己基)邻苯二甲酸酯	8		
丙烯酰胺	0.5		过量致险值为 10^{-5}
环氧氯丙烷	0.4(p)		

续表

指　标	指标值(μg/L)	旧标准(μg/L)	备　注
六氯丁二烯	0.6		
乙二胺四乙酸（ED-TA）	200(p)		
次氯基三乙酸	200		
二烃基锡			NAD
三丁基氧化锡	2		

农药

指　标	指标值(μg/L)	旧标准(μg/L)	备　注
草不绿	20		过量致险值为 10^{-5}
涕灭威	10		
艾氏剂/狄氏剂	0.03	0.03	
莠去津	2		
噻草平/苯达松	30		
羰呋喃	5		
氯丹	0.2	0.3	
绿麦隆	30		
DDT	2	1	
1,2-二溴-3-氯丙烷	1		过量致险值为 10^{-5}
2,4-D	30		
1,2-二氯丙烷	20(p)		
1,3-二氯丙烷			NAD
1,3-二氯丙烯	20		过量致险值为 10^{-5}
二溴乙烯			NAD
七氯和七氯环氧化物	0.03		
六氯苯	1		过量致险值为 10^{-5}
异丙隆	9		
林丹	2	3	
2-甲-4-氯苯氧基乙酸（MCPA）	2	100	
甲氧氯	20		

续表

指　　标	指标值(μg/L)	旧标准(μg/L)	备　　注
丙草胺	10		
草达灭	6		
二甲戊乐灵	20		
五氯苯酚	9(p)	10	
二氯苯醚菊酯	20		
丙酸缩苯胺	20		
达草止	100		
西玛三嗪	2		
氟乐灵	20		
氯苯氧基除草剂,不包括 2,4-D 和 MCPA			
2,4-DB	90		
二氯丙酸	100		
2,4,5-涕丙酸	9		
2-甲-4-氯丁酸(MCPB)			NAD
2-甲-4-氯丙酸	10		
2,4,5-T	9		

消毒剂及消毒副产物

消毒剂	指标值(mg/L)	旧标准(mg/L)	备　　注
一氯胺	3		
二氯胺和三氯胺			NAD
氯	5		ATO 在 pH<8.0 时,为保证消毒效果,接触30min 后,自由氯应>0.5mg/L
二氧化氯			由于二氧化氯会迅速分解,故该指标值尚未制定。且亚氯酸盐的指标值足以防止来自于二氧化氯的潜在毒性
碘			NAD

续表

消毒副产物	指标值($\mu g/L$)	旧标准($\mu g/L$)	备　注
溴酸盐　.	25(p)		过量致险值为 7×10^{-5}
氯酸盐			NAD
亚氯酸盐	200(p)		
氯酚类			
2-氯酚			NAD
2,4-二氯酚			NAD
2,4,6-三氯酚	200	10	过量致险值为 10^{-5},ATO
甲醛	900		
3-氯-4-二氯甲基-5-羟基-2(5H)-呋喃酮(MX)			NAD
三卤甲烷类			每一项的浓度与它相对应的指标值的比率不能超过 1
三溴甲烷	100		
一氯二溴甲烷	100		
二氯一溴甲烷	60		过量致险值为 10^{-5}
三氯甲烷	200	30	过量致险值为 10^{-5}
氯化乙酸类			
氯乙酸			NAD
二氯乙酸	50(p)		
三氯乙酸	100(p)		
水合三氯乙醛	10(p)		
氯丙酮			NAD
卤乙腈类			

续表

消毒副产物	指标值(μg/L)	旧标准(μg/L)	备　　注
二氯乙腈	90(p)		
二溴乙腈	100(p)		
氯溴乙腈		NAD	
三氯乙腈	1(p)		
氯乙腈(以 CN 计)	70		
三氯硝基甲烷		NAD	

注：1. (p)—临时性指标值，该项目适用于某些组分，对这些组分而言，有一些证据说明这些组分具有潜在的毒害作用，但对健康影响的资料有限；或在确定日容许摄入量（TDI）时不确定因素超过 1000 以上。

2. 对于被认为有致癌性的物质，该指导值为致癌危险率为 10^{-5} 时其在饮用水中的浓度（即每 100000 人中，连续 70 年饮用含浓度为该指导值的该物质的饮用水，有一人致癌）。

3. NAD—没有足够的资料用于确定推荐的健康指导值。ATO—该物质的浓度为健康指导值或低于该值时，可能会影响水的感官、嗅或味。

C 饮用水中常见的对健康影响不大的化学物质的浓度

化　学　物　质	备　　注
石棉	U
银	U
锡	U

注：U—对于这些组分不必要提出一个健康基准指标值，因为它们在饮用水中常见的浓度下对人体健康无毒害作用。

D 饮用水中放射性组分

项目	筛分值（Bq/L）	旧标准（Bq/L）	备　　注
总 α 活性	0.1	0.1	如果超出了一个筛分值,那么更详细的放射性核元素分析必不可少。较高的值并不一定说明该水质不适于人类饮用
总 β 活性	1	1	

E 饮用水中含有的能引起用户不满的物质及其参数

项目	可能导致用户不满的值	旧标准	用户不满的原因
物理参数			
色度	15TCU_b	15TCU	外观
嗅和味	—	没有不快感觉	应当可能接受
水温	—		应当可以接受
浊度	5NTU_c	5NTU	外观；为了最终的消毒效果，平均浊度≤1NTU，单个水样≤5NTU
无机组分			
铝	0.2mg/L	0.2mg/L	沉淀，脱色
氨	1.5mg/L		味和嗅
氯	250mg/L	250mg/L	味道，腐蚀
铜	1mg/L	1.0mg/L	洗衣房和卫生间器具生锈（健康基准临时指标值为2mg/L）
硬度	—	500mgCaCO_3/L	高硬度：水垢沉淀，形成浮渣
硫化氢	0.05mg/L	不得检出	嗅和味
铁	0.3mg/L	0.3mg/L	洗衣房和卫生间器具生锈
锰	0.1mg/L	0.1mg/L	洗衣房和卫生间器具生锈（健康基准临时指标值为0.5mg/L）
溶解氧	—		间接影响
pH		6.5~8.5	低 pH：具腐蚀性，高 pH：味道滑腻感，用氯进行有效消毒时最好 pH<8.0
钠	200mg/L	200mg/L	味道
硫酸盐	250mg/L	400mg/L	味道，腐蚀
总溶解固体	1000mg/L	1000mg/L	味道
锌	3mg/L	5.0mg/L	外观，味道

续表

项目	可能导致用户不满的值	旧标准	用户不满的原因
有机组分			
甲苯	24~170μg/L		嗅和味（健康基准指标值为700μg/L）
二甲苯	20~1800μg/L		嗅和味（健康基准指标值为500μg/L）
乙苯	2~200μg/L		嗅和味（健康基准指标值为300μg/L）
苯乙烯	4~6000μg/L		嗅和味（健康基准指标值为20μg/L）
一氯苯	10~120μg/L		嗅和味（健康基准指标值为300μg/L）
1,2-二氯苯	1~10μg/L		嗅和味（健康基准指标值为1000μg/L）
1,4-二氯苯	0.3~30μg/L		嗅和味（健康基准指标值为300μg/L）
三氯苯（总）	5~50μg/L		嗅和味（健康基准指标值为20μg/L）
合成洗涤剂	—		泡沫，味道，嗅味
消毒剂及消毒副产物氯	600~1000μg/L		嗅和味（健康基准指标值为5mg/L）
氯酚类			
2-氯酚	0.1~10μg/L		嗅和味
2,4-二氯酚	0.3~40μg/L		嗅和味
2,4,6-三氯酚	2~300μg/L		嗅和味（健康基准指标值为200μg/L）

注：1. 这里所指的水准值不是精确数值。根据当地情况，低于或高于该值都可能出现问题，故对有机物组分列出了味道和气味的上下限范围。
   2. TCU，色度单位。
   3. NTU，散色浊度单位。

从表2-3和表2-4可以看出，我国与世界卫生组织水质标准的主要差距是在化学和毒理学两类指标上，比欧共体（EC）水质指标和美国国家环保局安全饮水法规定的水质指标差得更多。这些指标反映了世界当前水质污染，特别是有机化合物污染水质的严重性，对人体的危害长期而又巨大，因此，要引起我国给水行业人员的重视。

随着我国工农业生产的迅速发展和城市人口的集中,大部分城市的给水水源都受到相当程度的污染,一些河流的水质经过色谱-质谱-计算机(GC-MS/comp)技术检测,定性、定量检出三四百种以上的微量有机物,其中数十种属于美国环保署认定的重点污染物(又称优先检测物)。微污染原水经水厂常规净水工艺加氯处理后,出厂水中三卤甲烷等有机物的含量往往比原水增多几十倍,此类饮用水水质威胁着人们的健康。国内外一些流行病学的调查研究发现,饮用水水质优先与人类的肝癌、食道癌和胃癌等发病率呈正相关。制定水质标准时,可以借鉴发达国家相关方面的经验,不断修订和完善我国的生活饮用水标准,促进我国净水技术的发展,有效去除水中污染物,提高生活饮用水水质,努力使我国的给水事业跃居国际先进水平。

2.3 未来发展趋势

2.3.1 水量的需求与限制

经济的快速发展,居民生活条件的逐步好转,人们对用水量需求不断加大。但是,生态环境恶化、水资源匮乏的现实促使我们不能无限制地取用原水,必须注意水量的合理使用,节约用水,在不影响生产发展和生活水平提高的前提下开源节流,提高供水企业的供水调配能力。

1. 改进生产工艺,提高工业用水的重复利用率,降低万元产值耗水量;推进节水卫生洁具的使用,避免无谓的浪费。

2. 推行阶梯水价或二部水价制度,防止浪费,促进节水和水的可持续利用,增强用水单位和个人的节水意识。

3. 在节约用水的基础上,加强管网的检漏工作,改造漏水管网,改善给水服务供应,提高供水企业的经济效益和服务效益。

4. 采取合适的政策和制度，推进中水工程的建设，提高污水资源化利用效率，实现水在自然界的良性循环，缓解水资源紧缺矛盾，保障经济可持续发展，人们生活水平稳步提高。

给水排水设施建设应与经济建设、人民生活需要相适应。供水量方面以提高城镇自来水普及率为主要目标，到 2010 年，小城镇的自来水普及率达到 90%，同时用经济等手段促进节约用水。

2.3.2　水质要求的发展

随着人们对水中污染物认识的提高、分析水平的提高及大量的科学实验和生产实践，人们对水质要求不断有新的发展。

1. 以重金属为主的一般有毒有害物质，曾是重点关注的危害健康的污染物

20 世纪 50 年代，日本工业高速发展，而与此同时环保未相应跟上，导致地区性的汞引起的水俣病和镉引起的骨痛病等。有些国家和地区也陆续出现过这类疾病。由于含汞、镉等重金属的污水排放点少，排放量也少，通过工厂内部治理，多数较快得到缓解。但供水中一般性有毒有害物质，如氟、砷等在某些地区仍存在一定问题。

随着人们对污染物认识的提高，对某些污染物有了新的认识。如铅，曾作为水管的管材，现在认识到铅摄入量过多，将影响中枢和外神经系统，干扰钙的代谢，出现血压升高，引起生殖腺功能障碍等，是一种有毒有害物质。又如砷，原认为是一般有毒有害物质，现在国际癌症研究机构（IARC）已把它列为一类致癌物质，即对人体致癌物质。

2. 有机物特别是微量有机物大量检出，使人们对水质要求和控制发展到一个新的阶段

随着检测技术的提高，发现多种水中微量有机物。1969 年，

美国联邦污染控制部门从水厂检出 36 种有机物，其中 5 种为致癌物质，3 种为损害动物肝脏的有毒物质。1974 年 11 月，又在上述水厂检出 66 种有机物及 20 种其他物质。1974 年，美国及荷兰的研究人员发现，水加氯后引起一系列氯的消毒副产物，国家有机物查勘测定机构（NORS）于 1976～1977 年调查了 113 个城市，结果显示 THMs 在饮水中普遍存在。NORS 及其他机构以后又在饮水中发现 700 种以上有机化合物，其他国家也作了类似的测定，这种情况引起各界密切关注，到 20 世纪 80 年代，已在水中发现 2221 种微量有机物，其中有的是致癌或可疑致癌物质。于是各国政府有关部门和有关供水的研究、生产单位，致力于有机物特别是微量有机物的测定，形成机理、毒理研究，处理对策和控制标准等的一系列研究试验工作。

由于检测技术提高，检测精度从 mg/L 到 μg/L，甚至 ng/L，能检出水中更多的有机物。另外，世界上每年要增加很多新的合成有机物，包括工业产品、农药、药品等，这些有机物可能通过不同途径，在不同程度上进入人体。有机物特别是微量有机物将层出不穷，供水工作者相应控制的研究也需持之以恒。

当前，国际上较关注的主要是内分泌干扰素、抗生素和藻毒素。

3. 微生物已成为当前对健康风险更大的污染物

1991 年 1 月起，拉丁美洲霍乱大流行，130 万人生病，12 万人死亡。其中重要原因之一是担心氯的消毒副产物，以致削弱甚至不消毒而导致发生的惨剧。

据美国自来水协会研究基金的专题研究报告，1991 年流行病调查结果，在所有年龄组，每人每年生肠道病 0.66 次，其中 2～12 岁为 0.84 次。肠道病的 35% 是由于饮水引起的。

美国自来水协会对美国 1976～1994 年间由于饮水引发的流行病情况作了调查统计，如表 2-5。

美国由饮水引发的流行疾病统计（1976～1994 年）　　表 2-5

致病原因	爆发次数	爆发比例（%）	致病人数	致病比例（%）
原生动物	101	24.5	435776	82.5
细菌	48	11.6	15715	3.0
病毒	25	5.9	12169	2.3
化学物质	33	8.0	3886	1.0
不明原因	207	50.0	61191	11.6
共计	414	100	528757	100

　　美国发生的水致疾病，很多是在经过完全处理（过滤和消毒），水质完全符合现行水质标准情况下发生。美国疾病预防及控制中心（CDC）估计，饮用水引起微生物疾病而死亡的人数每年为 900～1000 人。美国著名教授 Daniel Okun 说，二次大战后发现水中存在合成有机物及消毒副产物引起我们关注，但现今水中生物风险比化合物风险更严峻。

　　根据推算及统计，微生物风险已大于化学性风险。美国风险平衡研究表明，安全饮水法的重点已由长期的致癌风险调整到急性的微生物风险。加强水处理就是为了降低微生物风险到每年万分之一。

　　研究表明，在 20 世纪 80 年初，饮水的未来研究拟定在化学污染物上，主要关注三卤甲烷、农药、除草剂及重金属，但 20 世纪 90 年代为微生物的 10 年（美国自来水协会研究部微生物污染委员会报告）。此外，对细菌的认识、测定及规定尚有待发展。近年来在其他动物身上又发现很多种病毒和寄生虫，艾滋病、"非典"以及"禽流感"，其病毒均来自其他动物。动物中的病毒可能传播到人，在传播过程中病毒可能产生异变，使病毒对人类具有更大的传染性和危害性。在宿主体内繁殖的病毒和寄生虫，其粪便中含有大量这类病毒。这些病毒通过不同途径，可能不同程度上排放到水体。

现认为水中有病毒 140 种，但目前仅能检测 84 种，所以检测技术也有待不断发展。微生物对人身健康的影响也将会有进一步发现。最近研究指出，有些细菌对胃癌、心脏病和糖尿病起着作用，面临这样形势，供水工作者研究和控制水中微生物的任务，更是任重道远。

4. 对供水感官性指标的要求也在提高

供水水质中的感官性项目，会影响其外观、气味或味道，用户往往以此来评价水质并以此来确定能否接受，因此水的感官项目需要达到可接受的水平。感官性项目稍差，一般不影响健康，故世界卫生组织强调：制定国家标准时应仔细权衡控制这类项目时的投入和效益，因地制宜提出要求；可以像美国那样，把有关健康的项目作为强制性标准，而把感官性项目作为建议，国家在统计是否完成标准要求时，不包括感官性项目。

5. 突发性和人为破坏事故可能成为供水的突出矛盾

在公用事业中，供水是国外打击的脆弱点。供水的外来和内部的生产事故以及人为的破坏，可能严重影响供水水质。除净水构筑物停役或损坏外，水源和供水系统遭受有毒物污染，可能严重影响供水水质。污染可能是微生物、生物毒素或剧毒化合物，对工业生产、人民健康和信心造成严重冲击。有些毒物的毒性很强，如以砷的毒性为 1，氢化物为 9，肉毒杆菌霉素为 10000。

供水水质发展表明，20 世纪 90 年代，特别是后 50 年，供水工作者对水质的认识以及相应的对策均有很大发展，还遗留一些问题有待解决。在新的世纪里，新的问题将层出不穷，相应的对策需要不断发展。因此在认识上和信息上要跟上国际水技术的发展，在对策研究和实施上要适应国家形势发展的要求。

第3章 取水工程

为了从河流、湖泊、水库等水源取水，满足农田灌溉、水力发电、工业及生活等用水部门的需要，而在适当河段附近修建构筑物的综合体称为取水工程。取水工程除应满足用水单位对水量和水位的要求外，还对水质有一定要求，城市供水的取水，应满足生活用水水体标准。

3.1 取水水源

3.1.1 水源选择

小城镇供水的水源选择，应根据小城镇远近期规划，历年来的水质、气象、水文和水文地质资料，取水点和附近地区的卫生状况及地方病等因素，从卫生、水资源、技术、经济等多方面进行综合评价。选择水质良好、水量充沛、便于防护的水源。取水点应设在城镇和工矿企业的上游。

3.1.2 水质要求

应当达到《地表水环境质量标准》（GB 3838—2002）Ⅱ类水体标准。

3.2 取水工程

3.2.1 地下水取水工程

1. 地下水源概述

地下水存在于土层和岩层中。各种土层和岩层有不同的透水性。卵石层、砂层和石灰岩等，组织松散，具有众多的相互连通的孔隙，透水性较好，水在其中的流动属渗透过程，故这些岩层叫透水层。黏土和花岗岩等紧密岩层，透水性极差甚至不透水，叫不透水层。如果透水层下面有一层不透水层，则在这一透水层中就会积聚地下水，故透水层又叫含水层。不透水层则叫隔水层。地层构造往往就是由透水层和不透水层彼此相互构成，它们的厚度和分布范围各地不同。埋藏在地面下第一个隔水层的地下水叫潜水。潜水有一个自由水面。潜水主要靠雨水和河流等地表水下渗而补给。多雨季节，潜水面上升，干旱季节，潜水面下降。我国西北地区气候干旱，潜水埋藏较深，约达 50～80m；南方潜水埋藏较浅，一般在 3～5m 以内。

地表水和潜水相互补给。地表水位高于潜水面时，地表水补给地下潜水，相反则潜水补给地表水。

两个不透水层间的水叫层间水。在同一地区，可同时存在几个层间水或含水层。如层间水存在自由水面，称无压含水层；如层间水有压力，称承压含水层。打井时，若承压含水层中的水喷出地面，叫自流水。

在适当地形下，在某一出口处涌出的地下水叫泉水。泉水分自流泉和潜水泉，前者由承压地下水补给。这种泉水水量稳定，水质好。

地下水流动需具备两个条件：岩层透水性和水位差。前者以渗透系数表达，后者以水力坡度表达。地下水流速决定于地层渗透系数和水力坡度，达西定律即表达了这种关系，这在水力学和水文地质学中有介绍，这里从略。

当地下水流向正在抽水的水井时，其流态也可以分为稳定流和非稳定流、平面流和空间流、层流与紊流或混合流等几种情况。严格说来，地下水运动并不存在稳定流，所谓稳定流也只是在短暂时间内可把非稳定流视为稳定流。

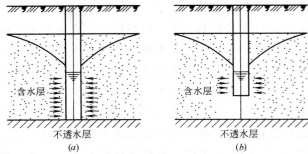

图 3-1 管井

（a）完整式管井；（b）非完整式管井

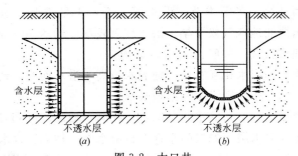

图 3-2 大口井

（a）完整式大口井；（b）非完整式大口井

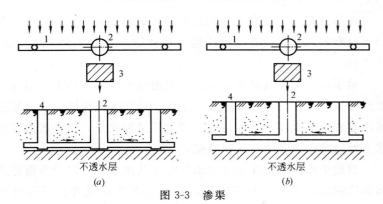

图 3-3 渗渠

（a）完整式渗渠；（b）非完整式渗渠

1—集水管；2—集水井；3—泵房；4—检查井

2. 地下水取水构筑物分类

按照构造情况，地下水取水构筑物包括管井、大口井、渗渠、辐射井及引泉设施等，见图 3-1～图 3-5。

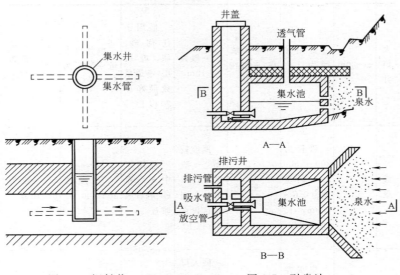

图 3-4 辐射井　　　　　　　图 3-5 引泉池

3. 各种地下水取水构筑物的适用条件及选用原则

由于地下水的类型、埋藏深度、含水层性质等各不相同，开采和取集地下水的方法和取水构筑物的形式也各不相同。

各种地下水取水构筑物的适用条件　　　　　　表 3-1

形式	常用深度	常用尺寸	水文地质条件			出水量（m³/d）	使用年限
			地下水埋深	含水层厚度	水文地质特征		
管井	20～200m	常用井径为150～400mm	在抽水设备能解决的情况下一般不受限制	一般在5m以上，当补给水源充足时，也可在3m以上	适用于任何砂、卵、砾石层、构造裂隙、岩溶裂隙	单井出水量一般为500～3000	一般为7～10年

形式	常用深度	常用尺寸	水文地质条件			出水量（m³/d）	使用年限
			地下水埋深	含水层厚度	水文地质特征		
大口井	6～20m	常用井径为1～3m	埋深较浅，一般在12m以内	一般为5～15m	适用于任何砂、卵、砾石层，渗透系数最好在20以上	单井出水量一般为500～5000	一般为10～20年
渗渠	2～4m	管径为200～800mm，渠道宽为0.6～1.0m，长10～50m	埋深浅，一般在2m内	厚度较薄，一般为4～6m，个别地区仅在2m以上	适用于中砂、粗砂、砾石或卵石	一般为20～400	一般为5～10年
辐射井	6～20m	集水井同大口井，辐射管管径一般不超过100mm，长度小于10m	同大口井	同大口井，能有效开采水量丰富、含水层较薄的地下水和河床渗透水	含水层最好为中、粗砂或砾石，不得含有漂石	单井出水量一般为1000～10000	辐射管部分同渗渠，井的部分同大口井
引泉池					裂隙水或岩溶水（即洞穴水）出露处	差别很大，为30～8000	一般为10年左右

3.2.2 地表水取水工程

1. 取水构筑物分类

由于地表水水源的种类、性质和取水条件不同，取水构筑物的形式也多种多样，一般分为固定式、移动式、山区浅水河流式和湖泊、水库取水构筑物等。

（1）固定式取水构筑物形式。如表 3-2 所示。

固定式取水构筑物形式　　　　　　　　　表 3-2

名　称	特点与适用条件	备　注
岸边合建式取水	取水构筑物设于岸边，进水井和泵房合建，它适用于地基条件较好、河道水位较低的情况，操作方便。如图 3-6(a)所示，采用立式泵取水，吸水室在水泵间下面，占地面积较小，投资省，操作方便。如图 3-6(b)所示，采用卧式泵取水，泵站构造较简单	图 3-6
岸边分建式取水	当岸边的地质条件较差，进水井和泵房宜分建。此种构筑物的结构简单、施工容易，但操作管理较不便，且因吸水管较长，运行的安全性不如合建式	图 3-7
岸边潜水泵取水	这种取水方式结构简单，投资少，上马快。它适用于河流的水位变化较大、水中漂浮物较少的情况。潜水泵可安装在岸边的进水井中或直接安装在斜坡上	图 3-8
河床自流管取水	进水口设于河心，经自流管流入岸边集水井。它适用于河床较稳定、河岸平坦、主流距河岸较远、河岸水深较浅、水中漂浮物较少和岸边水质较差的情况	图 3-9
河床虹吸管取水	进水口设于河心，经虹吸管流入岸边集水井。它适用于河漫滩较宽、河岸为坚硬岩石、埋设自流管需开挖大量土石方而不经济或管道需要穿越防洪堤的情况	图 3-10
水泵吸水管直接从河床吸水取水	进水口设于河心，由水泵吸水管直接取水。它利用水泵的吸水高度以减少泵房深度，又省去集水井，结构简单，施工方便，造价低，村镇供水广泛应用。它适用于水泵吸水高度较大、河流漂浮物较少、水位变化较少、水位变化不大、取水量较少的情况	图 3-11
湿井式取水	这种取水方式用于水位变化幅度大、水流速度较大的情况	图 3-12

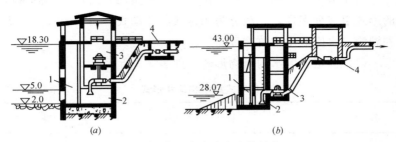

图 3-6　岸边合建式取水构筑物

（a）岸边合建式（立式泵）取水构筑物；（b）岸边合建式（卧式泵）取水构筑物

1—进水井；2—吸水间；　　　　1—进水井；2—吸水间；

3—泵房；4—阀门井　　　　　3—泵房；4—阀门井

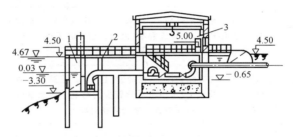

图 3-7　岸边分建式取水构筑物

1—进水；2—引桥；3—泵房

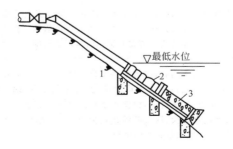

图 3-8　岸边潜水泵取水

1—支撑桩；2—潜水泵；3—潜水电动机

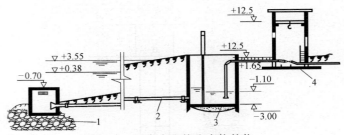

图 3-9　河床自流管取水构筑物

1—取水头部；2—自流管；3—集水井；4—泵房

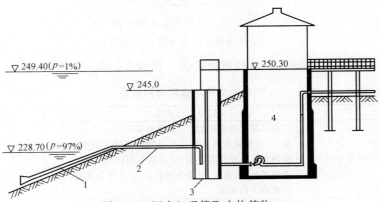

图 3-10　河床虹吸管取水构筑物

1—取水头部；2—虹吸管；3—集水井；4—泵房

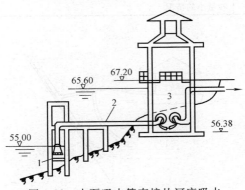

图 3-11　水泵吸水管直接从河床吸水

1—取水头部；2—水泵吸水管；3—泵房

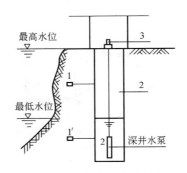

图 3-12　湿井式取水构筑物

1—自流管；2—集水井；3—泵房

（2）移动式取水构筑物形式。如表 3-3 所示。

移动式取水构筑物的形式　　　　　　　　　　表 3-3

名　　称	特点与适用条件	备　　注
浮船式取水	取水泵安装在浮船上，由吸水管直接从河床中取水，经联络管将水输入岸边输水斜管。它适用于河流水位变化幅度大，枯水期水深在 1m 以上，水流平稳，风浪小，停泊条件较好，且冬季无冰凌，漂浮物少的情况	图 3-13（a）图 3-13（b）
潜水泵直接取水	这种取水方式非常简单，水下工程少，施工方便，投资省，适用于取水量小，河水中漂浮物和含沙量小的情况	图 3-14

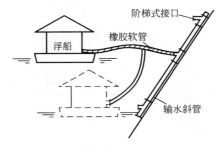

图 3-13（a）　浮船式取水构筑物之一

（柔性联络管）

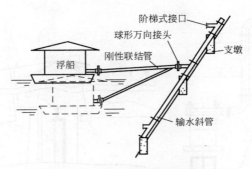

图 3-13（*b*） 浮船式取水构筑物之二

（刚性联络管）

（3）山区浅水河流式取水构筑物形式。如表 3-4 所示。

山区浅水河流取水构筑物的形式 　　　　　　表 3-4

名　称	特点与适用条件	备注
固定式低坝取水	当河流的取水深度不够或取水量占枯水期河水量的 30%～50%，且沿河床表面随河水流动而移动的泥沙杂质（即推移质）不多时，可在河上修筑低坝以抬高水位或拦截足够的水量。它适用于枯水期河流量特别小、水浅、不通航、不放筏、且推移质不多的小型山溪河流	图 3-15
活动式低坝取水（橡皮坝）	特点与适用条件同固定式低坝。它采用充气或充水的袋形橡皮坝，充气（水）时形成一个坝体挡水，排气（水）时坝袋塌落便能泄水，因而避免了固定低坝经常发生坝前泥砂淤积的情况。施工快、造价低、运行管理方便，但坝袋易磨损、易老化、寿命较短	图 3-16
低拦栅式取水	通过坝顶带有拦栅的引水廊道取水，它适用于河床较窄、水深较浅、河底纵坡较大、大颗粒推移质特别多、取水量比例较大的山溪河流	图 3-17

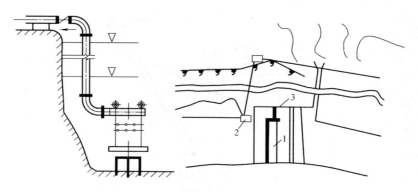

图 3-14　潜水泵直接吸水　　图 3-15　固定式低坝取水构筑物布置图

1—低坝；2—取水口；3—冲砂闸

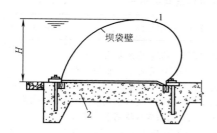

图 3-16　活动式袋形橡皮坝
取水构筑物断面图

1—袋形橡皮坝；2—坝底板

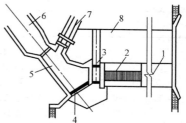

图 3-17　低拦栅式取水构筑物布置图

1—溢流坝；2—低拦栅；3—冲砂室；

4—进水闸；5—第二冲砂室；

6—沉砂室；7—排砂渠；8—护坝

（4）湖泊、水库取水构筑物形式。如表 3-5 所示。

湖泊、水库取水构筑物的形式　　　　表 3-5

名　称	特点与适用条件	备注
与坝身合建的取水塔取水	适用于水位变化幅度和取水量较大的深水湖泊和水库取水	图 3-18
与泄水口合建的取水塔取水	适用于水位变化幅度和取水量较大的深水湖和水库取水	图 3-19

名　称	特点与适用条件	备注
潜水泵直接取水	适用于水中漂浮物少和取水量小的情况	图 3-14
岸边式自流管取水	适用于水位变化幅度较小的浅水湖泊和水库取水	
岸边式虹吸管取水	适用于水位变化幅度较小的浅水湖泊和水库取水	

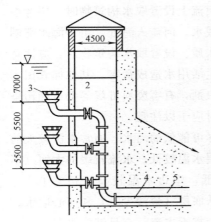

图 3-18　与坝身合建的取水塔　　图 3-19　与底部泄水口合建的取水塔

1—混凝土坝；2—取水塔；3—进水口；　1—底部泄水口；2—取水塔；3—进

4—引水管；5—廊道　　　　　　　　水口；4—引水管；5—廊道

2. 江河取水构筑物位置的选择

江河取水构筑物位置的选择是否恰当，直接影响取水的水质和水量、取水的安全可靠性、投资、施工、运行管理以及河流的综合利用。因此，正确选择取水构筑物位置是设计中一个十分重要的问题，应当深入现场，做好调查研究，全面掌握河流的特性，根据取水河段的水文、地形、地质、卫生等条件，全面分析，综合考虑，提出几个可能的取水位置方案，进行技术经济比较。在条件复杂时，尚需进行水工模型试验，从中选择最优的方案。选择江河取水构筑物位置时，应考虑以下基本要求：

（1）设在水质较好地点

生活和生产污水排入河流将直接影响取水水质。为了避免污染，取得较好水质的水，取水构筑物的位置，宜位于城镇和工业企业上游的清洁河段。在污水排放口的上游 100～150m 以上。

取水构筑物应避开河流中的回流区和死水区，以减少进水中的泥沙和漂浮物。

在沿海地区受潮汐影响的河流上设置取水构筑物时，应考虑到咸潮的影响，尽量避免吸入咸水。河流入海处，由于海水涨潮等原因，导致海水倒灌，影响水质。设置取水构筑物时，应注意这一现象，以免日后对工业和生活用水造成危害。其他如农田污水灌溉，农作物及果园施加杀虫剂，有害废料堆场等都可能污染水源，在选择取水构筑物位置时应予以注意。

电厂冷却水要求取得温度尽可能低的河水。通常水深较大的河流，夏季表层水温较高，底层水温较低。水流较缓的大河（不受潮汐影响时），河心水温较低，岸边水温较高（相差 0.1～0.4℃）。为了取得低温水，宜从底层（含沙少时）和河心取水。

（2）具有稳定河床和河岸，靠近主流，有足够的水深

在弯曲河段上，取水构筑物位置宜设在河流的凹岸，这已在前面说明。

河岸凸岸，岸坡平缓，容易淤积，深槽主流离岸较远，一般不宜设置取水构筑物。但是如果在凸岸的起点，主流尚未偏离时，或在凸岸的起点或终点，主流虽已偏离，但离岸不远有不淤积的深槽时，仍可设置取水构筑物。

在顺直河段上，取水构筑物位置宜设在河床稳定、深槽主流近岸处，通常也就是河流较窄、流速较大、水较深的地点。在取水构筑物处的水深一般要求不小于 2.5～3.0m。

在有边滩、沙洲的河段上取水时，应注意了解边滩、沙洲形成的原因，移动的趋势和速度，取水构筑物不宜设在可能移动的

边滩、沙洲的下游附近，以免日后被泥沙堵塞。

在有支流入口的河段上，由于干流和支流涨水的幅度和先后各不相同，容易形成壅水，产生大量的泥沙沉积。若干流水位上涨，支流水位不上涨时，则对支流造成壅水，致使支流上游泥沙大量沉积。相反，支流水位上涨，干流水位不上涨时，又将沉积的泥沙冲刷下来，使支流含沙量剧增。在支流出口处，由于流速降低，泥沙大量沉积，形成泥沙堆积锥。因此，取水构筑物应离开支流出口处上下游有足够的距离（图3-20）。

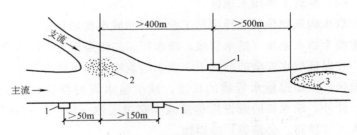

图 3-20　两江（河）汇合处取水构筑物位置示意
1—取水构筑物；2—堆积锥；3—沙洲

（3）具有良好的地质、地形及施工条件

取水构筑物应设在地质构造稳定、承载力高的地基上，不宜设在淤泥、流沙、滑坡、风化严重和岩熔发育地段。在地震地区不宜将取水构筑物设在不稳定的陡坡或山脚下。取水构筑物也不宜设在有宽广河漫滩的地方，以免进水管过长。选择取水构筑物位置时，要尽量考虑到施工条件，除要求交通运输方便，有足够的施工场地外，还要尽量减少土石方量和水下工程量，以节省投资、缩短工期。

取水泵房可建于岸内或临岸水边，需根据地形、地质、泵房结构形式、施工方案等因素决定。如河岸较陡，地质条件较好，将取水泵房从岸内移至临岸水边，常可减少大量土石方，缩短工期，节约投资，并有利于泵房的防水处理，但泵房也不宜过分伸出河岸，以免受到水流冲击和使交通引桥过长。

水下施工不仅困难，而且费用甚高。因此，在选择取水构筑物时，应充分利用地形及地质条件，尽量减少水下施工量。例如，某厂利用长江深槽陡壁处建造取水构筑物，枯水期在露头岩盘上开凿暗渠引水，取水头部岩石留在最后定向爆破，从而避免了水下施工，节约了大量投资。山区河流有时利用河中露出的礁石作为取水头部的支墩，在礁石与河岸之间修筑短围堰，敷设自流管，以减少水下施工量。

（4）靠近主要用水地区

取水构筑物位置选择应与工业布局和城市规划相适应，全面考虑整个给水系统（输水管线、净水厂、二级泵房等）的合理布置。在保证取水安全的前提下，取水构筑物应尽可能靠近主要用水地区，以缩短输水管线的长度，减少输水管的投资和输水电费。此外，输水管的敷设应尽量减少穿过天然（河流、谷地等）或人工（铁路、公路等）障碍物。

（5）应注意河流上的人工构筑物或天然障碍物

河流上常见的人工构筑物（如桥梁、码头、丁坝、拦河坝等）和天然障碍物，往往引起河流水流条件的改变，从而使河床产生冲刷或淤积，故在选择取水构筑物位置时，必须加以注意。

桥梁通常设于河流最窄处和比较顺直的河段上。在桥梁上游河段，由于桥墩处缩小了水流过水断面使水位壅高，流速减慢，泥沙易于淤积。在桥梁下游河段，由于水流流过桥孔时流速增大，致使下游近桥段成为冲刷区。再往下，水流又恢复至原来流速，冲积物在此落淤。因此，取水构筑物应避开桥前水流滞缓段和桥后冲刷、落淤段。取水构筑物一般设在桥前 0.5～1.0km 或桥后 1.0km 以外的地方。

丁坝是常见的河道整治构筑物。由于丁坝将主流挑离本岸，逼向对岸，在丁坝附近形成淤积区（图 3-21）。因此，取水构筑

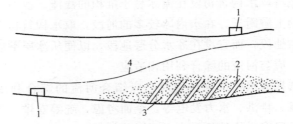

图 3-21 取水构筑物与丁坝布置示意
1—取水构筑物；2—丁坝系统；3—淤积区；4—主流线

物如与丁坝同岸，则应设在丁坝上游，与坝前浅滩起点相距一定距离（岸边式取水构筑物不小于150～200m，河床式取水构筑物可以小些）。取水构筑物也可设在丁坝的对岸（必须要有护岸设施），但不宜设在丁坝同一岸侧的下游，因主流已经偏离，容易产生淤积。

突出河岸的码头也和丁坝一样，会阻滞水流，引起淤积，而且码头附近卫生条件亦较差。因此，取水构筑物应离开码头一定距离。如必须设在码头附近时，最好伸入江心取水。此外，还应考虑船舶进出码头的航行安全线，以免船只与取水构筑物相碰。取水构筑物距码头的距离应征求航运部门的意见。

拦河坝上游由于流速减缓，泥沙易于淤积，设置取水构筑物应注意河床淤高的影响。闸坝下游，水量、水位和水质均受闸坝调节的影响。闸坝泄洪或排沙时，下游可能产生冲刷和泥沙增多，故取水构筑物宜设在其影响范围以外的地段。

残留的施工围堰、突出河岸的施工弃土、陡崖、石嘴对河流的影响类似丁坝。在其上下游附近往往出现淤积区，在此区内不宜设置取水构筑物。

（6）避免冰凌的影响

在北方地区的河流上设置取水构筑物时，应避免冰凌的影响。取水构筑物应设在水内冰较少和不受流冰冲击的地点，而不宜设在易于产生水内冰的急流、冰穴、冰洞及支流出口的下游，尽量避免将取水构筑物设在流冰易于堆积的浅滩、沙洲、回流区和桥孔的上游附近。在水内冰较多的河段,取水构筑物不宜设在冰水混杂地段,而宜设在冰水分层地段,以便从冰层下取水。

(7) 应与河流的综合利用相适应

在选择取水构筑物位置时,应结合河流的综合利用,如航运、灌溉、排洪、水力发电等,全面考虑,统筹安排。在通航的河流上设置取水构筑物时,应不影响航船的通行,必要时应按照通航部门的要求设置航标;应注意了解河流上下游近远期内拟建的各种水工构筑物(水坝、水库、发电站、丁坝等)和整治规划对取水构筑物可能产生的影响。

3. 湖泊、水库取水构筑物位置的选择

在湖泊、水库取水时,取水构筑物位置选择应注意以下几点:

(1) 不要选择在湖岸芦苇丛生处附近。一般在这些湖区有机物丰富,水生物较多,水质较差,尤其是水底动物(如螺、蚌等)较多,而螺丝等软体动物吸着力强,若被吸入后将会产生严重的堵塞现象。例如,太湖某水厂 DN600mm 的吸水管,运行 5 年后管壁上附着滋长的钉螺达 100mm 厚,不得不更换吸水管。湖泊中有机物一般比较丰富,就是在非芦苇丛生的湖区,也应考虑在水泵吸水管上投氯,使水底动物和浮游生物在进入取水构筑物时就被杀死,消除后患。

(2) 不要选择在夏季主风向的向风面的凹岸处。因为在这些位置有大量的浮游生物集聚并死亡,沉至湖底后腐烂,从而水质恶化,水的色度增加,且产生臭味。同时藻类如果被吸入水泵提升至水厂后,还会在沉淀池(特别是斜管沉淀池)和滤池的滤料内滋长,使滤料产生泥球,增大滤料阻力。

(3) 为了防止泥沙淤积取水头部,取水构筑物位置应选在靠近大坝附近,或远离支流的汇入口。因为在靠近大坝附近或湖泊的流出口附近,水深较大,水的浊度也较小,也不易出现泥沙淤积现象。

（4）取水构筑物应建在稳定的湖岸或库岸处。在风浪的冲击和水流的冲刷下，湖岸、库岸常常会遭到破坏，甚至发生坍塌和滑坡。一般在岸坡坡度较小、岸高不大的基岩或植被完整的湖岸和库岸是比较稳定的地方。

第4章　给水处理与单元工艺

给水处理的任务是对原水进行加工，使水质符合生活或工业用水的要求。给水处理的具体内容大致分成以下几个方面：

1. 去除水中的悬浮固体。悬浮固体包括天然水中原有的以及在使用过程中混入的，或者在处理过程中产生的。泥沙、细菌、病毒、藻类以及原生动物的孢囊、卵囊等，都是天然水中常见的悬浮固体。悬浮固体的含量基本上可以通过水的浊度和微生物参数反映出来。饮用水处理基本上也是去除悬浮固体的问题，所以浊度和大肠杆菌是饮用水水质的两项极为重要的参数。虽然饮用水中以不存在任何悬浮固体为佳，但在技术上极难达到，所以饮用水的浊度和大肠杆菌类仍然允许出现一定的数值。

2. 去除水中的溶解固体。溶解固体的去除由水的总溶解固体含量表示。对于一般的天然水，饮用水的处理不涉及到溶解固体的去除问题。只有当水的含盐量高于饮用水的允许值时（如海水或苦咸水），才能去除部分溶解固体满足饮用水的要求。对于需要高纯度的工业用水，必须达到接近去除全部溶解固体的程度。

3. 去除水中对用水有危害的某种或几种溶解成分。饮用水的处理常遇到这类处理问题，去除原水中的铁、锰、氟或砷等成分就是一些例子。去除水中钙镁离子的软化处理也属于这类处理。饮用水中虽然也存在软化问题，但软化主要用于低压锅炉水的供给。

4. 去除水中的溶解有机物。腐殖质是天然水中存在的主要有机物，是产生色度的主要原因。水中出现为数众多的有机物主要是在生产、使用、废弃过程中产生的人工合成有机物污染引起的，这些有机物的含量和去除效果由水的 BOD、COD、TOC、UV 吸光度等参数数值的降低显示出来。对于某些对人类有毒、有害的有机物有专门的控制要求。

5. 去除水中溶解的气体。这些气体一般是水中原有的，但有时是处理过程中故意的产生的。例如，一般去除的 CO_2 都是指水中原有的 CO_2，但有时在处理过程中，先把水中所含的 HCO_3^- 转换成 CO_2，然后再去除。

6. 降低冷却水的温度。这是循环冷却水系统的基本处理问题。用作传热介质的水，在通过换热器等设备后，由于温度上升，必须经过冷却处理，回复到原先的的温度后，才能循环使用。

7. 对水质加以调节处理，改善其水质，以防止在使用过程中产生危害。最常见的危害是水对管道或容器材质的腐蚀作用以及产生沉积物作用。这两个问题在循环冷却水系统中特别突出。水质的调节往往是通过在水中加入一些控制水质行为的药剂来解决问题。控制腐蚀的药剂称为缓蚀剂，控制结垢的药剂成为阻垢剂。有时也通过去除水中产生腐蚀或沉积物的成分来达到调质处理的目的。

此外，还应对给水处理过程中所产生的废水或污泥加以相应的处理和处置。按传统的观点，这属于废水处理的范畴。

由于对水质要求标准的逐步提高，国外许多水厂在过去水厂采用传统的工艺的状况下，进行更新改造和工艺改进，以提高出厂水的水质，达到高标准的要求。主要目标是降低水的浊度，去除细菌、有机物和解决用氯消毒所产生的副产物等问题。水处理工艺的选择是水处理厂设计最为关键的问题，直接关系到工程造价、运营成本和出水水质。

所采用的方法除了加强常规的沉淀过滤水处理之外，主要是采用增加预处理和深度处理。预处理和深度处理的概要情况是：

1. 生物预处理：对于水样有轻度微污染和氨氮有机物存在的情况，采取生物预处理降解和去除水中的氨氮有机物的措施。

2. 利用臭氧作为氧化、消毒剂或用高锰酸钾以及过氧化氢为氧化剂改善处理水的水质。

3. 活性炭过滤：设置颗粒活性炭滤池是深度处理的工艺措施（有的为臭氧-活性炭滤池）。水通过活性炭过滤可以吸附水中的有机物和去色、嗅、味，改进饮水的质量和口感。

4. 慢滤处理：主要是利用慢滤池所具有的生物过滤的作用，进一步降低浊度与去除水中的有机物。但由于其占地面积问题，所以其应用不如活性炭滤池普遍。有的国家是把水送入地下进行天然过滤，然后抽上来利用。

由于水质标准的提高，水源的污染，对有机物潜在危害的日益认识，臭氧-活性炭工艺已在浙江嘉兴地区推广；上海今后工艺改造都采用臭氧-活性炭工艺，广州南洲水厂已采用臭氧-活性炭工艺提高水质，供水量达 100 万 t/d，是迄今为止最大的深度处理水厂。深圳为了改善水库水质建设了国际上最大的生物预处理装置。国外臭氧-活性炭深度处理，在欧洲、日本等许多国家采用普遍，美国也在开始推广。但增加深度处理需要投入大量资金和实施的时间。因此在采用深度处理的同时，仍然需要加强常规处理工艺。

对常规水处理工艺的加强与改进方面主要有：

1. 混凝药剂的改进：在水处理构筑物建成之后，要改进水处理的效果，其主要的措施是改进和应用高效能的混凝药剂和助凝药剂。

由于技术的进步，目前高分子助凝剂的应用已是日益广泛。因为应用高分子助凝剂可以减少絮凝剂的用量，这样不但可以使沉淀水的浊度改善，而且减少了水厂污泥的产出量，降低了污泥处理的成本。天津水司对应用高分子助凝剂处理含藻水进行了应用研究，并在 1999 年用于生产，取得了很好的效果。

2. 消毒药剂的改进：常用的消毒药剂是氯。但用氯消毒，当原水含有机物时，可生成氯消毒的副产物，对人体有致癌的危险。另外用氯对于灭杀隐性孢子虫需要很大的剂量和长的作用时间，但用臭氧、二氧化氯消毒有效。因此，国外应用臭氧、二氧化氯替代一部分氯已是趋势。

由于输配水的需要，水厂供出的自来水要保持一定的剩余氯。因此，有的水厂采用臭氧、二氧化氯消毒后在水厂出水中尚许投加少量氯。

3. 膜过滤：让水经过有微孔的滤膜进行过滤代替传统的煤砂滤料滤池，其可以滤除水中的悬浮物和细菌及病毒，滤后水质好。随着技术的进步和膜成本的下降，膜过滤技术将会有更多的生产应用范围。现在国外膜过滤水厂的数量在增加，但规模较小，国内基本尚未在城市水厂应用，但在污水回用方面已经逐步采用。

4.1 混凝剂及其应用

4.1.1 混凝剂的类型

混凝剂在水的处理过程中起着极为重要的作用。在人类文明的发展史上，最早使用混凝剂净化饮用水的历史是劳动人民利用骨头灰净化饮用水的例子。随着社会的进步，人们对生活水平也提出了更高的要求。由于许多的疾病都是通过饮用水作为载体进行传播的，而水是人类生活必不可少的物资，通过对水的净化来保证人民身体健康就显得尤为重要。由于混凝在水处理中的重要作用，混凝剂的科学就日渐发展成为一门重要的学科，围绕混凝剂的制备、优化及使用产生了一系列的成就与问题。从最早使用的天然混凝剂到初级合成 $FeSO_4 \cdot 7H_2O$、$AlCl_3$ 及硅系列混凝剂，再到现今的高聚合类混凝剂如聚合氯化铝、聚合硫酸铁、聚丙烯酰胺等以及即将问世的生物混凝剂，人类使用混凝剂的过程也会经历一个从天然到合成再到天然的循环。混凝方法也由简单的搅拌发展到精确控制搅拌的各种边界条件、混凝剂最适应用环境，进而形成许多的混凝理论，在水的净化处理过程都起着重要的指导作用。

目前关于混凝剂的定义有两种方法。一种是根据胶体粒子聚集阶段的不同，即胶粒的表面改性及胶粒的粘连，将起胶粒表面改性作用的药品称为凝聚剂，使胶粒粘连的药品称为絮凝剂，兼有上述各种功能的药品为混凝剂。另外一种定义比较简单，将混凝剂与絮凝剂不加区分，因为从机理上区分凝聚与絮凝有时很困难。混凝剂的品种目前不下二三百种，按其化学成分可分为无机与有机两大类。无机类主要以铝和铁的盐类及其水解聚合物为主，在水与废水处理中用量很大；有机类品种较多，主要是高分子化合物，分为天然及人工合成两部分，由于合成工艺较为复杂，使用范围不如无机类广泛。

1. 无机混凝剂

硫酸铝是世界上水和废水处理中使用最多的混凝剂，分子式为 $Al_2(SO_4)_3 \cdot 18H_2O$，含 Al_2O_3 量 15.3%，但工业硫酸铝为 $Al_2(SO_4)_3 \cdot 14H_2O$，含 Al_2O_3 量 17.3%。文献中硫酸铝多为这种商品级产品，国内的精制硫酸铝大致相当于这种产品。自 19 世纪末美国最先将硫酸铝用于给水处理并取得专利以来，硫酸铝就以其卓越的混凝沉降性能而被广泛采用。市售硫酸铝有固、液两种形态，固态硫酸铝又按其 Al_2O_3 含量不同分为精制与粗制两种，国内产品多为固态。明矾是硫酸铝与硫酸钾或硫酸铵的复盐，在我国民间常用于饮用水的净化，在工业水和废水处理中应用不多。

聚合氯化铝（又名碱式氯化铝）于 20 世纪 60 年代在日本首

先进入实用阶段。20 世纪 70 年代中期以后，日本给水处理中聚合氯化铝的使用量超过了硫酸铝，但在废水处理中还是以使用硫酸铝为多。我国是研制聚合氯化铝较早的国家之一，主要力量放在就地取材，生产聚合氯化铝及试验聚合氯化铝在水处理中的混凝性能两个方面。实际应用表明，聚合氯化铝在水处理中的效能在许多方面优于硫酸铝，如使用剂量小，对原水水温及 pH 的变化适应能力较强等。

聚合氯化铝的制造过程大致是：在高温和一定压力下用碱与铝反应产生聚合物。聚合物中的羟基与铝的比值是反映聚合物成分的一个重要参数。制造过程中，还可以在聚合物分子中引入其他阴离子，常见的是硫酸根。近年来，硅酸根、磷酸根也被引入到聚合氯化铝中，并取得了实效。但是，关于这方面基础理论的研究工作不够深入，没能开发出本质上新型的聚合铝类混凝剂，大部分是一些简单的复合混凝剂。

常见的铁盐混凝剂包括氯化铁、硫酸亚铁、硫酸铁和新出现的聚合铁。氯化铁有固体和溶液两种形式的产品。按 GB 4482—84 的规定，呈粉状的无水氯化铁含 $FeCl_3$ 应大于等于 98%，氯化铁溶液含 $FeCl_3$ 应大于等于 41%。另外以 $FeCl_3 \cdot 6H_2O$ 化学式存在的结晶，含 $FeCl_3$ 约为 60%。氯化铁是研究铁盐常用的化合物，在污泥脱水时经常用到。

聚合铁混凝剂有聚合氯化铁和聚合硫酸铁两种，首先出现的是聚合氯化铁。聚合氯化铁的生产与聚合氯化铝类似，即在适当的温度和压力下，用碱中和氯化铁溶液得出。

铁盐和铝盐混凝剂占据混凝剂市场的绝大部分，但分别存在一定程度的限制。铝盐混凝剂由于使用方法不当使水中铝离子含量过高所产生的生物毒性已经引起了人们的注意。铁盐混凝剂在应用水产生的颜色及其强烈的腐蚀性，使人们一度摒弃使用铁盐混凝剂，但近年来关于铝毒性的报道使大家重新认识到铁的价值。不断出现的各类铁盐复合型混凝剂即是其重要表现。

除此之外，活化硅酸作为惟一的混凝助剂，在混凝剂家族中往往显示出独特的处理作用。把水玻璃中的 SiO_2 成分分解出来，产生胶体的操作称为活化。第一步是用酸中和水玻璃所含的一部分碱度（碱度用 Na_2O 成分代表）。一般用硫酸来中和，反应如下：

$$H_2SO_4 + Na_2O \cdot xSiO_2 \cdot yH_2O =$$

$$Na_2SO_4 + xSiO_2 + (y+1)H_2O$$

硫酸用量可按酸化度计算：

$$酸化度 = \frac{硫酸重量}{水玻璃中 Na_2O 重量} \times 100\%$$

酸化可用盐酸、硫酸铵、硫酸铝、氯或二氧化碳等多种物质。水玻璃加酸搅拌均匀后，需要一段熟化时间。熟化时间从 $5\sim10min$ 到 $2h$。熟化时间过长会导致整个溶液发生凝胶化作用。为了避免溶液的凝胶化，一般将熟化溶液进一步稀释成含约 $0.5\%\sim1.3\%$ 的溶液使用。在活化工程中，可能形成线状和环状的聚合物。活化产生的聚合物可能通过取代羟基而进入水解配合物内。另外，由于聚合物具有较大的长度，也可以通过吸附作用把很多微粒连接起来起架桥作用。

2. 有机混凝剂

水处理中虽然使用天然聚合物，如藻朊酸钠、动物骨胶、明胶、马钱树种子等，但大量使用的仍是人工合成的聚合物。用天然原料合成的聚合物产品有待进一步的研究与开发。自 20 世纪 60 年代以来，人工合成的有机高分子混凝剂已在给水和废水处理及污泥调理中得到广泛应用。人工合成的有机高分子混凝剂都是水溶性聚合物，重复单元中包含带电基团，因而被称为聚电解质。包含带正电基团的为阳离子型聚电解质，包含带负电基团的为阴离子型聚电解质，既包含带正电基团又包含带负电基团的为两性型聚电解质。有的人工合成的有机高分子混凝剂在制备过程中并没有人为的引进带电基团，称之为非离子型聚电解质。在水与废水处理中，常用阳离子型聚电解质、阴离子型聚电解质和非离子型聚电解质，两性型聚电解质使用较少。有机高分子絮凝同无机高分子絮凝剂相比，具有用量少、絮凝速度快、受共存盐类、pH 值及温度影响小、生成污泥量少、并且容易处理等优点，因而有广阔的应用前景。

　　阳离子型聚电解质主要是分子重复单元中含有带正电的氨基、亚氨基或季氨基的水溶性聚合物，主要品种有二甲基二烯丙基氯化铵与丙烯酰胺的共聚物或均聚物，聚乙烯基咪唑啉等。高分子量的阳离子型聚电解质由自由基加聚反应合成，低分子量的阳离子型聚电解质由自由基缩聚反应合成。由于水中的胶体粒子一般都带负电，所以阳离子型聚电解质不论分子量的高低，均起絮凝作用。由于阳离子单体的价格较高，因而在合成阳离子型聚电解质时引入的带正电的单体数目较少，造成正电荷密度有限。例如聚二甲基二烯丙基氯化铵（PDADMAC），阴离子型聚电解质主要是重复单元中包含—COOM（其中 M 为氢离子或金属离子）基团或—SO_3H 基团的水溶性聚合物，主要品种有部分水解的聚丙烯酰胺（含聚丙烯酸钠）和聚磺基苯乙烯。阴离子型聚电解质由自由基加聚反应合成，分子量可因反应条件不同而异。作为水处理絮凝剂，只能是高分子量的（分子量 $MW > 10^6$），低分子量（分子量 $MW < 10^5$）阴离子型聚电解质不是絮凝剂，而是胶体稳定剂，由于羧基电离度不大，已水解的聚丙烯酰胺中的—COO—基含量不高（低于水解—COOH 基团含量），负电荷密度不大，因而聚磺基苯已烯的负电荷密度较高。典型的如 PAM 的水解物。当 PAM 在碱性条件水解后，即可在一部分的构造单元中引入了羧基，PAM 与 NaOH 用量的重量称为碱化比或水解比，一般为 $1:1 \sim 1:5$。水解后的 PAM 分子带有带负电的基团 COO^-。由于负电荷向斥作用，使 PAM 的分子展开，有利于与其余微粒的接触，产生架桥作用。

非离子型聚电解质的主要品种为未水解的高分子量聚丙烯酰胺和聚氧化乙烯。这里的未水解，是指在聚丙烯酰胺分子量重复单元已水解的酰胺占全部酰胺的比例低于3％，而不是指完全没有水解。聚丙烯酰胺即是其典型代表，由多个丙烯酰胺分子聚合而成。非离子型的聚合物在分子在水中呈螺旋状，其长度不能展开出来。

在众多的改性天然高分絮凝剂中，淀粉改性絮凝剂的研究开发尤引人注目。因为淀粉来源广、价格低，并且可完全被生物降解，在自然界中形成良性循环。在国外水处理市场上，有不少改性淀粉絮凝剂，国内各类淀粉与丙烯酰胺、丙烯酸、丙烯酸脂等的共聚反应研究和产品的开发应用，已经广泛开展。

我国也有从其他天然高分子化合物改性而得的絮凝剂，如魔芋葡甘聚糖磷酸脂、丹宁絮凝剂、两性型高分子絮凝剂等。

3. 生物絮凝剂

20世纪80年代后期，研究和开发第三代絮凝剂，称为生物絮凝剂。该絮凝剂是利用生物技术，通过微生物发酵抽提、精制而得到的一种新型、高效、廉价的水处理剂。在日本首先研究成功，在20世纪70年代，日本学者在研究酞酸脂生物降解过程中，发现了具有絮凝作用的微生物培养液。20世纪80年代后期，制成了命名为NOC-1的第一种生物絮凝剂。NOC-1是目前发现的最好的生物絮凝剂，它具有很强的絮凝性，近期在继续深入研究应用对象的同时，更主要是研究采用廉价的培养基以降低成本，缩短培养时间和提高絮凝活性。生物絮凝剂与普通絮凝剂相比，其优越性主要表现在：易于固液分离，而且形成沉淀物少；易被微生物降解，具有无毒、无害等安全性；无二次污染；适用性广；具有除浊和脱色性能。

前面简单介绍了无机混凝剂、有机混凝剂及生物混凝剂的一般情况。还有一些化学药品，在混凝过程中经常使用，称之为助凝剂。它们的作用，或是调节水的pH值，或用来加聚核心物质，抑制或降低水中有机物含量，以强化混凝剂效果。属于助凝的药品有石灰、烧碱、盐酸、硫酸、氯气、黏土等。

4.1.2　我国混凝剂品种的开发工作

近40年来，我国在混凝剂的品种开发方面进行了大量工作，取得了不少的成绩，已经能满足国内市场的需求，在自主经营开发形成了一整套独立的运作体系。

在20世纪60年代，曾对天然及人工合成有机高分子絮凝剂进行过研究，例如，利用小麦麸皮中含有淀粉制成阴离子型絮凝剂苛化麸皮；利用植物细胞壁和细胞液中的糖尾酸衍生物制成多糖尾酸衍絮凝剂；利用石槁树枝叶加工成的石青粉絮凝剂，其中水溶性物质的主要成分是多缩戊糖，同时含有少量的丹宁；利用香叶子树树叶制成的香叶粉絮凝剂；还研制出了人工合成高分子絮凝剂聚甲醛-双氰胺等。

在20世纪60年代末至70年代初，我国对无机高分子混凝剂聚合氯化铝进行了有几十个单位参加的广泛的研究工作，重点是解决如何利用国内资源生产聚合氯化铝，以及了解聚合氯化铝在水处理中的效能。研究工作的结果是获得了若干种适合我国国情的聚合氯化铝生产工艺流程，发现在一定的条件下聚合氯化铝可替代硫酸铝及三氯化铁以获得更好的混凝效果。

由于20世纪70年代以来环境保护在世界范围内的兴起，废水处理得到的重视日益增大，相应也促进了混凝剂的研究。我国近十年来的研制开发了不少新型混凝剂，填补了国内的一些空白。例如，利用硫酸亚铁和废酸生产聚合硫酸铁；WAB淀粉接枝阴离子改性天然高分子絮凝剂的研制；用腈醛树脂初缩体和 Zn^{2+}、Cu^{2+}、Co^{2+}、Fe^{2+} 等金属离子反应制成的螯聚电解质絮凝剂；以及人工合成有机高分子絮凝剂聚二甲基胺甲基丙烯酰胺 PDMAM 等，此外，对继续开发植物胶、纤维素衍生物类等天然高分子絮凝剂及聚丙烯酸钠等人工合成聚电解质也表现出兴趣。

20世纪80年代及90年代的20年间，我国水处理界絮凝剂的开发主要集中在无机高分子的复合与混凝机理的研究方面，并提出了自己的某些理论，在指导新型混凝剂的开发上起到了一定的作用。如汤鸿霄先生在 Al_{13} 结构模型方面所做的研究与李圭白先生在利用 $KMnO_4$ 去除微污染水中的腐殖质方面的研究都在国际上有一定的影响。目前，我国无机混凝剂的品种比较齐全，但天然与人工合成有机高分子絮凝剂相对国外而言品种较少。例如，我国常用的聚电解质主要是聚丙烯酰胺系列化合物，电荷基本局限于阴离子型及非离子型；而一些发达国家无论在给水还是在废水处理中，阳离子型不同种类的聚电解质的应用均明显超过阴离子型及非离子型聚电解质。我国水处理混凝剂的研制工作在这方面有待加强。在基本原理的研究方面，也进行了一定的工作，有一些成果处于世界前沿。但从事开发和研究的人员往往对基础研究的重视不够，热衷于尽快提出新品种付诸生产而不够科学化，水处理工业应用投加对质量和数量缺少严格控制。实际上，在絮凝形态分布及转化规律，生产工艺的流程控制，投加使用的反应过程和反应器，各个方面之间都有的相互关系，对产品质量、应用效果和经济利益都有重要的影响。如何结合无机高分子絮凝剂的特征进行全面的研究与发展，尚存许多的问题，没有深入的科学的基础研究，很难生产出高性能产品，建立达到国际水平的生产网络，满足我国日益增长的生产与环境污染治理的要求。

随着社会经济的发展，生活水平的提高，人们对身体健康的关注逐渐成为生活中极其重要的一部分。科学日新月异的进步表明，饮用水的质量对身体的健康与否有至关重要影响。而现代工业的发展及环境保护意识的薄弱，饮用水水源受到了一定程度上的污染，若不能对其进行有效的处理与控制，必然会对人们的身体健康造成严重的威胁。在给水处理过程中，混凝阶段的好坏直接决定着出水水质，由于水力学及边界条件研究的成熟，寻求高效的混凝剂一直是水处理界领域的一个热点。虽然过去对混凝剂已经进行了大量卓有成效的研究工作，但水中污染物成分的变化，尤其是近年来水中有机物激增和藻类的大量繁殖，传统的混凝剂已不能有效的将其去除，满足水处理的需要。寻找合适的混凝剂去除给水水源中的有机物，保证饮用水的安全、人们的身体健康及环境的可持续发展即是给水界所要解决的任务之一。

4.2 混 合

4.2.1 目的和作用

混合的目的是使混凝剂均匀迅速的扩散到所投加的水流之中，与水中的需要去除的杂质结合，为反应和絮凝创造条件。

4.2.2 混合工艺

目前混合所采用的主导工艺仍然是水泵混合、管式静态混合器混合、机械混合和跌水混合等。水泵混合是将混凝剂和助凝剂的加注点设在一级泵房水泵的进口处，依靠水泵的吸力将药剂和水一起吸入水泵，再利用水泵叶轮的高速旋转，使药剂均匀分散于与原水中，达到混合的目的。此种混合形式混合效果好，不消耗能量，不需设混合装置，且能适应于大中小型水厂。但当一级泵房距离水厂过远时，则经过混合的原水在管道的流动过程中，会过早地形成絮凝体，这些絮凝体一旦当管道中水流流速过大，会被水流破坏，就很难重新聚集结大，不利于后续絮凝，当管中流速低时，还可能在管中形成沉淀。因此，当一级泵房与絮凝池之间的距离大于 150m 时不宜采用。

管式混合器分为管式静态混合器和扩散混合器。要求管内流速不宜小于 1m/s，投药点后的管内水头损失不小于 0.3～0.4m。管式静态混合器混合是在絮凝池前设置有一管式静态混合器，混合器内安装若干固定混合单元，每一混合单元由若干固定叶片按一定角度交叉组成，如图 4-1 所示。当加过药剂的原水经过混合器时，能被这些混合单元分割、改向并形成漩涡，以达到使药剂均匀分布于原水中的目的。管式静态混合器混合效果好，构造简单，安装方便，无活动部件，不增加维修工作量。缺点是水头损失过大，且当水量过小混合效果下降。管式静态混合器的口径与输水管道相配合，目前最大口径为可达 2000mm。

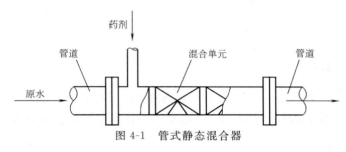

图 4-1 管式静态混合器

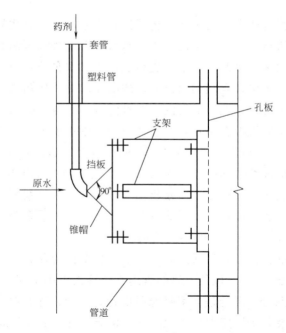

图 4-2 管式扩散混合器

另外一种管式混合器是"扩散混合器"。它是在管式孔板混合器前加装一个锥形帽，水流和药剂对冲锥形帽后扩散形成剧烈紊流，使水流和药剂达到快速混合，如图 4-2 所示。孔板流速一般为 1.0～1.5m/s，混合时间为 2～3s，混合器节管长度不小于 500mm，目前混合器直径在 200～1200mm。

机械混合设有专门的混合池，在混合池内以电动机驱动搅拌器对加过药剂的原水进行搅拌，以达到药剂在原水中均匀分散的目的，如图 4-3 所示。此种混合方式混合时间一般为 20～30s，最大不超过 2min。搅拌器的搅拌速度可根据进水量和浊度变化所要求的 G 值进行调节，使混合效果达到最佳，因此，混合效果好，能适应于大中小各种规模的水处理厂。缺点是增加了一套机械设备，使管理和维修工作量增加。在设计和使用中注意避免水流同步旋转而降低混合效果。

图 4-3　机械混合设备

跌水混合一般也要设专门的混合池，也可以和配水井合建。加过药剂的原水经过一道堰的跌落，水流在底部溅起，从而达到使药剂与原水均匀混合的目的。该种混合形式构造简单，混合效果好，能适应大中小型水处理厂。缺点是水头损失稍大。若能结合配水池的建设一并考虑，并能设计成跌落高度可调，则不失为一种经济有效的混合方式。为了进一步提高其混合效果，同济大学的王家民曾将跌水混合设计成在水流的溅落处安装一道网格。混合时水流先溅落在网格上，再流经网格，此举达到了比较理想的效果。

总之，各水厂可以结合不同的条件、技术水平、管理水平和资金情况选用适合的混合工艺，满足混合要求，达到经济运行的目的。

4.2.3 推荐工艺

由于我国地域辽阔，各地的气候、水源条件及经济水平相差较大，不能一概而论，需要结合具体条件，参照周边地区情况，合理选用，在条件允许情况下，推荐采用机械混合工艺。

4.3 凝聚与絮凝

4.3.1 概述

1. 胶体与表面化学的基本概念

去除水中悬浮微粒物是给水处理的一项基本任务。尺寸在 $1nm \sim 10\mu m$ 的微粒是难以从水中去除的，其中 $1nm \sim 1\mu m$ 的微粒属于胶体范围，尤其是水处理的困难所在。

胶体微粒具有布朗运动的特征，这种特征是导致胶体微粒克服重力的作用不在水中沉降的原因之一；此外，胶体微粒具有巨大的比表面积，从而使胶体微粒具有较强的吸附能力，这都是大颗粒物质所不具有的性质。

与给水处理相关的主要是由水和胶体微粒构成的关系。按胶体带电的符号，胶体可分为正电胶体和负电胶体；按与水的关系，可以分为亲水胶体和憎水胶体。一般水中的无机物胶体都是带正电的，有机物胶体都是带负电的；亲水胶体能够自动形成真溶液，只要将水和亲水胶体放在一起，就能够自发形成溶液，在没有化学变化和温度变化的条件下，溶液将永远是稳定的。憎水胶体则相反，将水和憎水胶体放在一起，不能够自发形成溶液，已经形成的憎水胶体溶液在静置足够长时间后，胶体可以自发从水中分离出来。

2. 胶体稳定性的原因

所谓胶体稳定性是指胶体粒子在水中长期保持分散悬浮状态的特性。从胶体化学角度而言，真溶液可以说是稳定系统，憎水胶体溶液不是真正的稳定系统。但从水处理角度而言，凡是沉降速度十分缓慢的胶体粒子以至微小悬浮物，均被认为是"稳定"的。若微小粒子在停留时间有限的水处理构筑物中不能被截留，它们的沉降性能均可以忽略不计，认为是"稳定体系"。

胶体的稳定性分为"动力学稳定性"和"聚集稳定性"。

动力学稳定性指颗粒布朗运动对抗重力影响的能力。大颗粒悬浮泥砂在水中的布朗运动很微弱甚至不存在，在重力作用下很快下沉，这种悬浮物称为动力学不稳定；当胶体粒子很小时，布朗运动相对强，本身质量小，所受重力小，布朗运动足以抵抗重力影响，故能够长期悬浮于水中，称之为动力学稳定。粒子越小，动力学稳定性越高。

聚集稳定性指胶体粒子间不能相互聚集的特性。胶体粒子很小，比表面积很大导致表面能很大，在布朗运动下，有相互聚集的倾向，但由于粒子表面同性电荷的斥力作用或者水化膜的阻碍作用使这种自发聚集不能进行。如果胶体粒子表面电荷或者水化膜消除，胶体粒子就会失去聚集稳定性，小颗粒聚集成大颗粒，失去胶体的特性，从而动力学稳定性也随之破坏，沉淀就会发生。因此，胶体的稳定性关键在于聚集稳定性。

4.3.2 凝聚与絮凝机理

无论是天然水体、受污染水体或工业污水，均含有多种多样的杂质，包括各种有机物、无机物及活的生物体。从混凝角度讲，可以按物质尺寸大小分成悬浮物、胶体和溶解物三类。混凝的对象主要是胶体及接近胶体尺寸的细小悬浮物。粗大的悬浮物无需混凝即可通过自然沉淀从水中分离出去。除了少数的 As、F、Hg、N、P 等以外，溶解物一般不能用混凝法去除。因为构成水的浊度与色度的主要物质是胶体与悬浮物，故去除水中的胶体与悬浮物简称除浊与除色。

混凝指向被处理的水中加入一定量的混凝剂，使水中的微小胶体、悬浮颗粒或其他污染物发生脱稳并凝聚为大颗粒，从而从水中分离出来以达到水质净化的水处理方法。水处理中的混凝现象非常复杂，不像胶体化学中应用 DLVO 理论就能将胶体稳定与凝聚阐述得相当圆满，当然，并非说它已失去理论的价值。还有其他几种混凝机理，在水处理中相当重要。

1. 压缩双电层机理

由图 4-4 可知，要使胶体粒子碰撞凝聚，必须降低或消除排斥能峰 E_{max}。向水中投入混凝剂增加水中反粒子浓度，使得胶体扩散层压缩，排斥势能就随之降低。当混凝剂投入后，图 4-4 中的胶体动电位由 ζ 降至 ζ_K，此时相应的总势能曲线恰好降到图 4-5 所示虚线位置，总势能曲线的排斥能峰 $E_{max}=0$，此时动电位 ζ_K 称"临界电位"，胶体失去稳定性，胶粒与胶粒之间可进行碰撞凝聚。当混凝剂量继续增加时，胶粒 ζ 电位为 0，胶粒间排斥势能消失，此点称为等电点。按 DLVO 理论，在等电状态下，胶粒最易发生凝聚，但实际上，水的混凝并不一定要达到等电点，并且压缩双电层不仅与混凝剂量有关，还与混凝剂中金属粒子的价数有关。双电层作用的机理，用于解释低价简单离子的凝聚作用很有效。

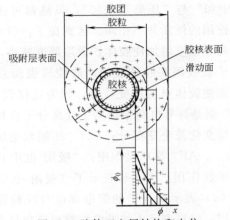

图 4-4 胶体双电层结构和电位

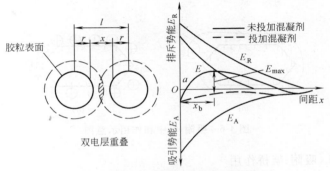

图 4-5 相互作用势能与颗粒间关系

2. 吸附-电中和作用

天然及合成高分子物，或者由高价电解质在水中经由水解缩聚而成的高分子物，几乎都能吸附在胶体粒子上，无论高分子物质是否带电或者所带电荷与胶体电荷符号是否相同，上述结论都是正确的，只是吸附的效果有所不同。因为高分子物质对胶体粒子的吸附驱动力有氢键、共价键、极性基、静电引力及范德华力等等，究竟哪一种力起主要作用，则视高分子物质本身结构及胶体特性而定。

"吸附-电中和"与"压缩双电层",虽然都可使胶体 ζ 电位降低,但两者作用的性质并不相同。区别在于:(1)压缩双电层依靠溶液中反离子浓度增加使胶体扩散层厚度减小,导致电位降低,并且反离子被吸附在胶核表面,故胶核表面总电位保持不变,而且不可能使胶体电荷改变符号,因为这仅仅是静电作用;"吸附-电中和"则是异号电荷聚合离子或高分子直接吸附在胶核表面,故总电位变化甚至变符号;(2)"压缩双电层"通常由简单离子(如 Na^+、Al^{3+} 等)起作用;"吸附-电中和"通常由高分子或聚合离子起作用。图 4-6 表示了"吸附-电中和"两种情况的示意图。(a)表示高分子的带电部位与胶粒表面所带异号电荷的中和作用;(b)表示小的带电胶粒被带异号电荷的大胶粒表面所吸附。

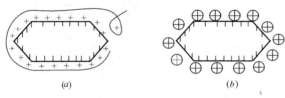

图 4-6　吸附-电中和作用示意图

3. 吸附-架桥作用

高分子物质对胶体的强烈吸附作用,还起到胶粒与胶粒之间架桥连接作用。拉曼(Lamer)等认为,当高分子链的一端吸附了某一胶粒后,另一端又吸附另一胶粒,形成"胶粒-高分子-胶粒"的絮凝体,如图 4-7(a)所示。但格乃高里(Gregory)还有另一观点。他认为当高分子物质所带电荷与胶粒电荷相反时,由于吸附作用使胶粒表面表观电荷得到中和但实际上胶粒表面电荷分布不均匀,裸露部分仍表现胶体原电荷符号,而吸附了高分子的部分则带相反电荷。于是出现了另一种静电引力:某一胶粒裸露部分与另一胶粒吸附高分子物质的部分相互吸引而凝聚起

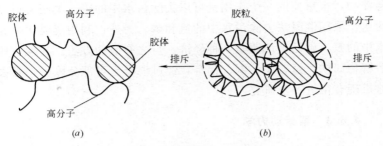

图 4-7　吸附-架桥作用

(a) 吸附架桥示意图；(b) 胶体保护示意图

来。这种静电引力称之为"马赛克（Mosaic）引力"。当然，这种情况出现在高分子与胶粒所带电荷符号必须相反的条件下。

当高分子物质过多时，将产生胶体保护作用，如图 4-7 (b) 所示。胶体保护可理解为：当胶粒表面被高分子全部覆盖以后，两胶粒接近时，或者由于"胶粒-胶粒"之间所吸附的高分子受到压缩变形而具有排斥势能，或者由于带电高分子的相互排斥，使胶粒不能凝聚。拉曼等人根据吸附原理，提出胶粒表面吸附率为 1/2 时絮凝效果最好。在实际水处理中，胶粒表面覆盖率无法测定，故高分子混凝剂投加量通常由试验决定。

4. 淀物网捕作用

当铝盐或铁盐投加量较多时，高价金属离子（Al^{3+}、Fe^{3+}）经水解缩聚可形成大量的氢氧化物固体从水中析出。这些氢氧化物一般都是聚合体（如 $[Al(OH)_3]_n$），可以网捕、卷带水中的细小胶粒形成絮状物。这种作用基本上是一种机械作用。水中胶体杂质少时，所需混凝量大，反之，所需混凝剂量小。

5. 其他混凝作用

前面几种关于胶体与悬浮物的混凝作用机理是混凝的主要机理，但生产实践证明，水中某些溶解性杂质也可采用混凝方法去除。

例如在污水的三级处理中，采用混凝方法去除水中的胶体与悬浮物，很重要的一个作用是可以去除污水中的磷。美国有很多污水厂采用混凝法去除污水中的氮和磷。另外，利用混凝法去除水中的氟、砷已被证明是一种经济、行之有效的方法。其他一些溶解物如铁、锰、汞、铜、铝等，经过混凝也可部分除去，其去除机理有待进一步研究。

4.3.3 絮凝动力学

要使杂质颗粒之间或杂质与混凝剂之间发生絮凝，必须使颗粒发生碰撞。推动水中颗粒互相碰撞的动力来自两方面：颗粒在水中的布朗运动；在水力或机械搅拌下造成的流体运动。由布朗运动造成的颗粒聚集碰撞称为"异向絮凝"，有流体运动造成的颗粒聚集碰撞称为"同向絮凝"。

1. 异向絮凝

异向絮凝是由布朗运动引起的，因此异向絮凝也称为布朗絮凝。由于布朗运动方向不规律性，对某一个颗粒来讲，它可能同时收到来自各个方向的颗粒的碰撞，这就是称为"异向"的原因。

令时间 $t=0$ 时胶体的颗粒浓度为 n_0 个/L，则由于布朗运动在 t 时颗粒浓度 n 减少速率可以表示为下列关系：

$$-\frac{dn}{dt}=akn^2 \tag{4-1}$$

式中 k 为速率常数（体积个数$^{-1}$·时间$^{-1}$），其大小是由胶体的布朗运动性质决定的；a 则表示颗粒碰撞后的附着效率常数，$a=1$ 表示颗粒碰撞后即附着，$a=0$ 表示颗粒碰撞后仍然分开。当 $a=1$ 时，两个颗粒相碰后即变成一个颗粒，因此，在单位体积中所发生的两个颗粒相碰的次数即颗粒减少的次数，这就是公式（4-1）成立的原因。公式（4-1）的解为：

$$\frac{1}{n}-\frac{1}{n_0}=akt \tag{4-2}$$

上式中 $a=1$ 的絮凝成为快絮凝，说明每发生两个颗粒相碰一次，就会出现一个由两个颗粒连在一起的二合粒子，每毫升中原有的单个粒子 n_0 就会少一个。$a=1$ 说明胶体颗粒间的能垒完全消失，这是一种理想的状况。实际上胶体间的能垒并没有完全消失，a 值一般在 $0.0035\sim0.65$ 之间。由于胶体间残余的能垒产生的阻力，使颗粒浓度减少的速率大大减慢，这种絮凝称为慢絮凝。

（4-1）式实际只能用于絮凝开始不久，即絮凝只发生在 $1mL$ 中原始的 n_0 个颗粒间的相碰情况。当水中出现 i 个原始粒子结成的 i 级颗粒（$i>2$）时，就要相应的考虑各种颗粒间的相碰情况，并建立相应的表达式。但是，异向絮凝的过程极为缓慢。另一方面，随着颗粒因絮凝过程的逐渐长大，布朗运动也就逐渐消失，异向絮凝也就自然停止。因此，研究 i 级颗粒的问题就不必要。颗粒的继续长大必须依靠同向絮凝的过程。

2. 同向絮凝

当同一方向上运动的两个颗粒间存在速度差，两个颗粒在垂直运动方向上的球心距离小于它们的半径之和时，速度快的颗粒将赶上速度慢的颗粒，从而相碰接触产生絮凝现象。由于必须在同一方向上接触相碰，因此称为同向絮凝。发生同向絮凝的条件也就是颗粒的运动必须存在速度梯度。速度梯度是由于水的剪切流形成的，因此同向絮凝也称为剪切絮凝。

图 4-8（a）为相邻的但沉速不同的两个颗粒理想接触的情况。两个颗粒的直径分别为 d_1 和 d_2，下沉速度分别为 u_1 和 u_2，两个颗粒的球心距离恰好等于 $(d_1+d_2)/2=\mathrm{d}z$。在以 d_1 的球心为中心，$\mathrm{d}y$ 为半径的圆柱面上，两个颗粒的速度差 $\mathrm{d}u=u_1-u_2$，因而两个颗粒间存在速度梯度 $\mathrm{d}u/\mathrm{d}z$。图中用实线表示两个颗粒在接触前 1s 时的位置，虚线则表示出两者在接触时的情况。由图中还可以看出，凡是在以 d_1 为球心为中心，$\mathrm{d}z=(d_1+$

$d_2)/2$ 为半径的圆柱体内的 d_2 颗粒都将与 d_1 接触，图中所画的只是边界上发生的情况。图 4-8 (b) 表示管渠中出现层流或水受到搅拌混合时的局部水流情况。在相邻水层间有流速差，因而存在速度梯度。图中画出直径为 d_1 和 d_2 的颗粒随着水流的速度运动，同样用实线表示出两颗粒在相碰前 1s 的位置，虚线表示相碰时的情况。颗粒运动的速度梯度也就是水流的速度梯度 du/dz，这里 dz 恰好等于 $(d_1+d_2)/2$。从图中可看出，在以颗粒 d_1 的球心的流速方向为轴，$(d_1+d_2)/2$ 位半径的所形成的圆柱内，上半圆柱内的 d_2 颗粒因速度大于 d_1 颗粒，因而将追上 d_1 颗粒而与之碰撞，而下半圆柱内的 d_2 颗粒则被 d_1 颗粒追上而与之相碰。

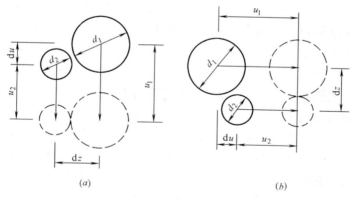

(a)   (b)

图 4-8   同向絮凝

如果令 n_1 和 n_2 分别为颗粒的浓度，当颗粒因水流所产生的速度梯度 du/dz 相碰时，可以得出每毫升中两种颗粒每秒钟相碰的次数为：

$$N=\frac{4}{3}n_1 n_2 (r_1+r_2)^3 \frac{du}{dz} \tag{4-3}$$

N 也就是 d_1、d_2 两种颗粒每秒个数减少的速率 dn_{12}/dt 的

绝对值。当颗粒因沉速差 $u_1 - u_2$ 而产生速度梯度时，每毫升中两种颗粒每秒相碰次数应为

$$N = \pi (r_1 + r_2)^2 n_1 n_2 (u_1 - u_2) \qquad (4\text{-}4)$$

如以 $(u_1 - u_2)/(r_1 + r_2) =$ 速度梯度 $\mathrm{d}u/\mathrm{d}z$ 代入上式可得

$$N = \pi (r_1 + r_2)^3 n_1 n_2 \qquad (4\text{-}5)$$

同样，N 也就是两种颗粒每秒个数减少的速率 $\mathrm{d}n_{12}/\mathrm{d}t$ 的绝对值。

4.3.4　常用工艺

目前，我国大多数水处理厂所采用的工艺为隔板絮凝池、机械絮凝池、折板絮凝池、网格絮凝池以及组合絮凝池等。

隔板絮凝池是在絮凝池内设有许多隔板，构成一道道的廊道，廊道的宽度和深度根据絮凝体聚集结要求的不同 G 值而定，如图 4-9 和图 4-10 所示。隔板絮凝工艺可谓是一种古老的絮凝工艺，但是直至今日，仍被许多大中型水处理厂采用。隔板絮凝工艺的优点是构造简单、管理方便，当水量变化不大时絮凝效果较好，缺点是絮凝时间较长，絮凝池容积较大，且当水量变化大

图 4-9　回转式隔板絮凝池

图 4-10　往复式隔板絮凝池

时，絮凝效果不稳定。特别是该种絮凝池不适应小型水处理厂采用。因水量过小时，廊道过小或过浅，不利于絮凝池的建造、管理和维修。

机械絮凝工艺是将多个单独的机械絮凝池串联起来，每个絮凝池内都设有搅拌器，对水流进行搅拌。为满足絮凝体形成结大的要求，各个絮凝池的搅拌强度从头至尾顺次降低，从而使絮凝 G 值由大变小，如图 4-11 所示。机械絮凝池的优点是，可根据水量水质的变化随时调节各个絮凝池的搅拌强度，以达到最佳的絮凝 G 值，取得最佳的絮凝效果。因此，絮凝效果好，消耗能量少，可适用于各种规模的水处理厂。缺点是与后续即将谈到的折板、网格絮凝池相比，絮凝时间稍长，特别是增加了一套机械设备，使工程造价增加，同时也增加了设备的管理维修工作量。

折板絮凝池是在隔板絮凝池基础上发展起来的，如图 4-12和图 4-13 所示。根据水量的大小可设计成单通道或多通道。整个絮凝池的设计一般可分为三段，每段的絮凝容积可大致相等。其中，第一段布置异波折板，分三段布置平板。水流流经絮凝池时，在第一段产生缩放流动，第二段产生曲折流动，第三段产生

图 4-11　机械搅拌絮凝池

图 4-12　竖向流折板絮凝池

直线流动。水流产生的紊动程度由大变小，水流质点间产生的碰撞机会由大变小，产生的水头损失由大变小，从而絮凝 G 值也由大变小，以满足絮凝体增长的要求。折板絮凝池提高了絮凝池

图 4-13 水平流折板絮凝池

的容积利用率和能量利用率，有效地改善了水流中速度梯度的分配状况，使其更趋于合理。絮凝效果好，絮凝时间短，水头损失小。缺点是安装维修比较困难。此种絮凝形式目前一般用于中小规模的水处理厂。

网格絮凝池的设计和布置类似于多通道的折板絮凝池，一般多为多格竖井回流式。在竖井之间的隔墙上，上下交错开孔。水流流过水平放置的在竖井中的网格时，产生缩放作用，形成漩涡，使颗粒产生碰撞。网格絮凝池的设计也分为三段，每段的絮凝时间也大致相等。在第一段，由于所形成的絮凝体积很小，需要较大的 G 值以增大颗粒之间的碰撞频率，故此时采用密网格。在第二段，絮凝体积已经形成一定大小，此时需要较小的 G 值，才能促使颗粒继续增大而不破碎。因此，在网格层距不变的前提下，只有增大网格孔眼尺寸，故此时布置疏网格。在第三段，G 值应进一步降低，以防止絮凝体破碎，故此时不安放网格。网格絮凝池的优点是絮凝效果好，絮凝时间短，水头损失小。缺点是安装比较麻烦，絮凝池末端的竖井底部容易产生积泥现象。少数水厂还发现在网格上滋生藻类，堵塞网眼的现象。如同折板絮凝池，目前一般用于中小规模的水处理厂。

　　不同形式的絮凝池组合应用是我国水处理工艺的一大特色。实践证明，不同形式的絮凝池串联使用，可取长补短，充分发挥每一种絮凝池的优点，提高絮凝效果，降低工程造价。如往复隔板与回转隔板的组合。絮凝初期，絮凝体积较小，不易破碎，故在絮凝池前段用往复隔板。絮凝后期，絮凝体积已结大，容易破碎，故在絮凝池后段，采用回转隔板，避免水流作 180°大转弯。再如，当水量较小时，若单采用隔板絮凝池，絮凝池前部分隔板间距过小或深度过浅，建造或维护困难或占地面积太大。此时，可将穿孔旋流絮凝池与回转絮凝池组合运用，前段采用穿孔旋流絮凝池，避免了隔板间距过小或水流过浅的矛盾，后段采用回转隔板，由于流速降低，隔板间距不会太小或水深不会太浅，不会给施工或者维修带来麻烦，同时也避免了穿孔旋流絮凝池水流上下左右频繁转弯对后期絮凝产生的不良作用。

　　如同混合工艺，絮凝工艺也可分为水力类与机械类两大类。发达国家大部分水处理厂均采用机械类工艺，而我国工程师则对水利类工艺情有独钟。发达国家钟情于机械类工艺，据说是基于商业目的，为了出售设备。可以认为，主要还是传统习惯和他们管理水平较高的因素起作用。尽管与机械类工艺相比，水力类工艺存在着对流量和原水水质的变化适应性差的缺点。但在我国几十年的水处理实践中没有产生任何问题。原因是大多数水力类工艺的处理效果一般均是随水量的减少而由于达不到所需要的 G 值而下降。但水处理厂的出水水质是一系列净水工艺协同作用的结果。水量的减少尽管降低了混合和絮凝的效果，但却增加了沉淀工艺的停留时间和降低了滤池的滤速。后者对出水水质的提高足以对混凝工艺效果的下降进行补偿。这就是通常都是水处理厂出水水量降低而水质出水水质好，却很少出现出水量增加而出水水质提高的情况。总而言之，无论对于何种絮凝池，成功设计的关键在于根据絮凝体成长的要求将整个絮凝阶段所消耗的能量进行合理分配。

4.3.5 混凝控制指标及影响效果的因素

自药剂与水均匀混合起直至大颗粒絮凝体形成为止，在工艺上总称为混凝过程。相应设备有混合设备和絮凝设备。

在混合阶段，对水流进行剧烈搅拌的目的，主要是使药剂快速均匀地分散于水中以利于混凝剂快速水解、聚合及颗粒脱稳。由于上述过程进行得很快（特别是铝盐和铁盐混凝剂），故混合要快速剧烈，通常在 $10\sim30s$ 之间，至多不超过 $2min$ 即告完成，搅拌强度按速度梯度计，一般 G 值在 $700\sim1000s^{-1}$。在此阶段，水中杂质颗粒微小，同时存在颗粒间的异向絮凝。

在絮凝阶段，主要依靠机械或水力搅拌促使颗粒碰撞絮凝，故以同向絮凝为主。同向絮凝效果，不仅与 G 值有关，还与絮凝时间 T 有关，通常以 G 值和 GT 值作为控制指标。在絮凝阶段，絮凝体尺寸逐渐增大，粒径变化可从几微米到毫米级，变化幅度达几个数量级。由于大的絮凝体容易破损，故自絮凝开始至结束，G 值应逐次减少。具体到实际操作，若采用机械絮凝，搅拌强度应逐渐减小，采用水力絮凝，水流速度应逐渐减小。絮凝阶段，平均 $G=20\sim70s^{-1}$，平均 $GT=1\times10^4\sim1\times10^5$，上述指标虽然具有一定的参考价值，由于变化幅度过大，失去了控制意义，目前有许多新的理论指标，但均没有得到充分的实践证实，有待于进一步的研究和试验。

当然，影响絮凝效果的因素不只是 G、GT 值，还有许多其他因素，操作性比较强的因素主要包括水温、水化学特性、水中杂质性质和浓度等，下面作简要分析。

1. 水温对混凝效果的影响非常显著

在我国气候寒冷的北方，冬季地表水温有时达 $0\sim2℃$，在混凝过程中，虽然混凝剂投加量很大，但絮体仍然形成缓慢，颗粒细小、松散，达不到理想的沉降要求。原因主要有以下几点：

（1）无机盐混凝剂水解属于吸热反应，低温水混凝剂水解困难，所以絮体形成缓慢。（2）低温水黏度大，是水中杂质颗粒布朗运动减弱，碰撞机会减少，不利于胶粒脱稳凝聚。同时，水的黏度增大，水流的剪力增大，影响絮凝体的成长。（3）水温较低时，胶体颗粒水化作用增强，妨碍胶体凝聚。而且水化膜内的水由于黏度和重力密度增大，影响了颗粒间的粘附强度。（4）水温与水的 pH 值有关，水温低时，水的 pH 值升高，相应的混凝最佳pH 值也将升高。

解决低温水混凝效果，常用方法是增加混凝剂投加量和投加高分子助凝剂。常用的助凝剂是活化硅酸，对胶体起吸附架桥作用，与硫酸铁或三氯化铁配合使用，可提高絮凝体的密度和强度，节省混凝剂用量。

2. 水的 pH 值和碱度影响

水的 pH 值和碱度对混凝效果的影响，视混凝剂品种而异。对硫酸铝而言，水的 pH 值直接影响 Al^{3+}，从而影响铝盐水解产物的存在形态，用以去除浊度时，最佳 pH 值在 $6.5\sim7.5$ 之间，用以去除色度时，最佳 pH 值在 $4.5\sim5.5$ 之间。当采用三价铁盐作混凝剂时，由于 Fe^{3+} 水解产物溶解度比 Al^{3+} 的小，且氢氧化铁不是两性化合物，故适用的 pH 值范围比较宽。去除水的浊度时，最佳 pH 值在 $6.0\sim8.4$ 之间，用以去除色度时，最佳 pH 值在 $3.5\sim5.0$ 之间。采用硫酸亚铁作混凝剂时，将 Fe^{2+} 氧化成 Fe^{3+} 即可，具体方法以氯化法为宜。高分子混凝剂的混凝效果受水的 pH 值影响较小，对水的 pH 值变化适应性较强。

由于铝盐或铁盐水解过程中不断产生 H^+，从而导致水的pH 值下降，要保持 pH 值在最佳的混凝范围以内，水中应有足够的碱性物质与 H^+ 中和，这就是要求水体必须有一定碱度的原因。一般的天然水均含有一定的碱度（通常是 HCO_3^-），它对pH 值有一定的缓冲作用。当原水碱度不足或者混凝剂投加量较大时，水的 pH 值大幅下降，以至于混凝剂水解不能进行，影响混凝效果的发挥，需要投加一定量的碱剂（如石灰）中和 H^+ 保证混凝剂的水解可以顺利进行，发挥混凝效率。

3. 水中悬浮物浓度和性质的影响

从混凝动力学可知，水中悬浮物浓度较低时，颗粒碰撞速率大大减少，混凝效果差。为提高低浊度原水的混凝效果，通常采取以下措施：①投加高分子助凝剂。②投加矿物颗粒以增加混凝剂水解产物的凝结中心，提高颗粒碰撞速率并增加絮体密度。如果原水受到有机物污染且矿物颗粒能够吸附水中有机物，效果更好，能达到同时去除部分有机物的效果。③采用直接过滤法，滤料变成了凝结中心。如果原水悬浮物浓度过高，为使悬浮物达到吸附电中和脱稳作用，可以投加高分子助凝剂减少混凝剂使用量。

4.3.6 常用絮凝池布置及计算实例

【例1】 往复式隔板絮凝池。

已知条件：

1. 设计水量 $Q=60000\text{m}^3/\text{d}=2500\text{m}^3/\text{h}$；

2. 絮凝池 $n=2$ 个；

3. 絮凝池的宽长比 $Z=\dfrac{B}{L}=1.2$；

4. 池内平均水深 $H_1=1.2\text{m}$；

5. 絮凝时间 $T=20\text{min}$；

6. 廊道内流速采用6档，即

$$v_1=0.5\text{m/s}, v_2=0.4\text{m/s};$$
$$v_3=0.35\text{m/s}, v_4=0.3\text{m/s};$$
$$v_5=0.25\text{m/s}, v_6=0.2\text{m/s}。$$

设计计算

1. 总容积 W。

$$W = \frac{QT}{60} = \frac{2500 \times 20}{60} = 834 \text{m}^3$$

2. 单池平面面积 f：

$$f = \frac{W}{nH_1} = \frac{834}{2 \times 1.2} = 348 \text{m}^2$$

3. 池长（隔板间净距之和）L：

$$L = \sqrt{\frac{f}{Z}} = \sqrt{\frac{348}{1.2}} = 17 \text{m}$$

4. 池宽 B：

$$B = ZL = 1.2 \times 17 = 20.4 \text{m}$$

5. GT 值：

由计算可知，$h = 2.55 \times 10^3 \text{Pa}$

水温 $t = 20℃$，由水的绝对黏滞度表查得 $\mu = 1.0091 \times 10^{-3}$ Pa·s

$$G = \sqrt{\frac{\rho h}{60 \times 10^4 \mu T}} = \sqrt{\frac{1000 \times 2.55 \times 10^3}{6 \times 10^4 \times 1.009 \times 10^{-3} \times 20}} = 45.89 \text{s}^{-1}$$

$$GT = 45.89 \times 20 \times 60 = 55068$$

此 GT 值在 $10^4 \sim 10^5$ 范围内，说明设计合理。

絮凝池计算简图见图 4-14。

【例 2】　回转式隔板絮凝池。

设计水量为 8000m³/h，设计计算回转式隔板絮凝池。

【解】　设 2 池，单池流量 $Q = 4000 \text{m}^3/\text{h} = 1.11 \text{m}^3/\text{s}$。

絮凝时间 $T = 20 \text{min}$。絮凝池容积：

$$V = QT/60 = 4000 \times 20/60 = 1333 \text{m}^3$$

絮凝池宽度 B 与沉淀池宽度相同，采用 26.4m。

廊道流速从 0.5m/s 递减到 0.2m/s。平均水深 4m（为了便

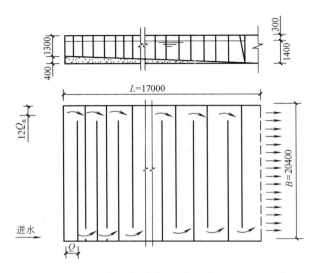

图 4-14 往复式隔板絮凝池计算简图（mm）

于与沉淀池衔接），超高为 0.3m。隔板廊道间过水断面计算见表 4-1。

隔板廊道间过水断面计算　　　　表 4-1

廊道编号	廊道内水深（m）	流速（m/s）	隔板间距	
			计算值	采用值
1	4.2	0.5	1.11/(0.5×4.2)=0.5286	0.53
2	4.15	0.5	1.11/(0.5×4.15)=0.5349	0.53
3	4.1	0.4	1.11/(0.4×4.1)=0.6766	0.68
4	4.05	0.4	1.11/(0.4×4.05)=0.6852	0.68
5	4.0	0.3	1.11/(0.3×4.0)=0.925	0.93
6	3.95	0.3	1.11/(0.3×3.95)=0.9367	0.93
7	3.9	0.2	1.11/(0.2×3.9)=1.423	1.40

隔板厚度为 0.2m，出水廊道内流速为 0.2m/s。水流均分为两股，每股水量为 1.11/2=0.555m³/h。则出水廊道宽度为：

$$0.555/(0.2\times3.9)=0.71m$$

水经絮凝池出水廊道后经穿孔花墙进入沉淀池。

4.4　沉淀与气浮

4.4.1　概述

沉淀与澄清均属于重力自然沉降范围，依靠重力的作用把悬浮固体从水中分离出来，在净水处理中沉淀担负着取出 80％～90％以上悬浮固体的去除作用，是主要的净水构筑物之一。若遇到密度十分接近于水的悬浮杂质，沉淀和澄清则不能达到理想的效果，气浮工艺则可以利用人为的向水体中导入气泡，使其粘附于絮凝颗粒上，从而大幅度降低絮凝颗粒的整体密度，并借助气体上升的速度，强行使其上浮，以此实现固液快速分离，达到水质的净化。

4.4.2　沉淀与气浮理论

1. 沉淀理论

颗粒在水中的沉降分为两种情况，一种是颗粒在下沉时，沉降速度没有受到干扰的自由沉降；另一种是颗粒在沉降过程中，由于彼此间的拥挤干扰，所以和单独沉降时的速度不一样，这种沉降叫做受阻沉降。下面分别讨论自由沉降和受阻沉降。

在研究颗粒在静水中的自由沉降时，要具备以下几种概念：(1) 颗粒表面上都吸附了一层水膜，所以颗粒下沉时，实际上是水膜与水之间的滑动关系；(2) 当颗粒开始下沉时，其速度是由零开始的加速运动。粒径在 1mm 以下的石英砂，在 0.1s 内即可达到终极沉降速度；(3) 由于自然界的颗粒往往不是规则的球形，为了便于分析研究，把他们的形状理想化为体积与之相等的球形，如图 4-15（a）所示。理想化后的球形，重量和体积虽然和原来颗粒一样，但它的表面积和原颗粒不相等，因此与水接触的面积与原颗粒不相等；（4）自由沉降有两层含义：第一，颗粒沉降时不受容器壁的干扰影响；第二，颗粒沉降时不受其他颗粒的干扰。一般认为，如果颗粒距离容器壁大于 $50d$（d 为颗粒的直径）时就认为不受容器壁的干扰，当泥沙浓度小于 $5000\mathrm{mg/L}$ 时，颗粒之间就不至于有干扰。如图 4-15（b）所示。

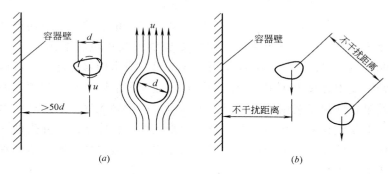

图 4-15　颗粒的自由沉降

（a）自由沉降的条件；（b）沉降公式推导的假设

自由沉降公式推导：

如图 4-15（a）所示，当颗粒达到终极沉降速度 u（或者假设颗粒不动，向上的水流速度达到 u）时，由动力学的原理可知，颗粒在水中的重量的 F_1 恰好和水流所产生的阻力 F_2 相等，即：

$$F_1 = F_2 \tag{4-6}$$

颗粒在水中的重量可以表示为：

$$F_1 = \frac{1}{6}\pi d^3 (\rho_s - \rho) g \tag{4-7}$$

式中　d——与颗粒等体积的球体直径，m；

　　　ρ——水的密度，1000kg/m³；

　　　ρ_s——颗粒的密度，kg/m³；

g——重力加速度，$9.81\mathrm{m/s^2}$。

水流对颗粒所产生的阻力可以表示为：

$$F_2 = \eta \cdot \rho \cdot \frac{u^2}{2} \cdot \frac{\pi d^2}{4} \tag{4-8}$$

式中　η——阻力系数；

$\dfrac{\pi d^2}{4}$——球体在水流方向的投影面积，$\mathrm{m^2}$；

u——颗粒的沉降速度，$\mathrm{m/s}$。

由式（4-6）得：

$$\frac{1}{6}\pi d^3 (\rho_s - \rho) g = \eta \rho \frac{\pi u^2 d^2}{8} \tag{4-9}$$

简化后可得：

$$u^2 = \frac{4}{3\eta} \frac{\rho_s - \rho}{\rho} g d \tag{4-10}$$

式（4-10）即为自由沉降下沉速度的公式。若已知 ρ_s、d，η 是水流雷诺数（Re）的函数，根据 Re 的大小可以将水流划分为三个区，即层流区、过渡区和阻力平方区，在不同区的公式分别可以表达为如下形式

（1）层流区　$Re < 0.2$，$u = \dfrac{1}{18} \dfrac{\rho_s - \rho}{u} g d^2$ $\qquad$ (4-11)

式（4-11）一般称为斯托克斯（Stokes）公式。该公式适用的颗粒粒径上限为 $0.1\mathrm{mm}$，下限为 $0.001\mathrm{mm}$，因为小于 $0.001\mathrm{mm}$ 的颗粒具有布朗运动的性质，其沉速无实际意义。

（2）过渡区　$0.2 < Re < 500$，$u^{1.4} = \dfrac{1}{13.9} \dfrac{(\rho_s - \rho)}{\rho^{0.4} u^{0.6}} g d^{1.6}$

$$\tag{4-12}$$

此式一般称为过渡区沉降公式。该公式适用的颗粒粒径上限为 $2\mathrm{mm}$，下限为 $0.1\mathrm{mm}$。

（3）过渡区　$Re>500$，$u=1.74\sqrt{\dfrac{(\rho_s-\rho)gd}{\rho}}$ (4-13)

式（4-13）一般称为牛顿（Newton）公式。该公式适用的颗粒粒径下限为 2mm。

经试验可知，水处理中的砂粒粒径大于 0.1mm 时，沉速将在 5mm/s 以上，很容易从水中分离出来；当粒径为 0.01mm 时，沉速约 0.05mm/s，靠自身的沉速分离这种颗粒需时太长。因此，小于 0.1mm 的泥砂颗粒虽然都应予去除，但主要的是 0.01mm 以下的颗粒，这些颗粒必须先经过凝聚甚至完全混凝后，才能借助沉淀或过滤的方法从水中分离出来。

式（4-11）～式（4-13）虽然都表示为根据粒径计算颗粒的沉速，但实际上并不是应用这些公式，这是因为无法通过测量形状及不规则的颗粒尺寸去求他们的体积。实际工作中一般是直接观察颗粒的沉速，反求颗粒粒径，所以这些公式实际变成了间接测量颗粒粒径的工具。

受阻沉降指高浓度悬浮固体在沉降过程中会产生分层沉淀（zone settling）的特殊受阻沉淀现象，其沉淀特点即为出现分层沉淀。

分层沉淀的现象如图 4-16 所示，在沉淀过程中出现清水区、等浓度区、过渡区和压缩区。在等浓度区 B 内，悬浮固体的浓度均为 C_0。C_0 可能就是试验开始时的原始浓度，也可能小于原始浓度。D 区代表固体颗粒压实的区域，C 区则代表从浓度 C_0 逐渐过渡到 D 区的过程。A 区和 B 区之间出现一个清水与浑水的交界面，也成为浑液面。

图 4-16（b）所示的指某一时刻 t_1 的分区状况。整个沉淀过程中的浑液面下沉过程曲线如图 5-16（c）所示。这条曲线的斜率即代表浑液面下沉的速度。整个曲线可分为 ab、bc 和 cd 三段。ab 段为向下弯的一小段曲线，出现在开始沉淀的极短的时间内，在 b 点即可看清浑液面，这一段反映了浑液

面沉速逐渐加大。一般解释为，在 ab 段内，由于水面颗粒在下沉过程中因絮凝作用逐渐加大了粒度，因而沉速逐渐增加。bc 段为一条直线，说明浑液面的沉速为常值。与 bc 相应的水深内，悬浮固体浓度均为 C_0。在许多实际情况中，很难观察到 ab 段，即 abc 实际成一条直线。C 点为临界沉降点。当沉淀时间相当于曲线的 d 点时，随着等浓度区的消失，过渡区 C 也消失。cd 段表示在压实区 D 内的颗粒压实过程，H_∞ 代表最后压实高度。

上述 bc 段所代表的浑液面等速下沉现象，实际上无异于说，等浓度区内的颗粒皆以相等的速度下沉，其原因如下：在颗粒互相干扰的沉淀过程中，当粒度相差不大时，大粒度的颗粒由于受到小颗粒的干扰而减缓了下沉速度，小颗粒则由于受到大颗粒的带动而加大沉速，结果表现为以同样的速度下沉，一般认为，由粒度相差在 6 倍以内的颗粒构成的浓悬浮固体液体，就会出现这种现象。当水中悬浮固体力度相差极悬殊的情况下，其沉淀过程有两种可能，一种是当水中的大颗粒迅速沉到底后，余下的小颗粒足以出现等浓度区的

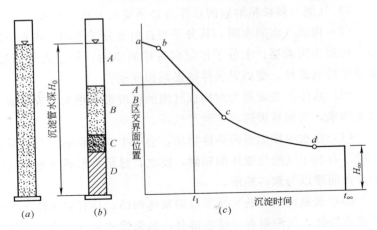

图 4-16　颗粒的分层沉淀

条件，即图 4-16 所示沉淀现象，一种是不出现等浓度区，因而在沉淀过程中，虽然存在浑液面下沉的现象，但只存在图 4-16（b）所示的 A、C 和 D 三个区。

2. 气浮机理

气浮至今还没有公认的理论及表达式。一般沿用浮选中的界面能及接触角理论，认为气泡与固体间的接触角越大，其憎水性越强，气泡挤开水膜作功的能力越强，物体越容易粘附上浮。

另外一种较为直接的表示法则是根据固体颗粒在静水中的自由沉降的斯托克斯公式，认为沉速在很大程度上取决于颗粒与水的密度差，而当水的密度大于颗粒密度时，则出现负值的沉速，即为颗粒上浮的升速。

事实上气浮过程既不同于矿物本身所固有的接触角，也不同于静水中的单个自由圆球颗粒，要精确地阐明其机理十分困难，但可以大体概括如下：

（1）上浮分离的条件：

1）气泡与颗粒的粘附力必须大于气泡自身的上浮力；

2）气泡与颗粒粘附后的总浮力必须要大于其总重力；

（2）构成气泡的水膜，其分子与自由水分子不同，水膜分两层，内层为附着层，水分子作定向有序的排列；外层为流动层，水分子排列疏松，受边界条件的影响而变动。

（3）水体的表面张力对构成气泡的强度影响很大，表面张力过大的水，气泡易破碎，不利于气浮。

（4）在水中投加表面活性物质，会产生双重影响。当剂量适中时，有利于气泡与絮体的粘附，反之，过量会形成气泡相互间的并大而难以与絮体粘附。

（5）氢氧化铝（铁）所形成的絮体网络，具有憎水性和亲水性双重特征，气泡附着于憎水部分，如果憎水部分较少，则气泡粘附不牢固。

（6）带气絮粒的形成可以通过以下途径：

1）微气泡粘附于絮粒的外表面；

2）絮粒在成长过程中，将游离的自由气泡网捕进去；

3）已粘附有气泡的絮粒之间碰撞时，通过吸附架桥，而成长为更稳定的夹气絮体。

4.4.3 常用沉淀、澄清工艺

目前我国最为广泛采用的沉淀池是平流沉淀池和斜管沉淀池。平流沉淀池是一种古老的水处理工艺，但最近一二十年来又得到广泛应用，如图 4-17 所示。经过絮凝池处理的原水，絮凝体已充分结大。当水流进入平流沉淀池后，水中的絮凝颗粒一方面随水流向池底，而沉速大于 U_0 的颗粒在达到平流沉淀池末端以前就已经沉入池底，沉速小于 U_0 的颗粒则不能沉到池底而随水流带出池外。沉到池底的颗粒定期或不定期排到池外，从而使水澄清。平流沉淀池设计的关键在于均匀布水、均匀集水和排泥方便彻底。均匀布水是指在平流沉淀池进口断面上流速分布要均匀。由于絮凝池的出口大多为一股或两股水流，要在比较短的距离和时间内过渡到沉淀池进口断面上流速分布比较均匀实属不易。为此，絮凝池出口最好能分成流量大小比较均匀的多股水流在平流沉淀池宽度和深度上均匀分布。除此之外，应加大絮凝池出口至平流沉淀池进口之间的布水段的长度，还可采用多道穿孔花墙。均匀集水是指在平流沉淀池出口段出水要均匀。我国的给排水工程师采用指形槽的集水方式很好的解决了这一问题，如图 4-18 所示。至于及时排泥，如图 4-19 所示。我国采用的桁架式吸泥机就是一种很好的排泥方式。平流式沉淀池之所以能在我国经久不衰，特别受到偏爱，一方面是比较适应于我国的管理水平；另一方面，也与我们成功解决此三大问题分不开。平流沉淀池的优点是构造简单、管理方便，出水水质好，且能抗冲击负荷。缺点是占地面积大。平流沉淀池一般适用于大中型水处理厂。

图 4-17　平流沉淀池

图 4-18　平流沉淀池指形出水槽

图 4-19　平流沉淀池排泥设备

斜板（管）沉淀池是基于浅池理论在沉淀池的基础上发展起来的，如图 4-20、图 4-21、图 4-22 和图 4-23 所示。理论上斜管优于斜板，同向流优于异向流。但在我国，则是异向流斜管应用最广泛。经过絮凝处理的原水经过斜管底部的配水渠进入斜管。在斜管中，依靠斜管的高效沉淀性能使得水中的大颗粒絮凝体分离出来，然后沿斜管滑落至池底部，然后采用穿孔管、污泥斗、刮泥机或吸泥机排至池外。斜管沉淀池占地面积小，沉淀效率高，出水水质好，能适应于大中小型水处理厂，特别是在水处理

图 4-20　斜管沉淀池

图 4-21　波纹斜板沉淀池

图 4-22　侧向流波形斜板沉淀池图

厂的扩建改造中备受青睐。缺点是造价高、排泥机维修较麻烦，抗冲击负荷效果不佳。

澄清池是在竖流沉淀池的基础上发展起来的一种集混合、絮凝、沉淀于一体的水处理构筑物，如图4-24、图 4-25 和图 4-26 所示，全球有几十种澄清池形式。理论上澄清池最大的优点是能对具有活性的泥渣进行重复利用加强接触凝聚作用。

图 4-23　迷宫式斜板沉淀池

因而可降低加药量，提高出水水质，但在实践上却存在着一些出入。根据澄清池对泥渣的利用方式不同，可将其分为泥渣悬浮（如悬浮澄清池、脉冲澄清池等）和泥渣循环型（如机械搅拌澄清池和水力循环澄清池等）。在 20 世纪 70～80 年代，我国设计和建造了遍布于全国的各种各样的澄清池。然而时至今日，人们对许多水力搅拌澄清池却不太感兴趣，而对机械搅拌澄清池却给予了许多褒扬之辞。所谓机械搅拌澄清池主要是在池中设置搅拌和提升机械。当池子直径较大时，还需另设一套刮泥机械。加过药剂的原水经三角连通渠进入第一絮凝室，在此通过机械搅拌与

图 4-24　辐流式沉淀池

图 4-25　水力循环澄清池

回流泥渣进行充分混合并絮凝。而后再通过叶轮的提升进入第一

图 4-26　机械搅拌澄清池

絮凝室上部的第二絮凝室，促使絮凝体进一步结大。最后进入分离区进行固液分离。清水向上经集水系统流出池外，泥渣则下沉到伞形板上再向下滑落，经回流缝回流至第一絮凝室，与加过药的原水重新混合和絮凝。老化的泥渣则进入泥渣浓缩室经浓缩后排出池外，也可通过设在池子底部的放空管排出池外。经过几十年的实践，我国的给水排水工程师普遍认为，机械搅拌澄清池是一种比较好的池型。其优点是对水质、水量的变化适应性强，出水水质好，水头损失小，能适用于大中小型各种规模的水处理厂。缺点是增加了一套机械搅拌设备，使维修工作量增加。其他类型的澄清池在此不一一介绍。

　　气浮池布置形式较多，应该根据原水水质变化、净水出水水质要求、基建投资的多少、现场占地面积的形状以及后续处理构筑物在高程上的衔接等条件来综合考虑。下面列举几种常见的形式。

　　平流式气浮池是目前最常用的一种形式，采用与絮凝池合建，如图 4-27、图 4-28 所示。原水进入絮凝池（可采用机械搅拌、折板、孔室旋流等形式）完成絮凝后，将水流导向池底部，以便从下部进入气浮接触室，延长絮粒与气泡的接触时间，池面浮渣定期刮入集渣槽；清水由底部集取（可采用多条穿孔集水管，也可用池端大孔口出流）。这种形式的优点是：成矩形布置，占地紧凑，构造简单，造价低。缺点是：池身浅，与后续处理构

图 4-27　气浮池

图 4-28　气浮池压力容器罐室及回流水泵房

筑物在高程上不易匹配（为克服这一缺点，已有将它建于清水池之上，以提高其高程的做法），分离室的容积利用率不高（为克服这一缺点，已有将絮凝池以及气浮分离区做浅而只局部加深接触室的做法）。

竖流式气浮池平面多呈圆形或正方形，絮凝池在池中央，环状隔墙间为接触室，水流成辐射状向四周扩散，水力条件比平流式单侧出流要好。这种形式布置的缺点是：圆形占地利用率不高；溶气水管及集水管等管线不好布置，同样存在与后续处理构筑物的高程匹配问题。

气浮-沉淀一体式布置，近年来随着气浮技术的普及，以往气浮与沉淀两者仅择其一的传统概念也在受到挑战。这一方面是由于国家对饮用水水质标准的提高，对于某些原水水质仅采用沉淀与过滤工艺很难确保达标（如遇短期的高浊度、短期的高藻爆发、短期的低温絮凝不良等），需要增加一种把关的手段；而另一方面，则是"沉淀应该去除比重较大、结绒较完善的絮粒，而余下的部分可以由气浮承担"这个概念的建立。以往沉淀池为了避免"跑矾花"现象，不得不延长停留时间或降低负荷，现在可以在总容积不变甚至减少的情况下，采用前段沉淀、后端气浮的格局来达到提高净化效果的目的。其优点是当沉淀池出水已经符合要求时，气浮装置可以停开，以节约能耗。此外，还有一种浮沉池，是北方地区为克服低温低浊水难处理而提出的，它是一池两用，平时作为沉淀池使用，冬季作为气浮池使用。

气浮-过滤一体式布置这种结合是为了节约占地面积与造价，充分利用气浮分离区下部的容积，在其中设置了滤池。气浮池的浮渣上升至池面，清水则向下通过过滤层进一步过滤。滤池可以用普通快滤池形式，也可以用移动冲洗罩形式，一般以后者的结合更为经济合理。气浮池的刮渣机可以兼作冲洗罩的移动设备。同时由于设置了滤层，可以使气浮集水更为均匀。这种形式适合老沉淀池的改造、挖潜，但在运行管理上较为气浮和过滤分建式麻烦。

4.4.4　沉淀、澄清及气浮布置及计算实例

1. 斜管沉淀池

【例】　已知异向流斜管沉淀池处理水量 $Q = 0.91 \text{m}^3/\text{s}$，近期设计两组，斜管沉淀池与反应池合建，池有效宽度 $B = 19.8 \text{m}$（见图 4-29、图 4-30），求沉淀池个部分尺寸。

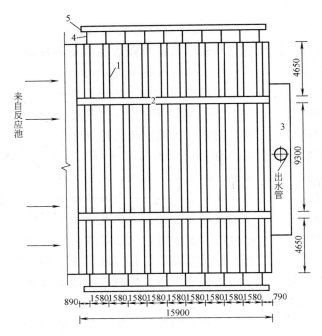

图 4-29 斜管沉淀池平面图（mm）

1—集水槽；2—集水渠；3—集水总渠；4—排泥管；5—集泥渠

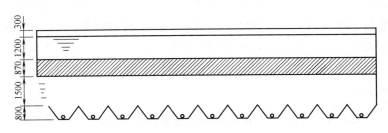

图 4-30 斜管沉淀池剖面图（mm）

【解】

（1）清水区面积

清水区上升流速 $v_1 = 3.0$mm/s，采用塑料片热压六边形蜂窝管，管厚 0.4mm，边距 $d=30$mm，水平倾角为 60°。则清水区面积为：

$$A=Q/v_1=0.91/(3.0\times10^{-3})=303m^2$$

其中斜管结构占用面积按照 3% 计算，则实际清水区需要面积为：

$$A_1=303/(1-0.03)=312.4m^2$$

为了配水均匀，采用清水区平面尺寸 $B\times L$ 为 19.8m×15.38m，进水区沿 19.8m 长边布置。

（2）斜管长度 l

斜管内水流速度为：

$$v_2=v/\sin60°=3.0/0.866=3.5mm/s=0.0035m/s$$

颗粒沉降速度 $\mu_0=0.4$mm/s

$$l=(1.33v_2-\mu_0\sin60°)d/\mu_0\cos60°$$

$$=(1.33\times3.5-0.35\times0.866)\times30/(0.35\times0.5)=746mm$$

考虑到管端紊流、积泥等因素，过渡区采用 200mm。斜管总长为以上两者之和，即 946mm，按照 1000mm 计。

（3）沉淀池高度

清水区高 1.2m，布水区高 1.5m，斜管高 $1000\times\sin60°=0.87$m，穿孔排泥斗槽高 0.8m，超高 0.3m，池子总高为：

$$H=0.3+1.2+1.5+0.87+0.8=4.7m$$

（4）沉淀池进口穿孔花墙

穿孔墙上的洞口流速采用 $v_3=0.15$m/s，洞口总面积为：

$$A_2=Q/v_3=0.91/0.15=6.06m^2$$

每个洞口尺寸定为 15cm×8cm，则洞口数为：

$$6.06/(0.15\times0.08)=505孔$$

穿孔墙布于布水区 1.5m 的范围内，孔共分 5 层，每层 101 个。

（5）集水系统

沿池长方向布置 10 条穿孔集水槽，中间为 2 条集水渠，为施工方便槽底为平坡。集水槽中心距为：

$$L'=L/n=15.8/10=1.58\text{m}$$

每条集水槽长为：

$$(19.8-1.2)/4=4.65\text{m}$$

每槽集水量为：

$$q=0.91/(10\times4)=0.0228\text{m}^3/\text{s}$$

查《给水排水设计手册》第 3 册，得槽宽为 0.2m，槽高为 0.54m。集水槽双侧开孔，孔径 $d=25\text{mm}$，孔数为 76 个，孔距为 6cm。

每条集水渠的流量为：

$$Q/2=0.455\text{m}^3/\text{s}$$

假定集水渠起端的水流截面为正方形，则渠宽度为：

$$b=0.9\times(0.455)^{0.4}=0.66\text{m}$$

为施工方便采用 0.6m，起端水深 0.66m。考虑到集水槽水流进入集水渠时应自由跌水，跌落高度取 0.08m，即集水槽底应高于集水渠起端水面 0.08m。同时考虑到集水槽顶与集水渠顶相平，则集水渠总高度为：

$$H_1=0.66+0.08+0.54=1.28\text{m}$$

出水管流速 v_4 为 1.2m/s，则直径为：

$$D=(0.91\times4/1.2\pi)^{0.5}\approx1\text{m}=1000\text{mm}$$

（6）排泥系统

采用穿孔管排泥，穿孔管横向布置，沿与水流垂直方向共设

10 根，双侧排泥至集泥渠。集泥渠长 20m，$B \times H$ 为 $0.3m \times 0.3m$。孔眼采取等距布置，穿孔管长 9.9m，首末端积泥比为 0.5，查得 $k_W = 0.72$。取孔径 $d = 25mm$，孔口面积 $f = 0.00049m^2$，取孔距 $s = 0.4m$，孔眼数目为：

$$m = L/s - 1 = 9.9/0.4 - 1 = 24$$

孔眼总面积为：

$$\sum \omega_0 = 24 \times 0.00049 = 0.01176m^2$$

穿孔管断面积为：

$$\omega = \sum \omega_0 / k_W = 0.01176/0.72 = 0.016m^2$$

穿孔管直径为：

$$D_0 = (4 \times 0.016/\pi)^{0.5} = 0.143m$$

取直径为 150mm。孔眼向下，与中垂线成 45°角，并排布置，采用气动快开式排泥阀。

2. 机械搅拌澄清池

【例】　设计流量为 840m³/h（考虑了水厂自用水量），进水悬浮物含量一般小于 1000mg/L，拟设计一座机械搅拌澄清池，计算尺寸见图 4-31。

【解】

本设计计算按照不加斜板进行，考虑今后加斜板，计算过程中对进水、出水、集水等系统按照 2Q 校核。

（1）第二絮凝室

第二絮凝室流量为：

$$Q' = 5Q = 840 \times 5/3600 = 1.165m^3/s$$

设第二絮凝室导流板截面积 $A_1 = 0.035m^2$，$\mu_1 = 0.04m/s$。则第二絮凝室截面积为：

$$\omega_1 = Q'/\mu_1 = 1.165/0.04 = 29.13m^2$$

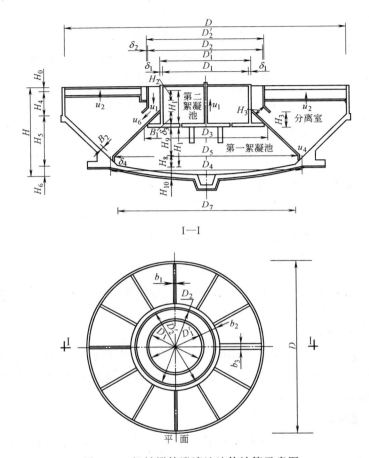

图 4-31 机械搅拌澄清池池体计算示意图

第二絮凝室内径为：

$$D_1 = \sqrt{\frac{4(\omega_1 + A_1)}{\pi}} = \sqrt{\frac{4 \times (29.13 + 0.035)}{\pi}} = 6.09\text{m}$$

取 6.0m。

絮凝室壁厚 $\delta_1 = 0.25$m。第二絮凝室外径为：

$$D' = D_1 + 2\delta_1 = 6 + 0.5 = 6.5\text{m}$$

t_1 取 60s。第二絮凝室高度为：

$$H_1 = \frac{Q't_1}{\omega_1} = \frac{1.165 \times 60}{\frac{\pi}{4} \times 6.0^2} = 2.47\text{m}$$

取 2.50m。

（2）导流室

导流室中导流板截面积为：

$$A_2 = A_1 = 0.035\text{m}^2$$

导流室面积为：

$$\omega_2 = \omega_1 = 29.13\text{m}^2$$

导流室内径为：

$$D_2 = \sqrt{\frac{4}{\pi}\left(\frac{\pi D_1'^2}{4} + \omega_2 + A_2\right)}$$

$$= \sqrt{\frac{4}{\pi}\left(\frac{\pi \times 6.5^2}{4} + 29.13 + 0.035\right)} = 8.91\text{m}$$

取 8.9m。

导流室壁厚为 $\delta_2 = 0.1$m。导流室外径为：

$$D_2' = D_2 + 2\delta_2 = 8.9 + 0.2 = 9.1\text{m}$$

第二絮凝室出水窗高度为：

$$H_2 = \frac{D_2 - D_1'}{2} = (8.9 - 6.5)/2 = 1.2\text{m}$$

取 1.1m。

导流室出口流速 $\mu_6 = 0.04$m/s。出口面积为：

$$A_3 = \frac{Q'}{\mu_6} = 1.165/0.04 = 29.13\text{m}^2$$

出口截面宽为：

$$H_3' = \frac{2A_3}{\pi(D_2 + D_1')} = \frac{2 \times 29.13}{\pi \times (8.9 + 6.5)} = 1.20\text{m}$$

出口垂直高度为：

$$H'_3 = \sqrt{2}H_3 = 1.414 \times 1.2 = 1.70\text{m}$$

（3）分离室

取 $\mu_2 = 0.001\text{m/s}$。则分离室面积为：

$$\omega_3 = \frac{Q}{\mu_2} = 0.233/0.001 = 233\text{m}^2$$

池子的总面积为：

$$\omega = \omega_3 + \frac{\pi D'^2_2}{4} = 233 + \frac{\pi \times 9.1^2}{4} = 298.04\text{m}^2$$

池子的直径为：

$$D = \sqrt{\frac{4\omega}{\pi}} = \sqrt{\frac{4 \times 298.04}{\pi}} = 19.48\text{m}$$

取 19.5m。

半径为 $R = 9.75\text{m}$。

（4）池深

见图 4-32：

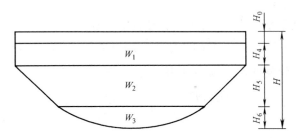

图 4-32　池深计算示意图

取水停留时间为 1.5h。池子的有效容积为：

$$V' = 3600QT = 1260\text{m}^3$$

考虑增加 4％的结构容积，则池子的计算总容积为：

$$V = V'(1+0.04) = 1260 \times 1.04 = 1310.4\text{m}^3$$

池子的超高取 $H_0 = 0.3\text{m}$。

池子的直壁高设为 $H_4 = 1.8m$。

池子直壁部分容积为：

$$W_1 = \frac{\pi D^2}{4} H_4 = \frac{\pi \times 19.5^2}{4} \times 1.8 = 537.57m^3$$

$$W_2 + W_3 = V - W_1 = 1310.4 - 537.57 = 773.83m^3$$

取池圆台高度 $H_5 = 3.7m$，池子园台斜边倾角为 $45°$。则底部直径为：

$$D_T = D - 2H_5 = 19.5 - 2 \times 3.7 = 12.1m$$

本池池底采用球壳式结构，取球冠高 $H_6 = 1.05m$。

圆台容积为：

$$W_2 = \frac{\pi H_5}{3} \left[\left(\frac{D}{2} \right)^2 + \frac{D}{2} \frac{D_T}{2} + \left(\frac{D_T}{2} \right)^2 \right]$$

$$= \frac{3.7\pi}{3} \times (9.75^2 + 9.75 \times 6.05 + 6.05^2) = 738.71m^2$$

球冠半径为：

$$R = \frac{D_T^2 + 4H_6^2}{8H_6} = \frac{12.1^2 + 4 \times 1.05^2}{8 \times 1.05} = 17.95m$$

球冠体积为：

$$W_3 = \pi H_6^2 (R - H_6/3) = \pi \times 1.05^2 \times (17.95 - 1.05/3) = 60.96m^2$$

池子的实际有效容积为：

$$V = W_1 + W_2 + W_3 = 537.57 + 738.71 + 60.96 = 1337.24m^3$$

实际总停留时间为：

$$V = V/1.04 = 1337.24/1.04 = 1285.81m^3$$

$$T = 1285.81 \times 1.5/1260 = 1.53h$$

池子总高度为：

$$H = H_0 + H_4 + H_5 + H_6 = 0.30 + 1.80 + 3.7 + 1.05 = 6.86m$$

（5）配水三角槽

进水流量增加 10% 的排泥水量，槽内流速 μ_3 取 $0.5m/s$。

三角槽直角边长为：

$$B_1 = \sqrt{\frac{1.10Q}{\mu_3}} = \sqrt{\frac{1.10 \times 0.233}{0.5}} = 0.72\text{m}$$

三角槽采用孔口出流，孔口流速同 μ_3。出水孔总面积为：

$$1.10Q/\mu_3 = 1.10 \times 0.2333/0.5 = 0.5126\text{m}^2$$

孔径为 0.1m，每孔面积为 0.007854m²，出水孔数为 65.27 个，为施工方便采取沿三角槽，每 5° 设置一孔，共 72 孔。孔口实际流速为：

$$\mu_3 = 1.1 \times 0.233 \times 4/(0.1^2 \times 72 \times 3.14) = 0.45\text{m/s}$$

（6）第一絮凝室

第二絮凝室底板厚度 $\delta_3 = 0.15\text{m}$。第一絮凝室上端直径为：

$$D_3 = D_1' + 2B + 2\delta_3 = 6.5 + 2 \times 0.72 + 2 \times 0.15 = 8.24\text{m}$$

第一絮凝室高为：

$$H_7 = H_4 + H_5 - H_1 - \delta_3 = 1.8 + 3.7 - 2.56 - 0.15 = 2.79\text{m}$$

伞形板延长线交点处直径为：

$$D_4 = \frac{D_T + D_3}{2} + H_7 = (12.1 + 8.24)/2 + 2.79 = 13.01\text{m}$$

取 13m。

泥渣回流量为 $Q'' = 4Q$，取 $\mu_4 = 0.15\text{m/s}$。回流缝宽度为：

$$B_2 = \frac{Q''}{\pi D_4 \mu_4} = 4 \times 0.2333/(\pi \times 13 \times 0.15) = 0.152\text{m}$$

取 0.18m。

设裙板厚 $\delta_4 = 0.06\text{m}$。伞形板下端圆柱直径为：

$$D_5 = D_4 - 2(\sqrt{2}B_2 + \delta_4) = 13 - 2 \times (\sqrt{2} \times 0.18 + 0.06) = 12.37\text{m}$$

按照等腰三角形计算，伞形板下端圆柱体高度为：

$$H_8 = D_4 - D_5 = 13 - 12.37 = 0.63\text{m}$$

伞形板距离池底高度为：

$$H_{10} = (D_5 - D_T)/2 = (12.37 - 12.1)/2 = 0.14\text{m}$$

伞形板锥部高度为：

$$H_9 = H_7 - H_8 - H_{10} = 2.79 - 0.63 - 0.14 = 2.02\text{m}$$

（7）容积计算

第一絮凝室容积为：

$$V_1 = \frac{\pi \times H_9}{12}(D_3^2 + D_3 D_5 + D_5^2) + \frac{\pi D_5^2}{4} H_8 + \frac{\pi H_{10}}{12}(D_5^2 + D_5 D_T$$

$$+ D_T^2) + W_3 = \frac{\pi \times 2.02}{12}(8.32^2 + 8.32 \times 12.37 + 12.37^2)$$

$$+ \frac{\pi \times 12.37^2}{4} \times 0.63 + \frac{\pi \times 0.14}{12}(12.37^2 + 12.37 \times 12.1$$

$$+ 12.1^2) + 60.96 = 325.09\text{m}^2$$

第二絮凝室加导流室容积为：

$$V_2 = \frac{\pi}{4} D_1^2 H_1 + \frac{\pi}{4}(D_2^2 - D_1^2)(H_1 - B_1)$$

$$= \frac{\pi}{4} \times 6^2 \times 2.56 + \frac{\pi}{4} \times (8.9^2 - 6.5^2) \times (2.56 - 0.76)$$

$$= 124.63\text{m}^3$$

分离室容积为：

$$V_3 = V' - (V_1 + V_2) = 1285.81 - (325.09 + 124.63) = 836.09\text{m}^3$$

实际各室容积比为：

第二絮凝室：第一絮凝室：分离室 $= 124.63 : 325.09 :$ 836.09 $= 1 : 2.60 : 6.71$

池内各室停留时间：

第二絮凝室为：$124.63 \times 60/840 = 8.9\text{min}$

第一絮凝室为：$8.9 \times 2.61 = 23.23\text{min}$

分离室为：$8.9 \times 6.71 = 59.72\text{min}$

（8）进水系统

进水管管径为 600mm，$v_6 = 0.90\text{m/s}$。

出水管管径为 600mm。

（9）集水系统

集水槽采用辐射式集水槽和环形集水槽，设计时辐射槽、环行槽、总出水槽之间按水面连续考虑，见图 4-33。

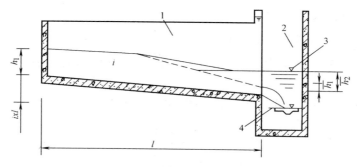

图 4-33　辐射槽计算示意图

1—辐射集水槽；2—环形集水槽；3—淹没出流；4—自由出流

1）辐射式集水槽　全池共设 12 根辐射式集水槽，每根集水槽流量为：

$$q_{辐}=Q/12=0.233/12=0.0194 \text{m}^3/\text{s}$$

设辐射槽宽 $b_1=0.25\text{m}$，槽内水流速度为 $\mu_{51}=0.4\text{m/s}$，槽底坡降 $il=0.1\text{m}$。

槽内终点水深为：

$$h_2=\frac{q}{\mu_5 b}=\frac{0.0194}{0.4\times0.25}=0.194\text{m}$$

槽临界水深为：

$$h_k=\sqrt[3]{\frac{\alpha Q^2}{gb_1^2}}=\sqrt[3]{\frac{1\times0.0194^2}{9.81\times0.25^2}}=0.085\text{m}$$

槽起点水深为：

$$h_1=\sqrt{\frac{2h_k^3}{h_2}+\left(h_2-\frac{il}{3}\right)^2}-\frac{2}{3}il$$

$$=\sqrt{\frac{2\times0.085^3}{0.194}+\left(0.194-\frac{0.1}{3}\right)^2}-\frac{2}{3}\times0.1=0.113\text{m}$$

按 $2q_{辐}$ 校核，取槽内水流速度 $v'_{51}=0.6\mathrm{m/s}$：

$$h_2=\frac{2\times0.0194}{0.6\times0.25}=0.259\mathrm{m}$$

$$h_\mathrm{k}=\sqrt[3]{\frac{\alpha Q^2}{gb_1^2}}=\sqrt[3]{\frac{1\times0.0388^2}{9.81\times0.25^2}}=0.135\mathrm{m}$$

$$h_1=\sqrt{\frac{2h_\mathrm{k}^3}{h_2}+\left(h_2-\frac{il}{3}\right)^2}-\frac{2}{3}il$$

$$=\sqrt{\frac{2\times0.135^3}{0.259}+\left(0.259-\frac{0.1}{3}\right)^2}-\frac{2}{3}\times0.1=0.198\mathrm{m}$$

设计槽内起点水深为 0.20m，槽内终点水深为 0.30m，出流孔口前水位为 0.05m，孔口出流跌落 0.07m，槽超高 0.2m，见图 4-34。

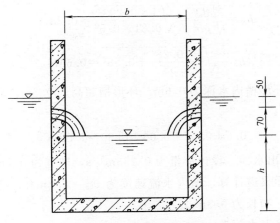

图 4-34　槽高计算示意图

槽起点断面高为：

　　　　0.20＋0.07＋0.05＋0.20＝0.52m

槽终点断面高为：

　　　　0.30＋0.07＋0.05＋0.20＝0.62m

2）环形集水槽

$$q_{环}=Q/2=0.233/2=0.117\mathrm{m^3/s}$$

取 $v_{52} = 0.6\text{m/s}$，槽宽 $b_2 = 0.5\text{m}$，考虑施工方便，槽底为平底，即 $il = 0$。

槽内终点水深为：

$$h_4 = 0.117/(0.6 \times 0.5) = 0.39\text{m}$$

槽内起点水深为：

$$h_k = \sqrt[3]{\frac{\alpha Q^2}{g b_2^2}} = \sqrt[3]{\frac{1 \times 0.117^2}{9.81 \times 0.25}} = 0.177\text{m}$$

$$h_3 = \sqrt{\frac{2 \times 0.177^3}{0.39} + 0.39^2} = 0.42\text{m}$$

按 $2q_{环}$ 校核，取槽内水流速度 $v'_{52} = 0.8\text{m/s}$：

$$h_4 = 0.233/(0.8 \times 0.5) = 0.58\text{m}$$

$$h_k = \sqrt[3]{\frac{\alpha Q^2}{g b_2^2}} = \sqrt[3]{\frac{1 \times 0.233^2}{9.81 \times 0.5^2}} = 0.28\text{m}$$

$$h_3 = \sqrt{\frac{2 \times 0.28^3}{0.58} + 0.58^2} = 0.64\text{m}$$

设计环形槽内水深为 0.6m。环形槽超高为 0.3m。环形槽断面高为：

$$0.6 + 0.07 + 0.05 + 0.30 = 1.02\text{m}$$

3）总出水槽　设计流量为 $0.233\text{m}^3/\text{s}$，槽宽为 0.7m，总出水槽按矩形渠道计算，槽内水流速度为 $v_{53} = 0.8\text{m/s}$，槽底坡降为 0.20m，槽长为 5.3m。

槽内终点水深为：

$$h_6 = \frac{Q}{v_{53} b_3} = \frac{0.233}{0.8 \times 0.7} = 0.416\text{m}$$

$$n = 0.013$$

$$A = \frac{Q}{v_{53}} = \frac{0.233}{0.8} = 0.2913\text{m}^2$$

$$R = \frac{A}{\rho} = \frac{0.2913}{2 \times 0.416 + 0.7} = 0.1901$$

$$y = 2.5\sqrt{n} - 0.13 - 0.75\sqrt{R}(\sqrt{n} - 0.10)$$

$$= 2.5 \times \sqrt{0.013} - 0.13 - 0.75 \times \sqrt{0.1901} \times (\sqrt{0.013} - 0.10)$$

$$= 0.1505$$

$$C = \frac{1}{n}R^y = \frac{1}{0.013} \times 0.1901^{0.1505} = 59.916$$

$$i = \frac{v_{53}^2}{RC^2} = \frac{0.8^2}{0.1901 \times 59.916^2} = 0.00094$$

槽内起点水深：

$$h_5 = h_6 - il + 0.00094 \times 5.3 = 0.416 - 0.20 + 0.004982 = 0.221\text{m}$$

4）流量增加 1 倍时校核　总出水槽内流量为 $0.466\text{m}^3/\text{s}$，槽宽 0.7m，槽内流速取 0.9m/s。槽内终点水深为：

$$h_6' = \frac{0.466}{0.7 \times 0.9} = 0.74\text{m}$$

$$A = \frac{Q}{v_{53}'} = \frac{0.466}{0.9} = 0.518\text{m}^2$$

$$R = \frac{A}{\rho} = \frac{0.518}{2 \times 0.74 + 0.7} = 0.2376$$

$$y = 2.5\sqrt{n} - 0.13 - 0.75\sqrt{R}(\sqrt{n} - 0.10)$$

$$= 2.5 \times \sqrt{0.013} - 0.13 - 0.75 \times \sqrt{0.2376} \times (\sqrt{0.013} - 0.10)$$

$$= 0.1499$$

$$C = \frac{1}{n}R^y = \frac{1}{0.013} \times 0.2376^{0.1499} = 62.015$$

$$i = \frac{v_{53}^2}{RC^2} = \frac{0.9^2}{0.2376 \times 62.015^2} = 0.00089$$

槽内起点水深为：

$$h_5' = 0.74 - 0.2 + 0.00089 \times 5.3 = 0.545\text{m}$$

设计取用槽内起点水深为 0.6m，槽内终点水深为 0.8m，超高 0.3m。按照设计流量计算得从辐射槽起点到总出水槽终点的水面坡降为：

$h = (0.16+0.1-0.259)+(0.64-0.58)+(0.545+0.2-0.74)$

$\quad = 0.08\text{m}$

流量增加 1 倍坡降为：

$(0.113+0.1-0.194)+(0.42-0.39)+0.00094 \times 5.3 = 0.054\text{m}$

辐射集水槽采用 90°三角堰集水。采用钢板焊制三角堰集水槽，取堰高 $C=0.10\text{m}$，堰宽 $b=0.20\text{m}$，堰上水头 $h=0.05\text{m}$。

单堰流量：

$$q_堰 = 1.4h^{2.5} = 1.4 \times 0.05^{2.5} = 0.0007826\text{m}^3/\text{s}$$

辐射集水槽每侧三角堰数目为：

$$n_堰 = q_辐/2q_堰 = 0.0194/2 \times 0.0007826 = 12.39 \text{ 个}$$

若流量增加 1 倍，则 $n_堰$ 增加为 24.78 个，取集水槽每侧三角堰的个数为 22 个。

（10）排泥及排水计算

污泥浓缩室容积为：

$$V_4 = 0.01V' = 0.01 \times 1285.8 = 12.86\text{m}^3$$

分设 3 斗，每斗的容积为：

$$V_斗 = V_4/3 = 12.86/3 = 4.29\text{m}^3$$

污泥斗上底面积为：

$$h_斗 = R_1 - \sqrt{R_1^2 - \left(\frac{2.8}{2}\right)^2} = 8.55 - \sqrt{8.55^2 - 1.4^2} = 0.12\text{m}$$

$$S_上 = 2.8 \times 2.03 + \frac{2}{3} \times 2.8 \times h_斗 = 5.91\text{m}^2$$

污泥斗下底面积为：

$$S_下 = 0.45 \times 0.45 = 0.2025\text{m}^2$$

污泥斗容积为：

$$V_斗 = \frac{1.7}{3} \times (5.91 + 0.2025 + \sqrt{5.91 \times 0.2025}) = 4.08\text{m}^3$$

3 个泥斗容积为：

$$4.08 \times 3 = 12.24 m^3$$

污泥斗总容积为池容积的 12.24/1285＝0.95％。

排泥历时 178.16s，放空时间为 3.07h，机械设备计算从略。

3. 平流式部分回流压力溶气气浮池

已知条件

设计水量（包括回流及自用水量）：Q＝40000m³/d＝0.46m³/s

气浮区水平流速：v＝5mm/s

絮体载气浮升分离速度：u＝2.5mm/s

溶气水量回流比：a＝10％

原水温度：t＝0～22℃

设计计算

（1）气浮-反应池

气浮-反应池布置形式见图 4-35。气浮池采用平流式，并分为 2 组共 4 格，每格宽度取 b＝6.5m。反应池位于两组气浮池中间，水向两侧出流。反应池分为两个区域，第一反应区为工用，其下部设有溶气释放器，水在溶气参与下，进入两侧的第二反应区。

1）气浮池横断面面积：$F = \dfrac{Q}{v} = \dfrac{0.46}{5 \times 10^{-3}} = 92 m^2$

2）气浮池有效深度：$H = \dfrac{F}{4b} = \dfrac{92}{4 \times 6.5} = 3.54 m$，取 3.5m

3）气浮区停留时间：$T_浮 = \dfrac{H}{u} = \dfrac{3.5}{2.5 \times 10^{-3}} = 1400 s \approx 23 min$

4）气浮区长度：$L = v T_浮 = 5 \times 10^{-3} \times 1400 = 7 m$

考虑池内其他设施结构厚度，取 L＝10m。

5）第一反应区断面尺寸

取第一反应区内流速 v_1＝20mm/s

过水断面 $f = \dfrac{Q}{v_1} = \dfrac{0.46}{20 \times 10^{-3}} = 23 m^2$

长度 $l = 2b = 2 \times 6.5 = 13 m$

宽度 $b' = \dfrac{f}{l} = \dfrac{23}{13} = 1.77\text{m}$，取 2m

6）总反应时间 $T_反$

第一反应区停留时间 t_1

$$t_1 = \frac{H}{v_1} = \frac{3.5}{0.02} = 175\text{s} \approx 3\text{min}$$

第二反应区停留时间 t_2

第二反应区的长度为 $2b$，深度为 H，宽度取为 3m，则其总容积为：

$$A = 2bH \times 3 \times 2 = 2 \times 6.5 \times 3.5 \times 6 = 273\text{m}^3$$

取容积利用系数 $\eta = 0.7$，则

$$t_2 = \frac{\eta A}{Q} = \frac{0.7 \times 273}{0.46} = 415.4\text{s} \approx 7\text{min}$$

$\therefore$　　　　$T_反 = t_1 + t_2 = 3 + 7 = 10\text{min}$

7）气浮-反应池总停留时间 $T_停$

$$T_停 = T_浮 + T_反 = 23 + 10 = 33\text{min}$$

气浮-反应池工艺，见图 4-35。

（2）空压机

空压机的选择应根据所需空气量及空气压力确定。空气用量有最大、最小两种情况，系根据水温及水压先算出饱和溶解度，然后乘以回流的溶气水量而得。现以水温为 $0 \sim 22℃$，溶气水压采用 $2.94 \times 10^5 \sim 5.88 \times 10^5\text{Pa}$。进行计算。

1）回流溶气气量 q

$$q = aQ = 0.1 \times 0.46 = 0.046\text{m}^3/\text{s} = 2.76\text{m}^3/\text{min}$$

2）空气在水中的饱和溶解度 C

当水温为 $0℃$ 时，空气溶解度 $K_T = 38 \times 10^{-3}$。溶气罐内压力采用 $5.88 \times 10^5\text{Pa}$，则空气的最大饱和溶解度为：

$$C_{\max} = 7.5 \times 10^{-3} K_T P = 7.5 \times 10^{-3} \times 38 \times 10^{-3} \times 5.88 \times 10^5$$
$$= 168\text{L/m}^3\,H_2O$$

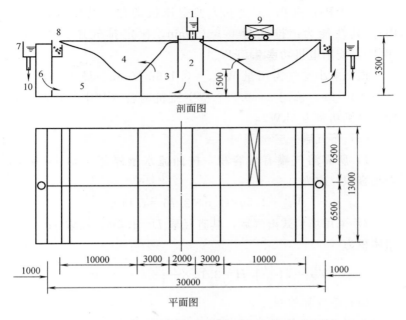

剖面图

平面图

图 4-35　气浮-反应池工艺及布置形式

1—配水槽；2—第一反应区；3—第二反映区；4—气浮区；5—清水区；

6—清水汇水槽；7—清水集水槽；8—排渣槽；9—刮渣机；10—出水管

当水温为 22℃时，空气溶解度 $K_T = 24 \times 10^{-3}$。溶气罐内压力采用 $2.94 \times 10^5 Pa$，则空气的最小饱和溶解度为：

$$C_{max} = 7.5 \times 10^{-3} K_T P = 7.5 \times 10^{-3} \times 24 \times 10^{-3} \times 2.94 \times 10^5$$

$$= 53 L/m^3 H_2O$$

3）空气需用量 W

最大需用量 $W_{max} = C_{max} q = 168 \times 2.76 = 463.7 L/mm = 0.46 m^3/min$

最小需用量 $W_{min} = C_{min} q = 53 \times 2.76 = 146 L/min = 0.146 m^3/min$

4）空气机选择

根据最大空气需用量 $W_{max} = 0.46 m^3/min$，最大水压力 $P =$

5.88×10^5Pa，选用 2V-0.6/7 型空压机两台（其中一台为备用）。其性能为：排气量 $0.6m^3/min$，额定排气压力 6.86×10^5Pa，配用电机功率 $5.5kW$。

根据最小空气需用量 $W_{max}=0.146m^3/min$，最小压力 $P=2.94\times10^5$Pa，选用 2V-0.3/7 型空压机两台（其中一台备用）。配用电机功率为 $3kW$。

（3）溶气罐

1）所需溶气罐有效容积，按回流水量停留 1.5min 考虑，则其容积，应为

$$V_{缸}=1.5q=1.5\times2.76=4.14m^3$$

2）采用填料式溶气罐，其直径取 $D=1.5m$，高取 $H=3m$，则体积为

$$V'_{罐}=\pi\left(\frac{D}{2}\right)^2H=3.14\times\frac{1.5^2}{4}\times3=5.3m^3$$

（4）溶气释放器

选用 TS-78-Ⅱ型（$d=251mm$）溶气释放器，其性能见表 4-2。

TS-78-Ⅱ型溶气释放器性能　　　表 4-2

压力(Pa)	9.8065×10^4	1.96×10^5	2.94×10^5	3.92×10^5	4.90×10^5
流量(m^3/h)	0.52	0.70	0.83	0.93	1.00

每小时最大回流水量为 $60q=60\times2.76=165.6m^3$

设压力为 4.90×10^5Pa，此时释放器流量由表 5-4 查得为 $1m^3/h$，则所需释放器数量为 166 个。

气浮池共 4 格，每格应安装释放器个数为：$\frac{166}{4}=41.5$，取 40 个，呈双排布置，每排设释放器 20 个，每格池宽 $6.5m$，释放器间距应为 $\frac{6.5}{20}=0.325m$，取 300mm。

气浮池释放器的布置，见图 4-38：

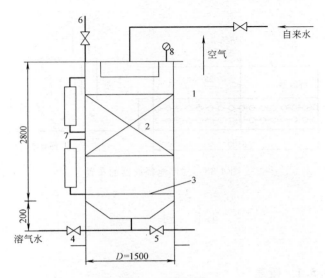

图 4-36 溶气罐

1—布水莲蓬头；2—填料；3—稳流板；4—出水阀；5—放空阀；

6—安全阀；7—水位计；8—压力表

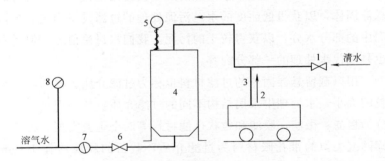

图 4-37 溶气工艺设备

1—进水调节阀；2—空压机；3—空压机调节阀；4—溶气罐；5—安全阀；

6—出水控制阀；7—水表；8—压力表

（5）刮渣机

气浮池采用手动刮渣机。手动刮渣机构造较简单，刮渣时需
2 人操作，可 8h 刮渣一次。

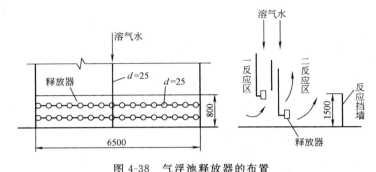

图 4-38　气浮池释放器的布置

4.5　过　　滤

4.5.1　概述

按过滤的目的，过滤设备可以分为两种类型，一种用于水处理，一种用于污泥处理。水处理的过滤设备用来截留水中所含的悬浮固体，以获得低浊度的水。污泥处理的过滤设备用来滤掉污泥中的部分水分，以获得较干的污泥。我们只讨论前者，但后者也是现代水处理的一部分内容。

用以截留悬浮固体的过滤材料也称为过滤介质。根据固体颗粒的大小，水处理中采用结构不同的过滤介质，从而把过滤材料分为粗滤、微滤、膜滤和粒状过滤材料等四个主要类型。粗滤以筛网或类似的带孔眼材料为过滤介质，截留的颗粒约在 $100\mu m$ 以上；微滤所截留的颗粒约为 $100\sim0.1\mu m$；微滤所采用的介质有筛网、多孔材料和形成在支撑结构上的滤饼等三类。较大的颗粒用网孔为 $16\sim65\mu m$ 的筛网，微滤机的筛网即属于这一类。较细的颗粒则用厚壁的多孔材料，瓷棒滤芯即属于这一类。滤饼是指过滤时由水中原有的固体颗粒以及人为添加的固体颗粒聚集在支撑结构上所形成的一层饼状物。由于这层滤饼的空隙很小，所以借助过滤筛除作用能截留很小的固体颗粒。膜滤用人工合成的滤膜作为过滤介质，在膜的两侧形成压力差，来把有关成分分离出来，对去除水中微米级颗粒物有优于常规滤料的能力，还能对纳米级颗粒具有去除能力，被誉为 21 世纪的过滤材料。粒状材料过滤是给水处理中最常见的过滤形式，石英砂是最常用的粒状材料。在给水处理中，所谓的过滤一般就是指粒状材料层的过滤，这种过滤可以截留水中从数十微米到胶体级的微粒。慢滤池和快滤池是粒状材料过滤的代表构筑物。

4.5.2 过滤机理

1. 过滤技术分类

按照过滤机理划分，水处理所涉及的各项过滤技术可以分为两大类：表层过滤（surface filtration）和深层过滤（depth filtration）。

（1）表层过滤

表层过滤的颗粒去除机理是机械筛除，过滤介质按孔径大小对过滤液体中的颗粒进行颗粒分离。

主要按机理工作的水处理设备有：硅藻土预涂层过滤、污泥脱水机（真空过滤机、带式压滤机、板式压滤机）、微滤机、各种膜分离技术（微滤、超滤、纳滤、反渗透）等。

（2）深层过滤

深层过滤颗粒去除的主要机理是接触絮凝，即颗粒的去除是通过水中悬浮颗粒与滤料颗粒进行了接触絮凝，水中颗粒附着在滤料颗粒上而被去除。按深层过滤机理工作的主要水设备是滤池，是本节的主要内容。

当然，滤池中滤料层的表面对大颗粒也有筛除作用，但这不是深层过滤的主要工作机理，滤池的工作机理是接触絮凝和机械筛除，其中，接触絮凝为主要机理。

只有用深层过滤的机理才能揭示滤池对水中细小颗粒物的截

留去除效果。水处理中常用的石英砂滤料的规格是：$d = 0.5 \sim$ 1.2mm，滤层厚度 700mm。对于此规格的滤料层，滤料介质中空隙的尺寸大约在 0.05～0.1mm 之间。在水处理中滤料对颗粒物的去除下限是 2～5μm，如仅用机械筛除机理很难解释为何大孔可以去除小颗粒杂质。

2. 深层过滤的机理

在深层过滤中存在颗粒从水流中向滤料表面迁移和附着在滤料上的两个过程。

（1）迁移

在滤料层孔隙中随水流动的小颗粒在下列作用下可以与滤料颗粒的表面进行接触，这些作用有拦截、重力沉降、惯性、扩散、水动力作用等，见图 4-39。其作用的结果是水流中所含的颗粒物质存在着到达滤料介质颗粒表面的机会。

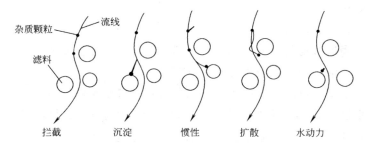

图 4-39　颗粒迁移机理示意图

（2）附着

当水中颗粒接近滤料颗粒的表面或是接近先前粘附在滤料上的固体颗粒的表面时，在颗粒之间存在的附着力的作用下，水中颗粒被附着截留下来。当水流剪力小于颗粒附着力时，颗粒附着稳定；当水流剪力大于颗粒附着力时，颗粒脱落被水流带入更深的滤层，继续进行新的迁移与附着过程。

对于水中的胶体颗粒，因胶体的双电层结构使颗粒间存在静电斥力无法接触凝聚，必须先进行混凝处理，使胶体脱稳并凝聚后才能进行过滤处理。

4.5.3　常用工艺

我国目前全部采用快滤池，如图 4-40 所示。主要池型有普通快滤池、双阀滤池、移动罩滤池、虹吸滤池和 V 型滤池等。同平流沉淀池一样，普通快滤池也是一种古老的工艺。清水一般从滤池上部进入，自上而下穿过滤层之后，水中杂质颗粒便被滤料颗粒所粘附，从而使其从水中分离出来，水则进一步得到澄清。随着过滤时间的延续，滤料层中所截留的杂质越来越多，其孔隙率便越来越小，水头损失便越来越大。到过滤周期末，水头损失达到极限值，或者滤层的截污能力达到最大，出水水质恶化，须停止过滤并进行反冲洗。普通快滤池一般采用水反冲，反冲水来源于屋顶水箱或水塔；也可采用反冲洗泵进行反冲洗，反冲水来源于水厂清水库或专用的冲洗水池。普通快滤池一般采用

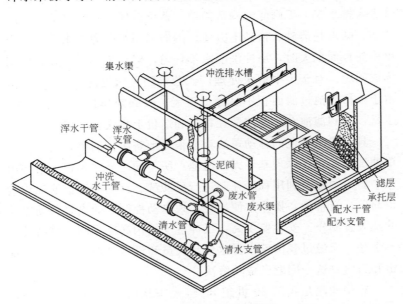

图 4-40　快滤池构造透视图

单层砂滤料，也可采用煤沙双层滤料，以使滤速进一步提高和过滤周期延长。普通快滤池具有工作稳定可靠、出水水质好的优点，特别是采用大阻力配水系统，能保证反冲洗时配水均匀，因而单格滤池可做得较大，故可建成大中小型各种规模的滤池。缺点是阀门多、管道较为复杂。为了减少滤池阀门的数量，上海市政工程设计院于 20 世纪 60 年代末设计出了双阀滤池。所谓双阀滤池，其实与快滤池相差不多。所不同的仅仅在于用进水虹吸管代替进水阀门，以降低工程造价。

无阀滤池是一种没有任何阀门的滤池，其工艺流程如下：澄清水经过 U 形管道进入滤池，穿过滤层，杂质被滤料层截留，清水则通过底部配水区进入设在滤池上半部分的冲洗水箱，然后再溢流至清水库。随着过滤的延续，滤料层的孔隙越来越小，水头损失则越来越大，直至达到最大值，产生虹吸。此时冲洗水箱的水反向流动穿过滤料层对其进行反冲洗，反冲洗废水通过虹吸管进入排水渠。无阀滤池构造简单、造价低廉，且能自动进行反冲洗。缺点是清砂、换砂不方便，因而采用小阻力配水系统，当单格滤池面积大时，反冲洗配水不均匀，但用于小型水处理厂则不成问题。对于大中型水处理厂，若采用无阀滤池或虹吸滤池，由于单格滤池过滤面积不易做得很大，故必须建造很多格滤池。于是，无阀滤池和虹吸滤池在构造和造价上将失去优势。

具有我国特色的移动罩滤池能很好地解决该问题。所谓移动罩冲洗滤池，其原理基于无阀滤池，所不同之处在于很多格共用一个斜形顶盖，利用程序控制进行反冲洗。移动冲洗罩滤池构造很简单，造价低，操作方便，易实现自动控制。缺点是移动罩反冲洗装置制作、安装要求高，反冲洗受结构高度限制，容易冲洗不干净。但经过我国给水排水设计人员和设备制造厂商的不断探索和努力，这一问题已成功解决。

V 型滤池是我国 20 世纪 80 年代末从法国 Degremont 公司引进的技术。该技术无论是从理论上还是从实践上看，都是一项好技术。首先，V 型滤池采用的是均质滤料（均粒径滤料），不均匀系数 K_{80} 很小，此举能大大提高滤料层的孔隙率，使滤速得以提高，过滤周期长，且水质好。另外，V 型滤池采用气水反冲洗技术，滤层反冲洗时滤料层不膨胀或微膨胀，从而避免了由于水力分选作用使得整个滤料层的粒径变得上细下粗。该种滤池的缺点是控制系统复杂，造价较高。

在常规的水处理工艺的设计方面，经过我国广大的给水排水科技工作者几十年孜孜不倦的努力，我国与发达国家并不存在很大差距。相反，在某些方面，特别是在水力类的工艺的开发和设计方面却形成了我们自己的独到的特色。目前，我国与发达国家在水处理工艺技术方面的差距主要在预处理和深度处理方面。后者大约落后于发达国家 10 多年。所谓预处理和深度处理工艺，都是为了去除那些常规水处理工艺无法去除的以有机物为主的污染物质和氨氮而采用的水处理工艺。前者置于常规水处理之前，即预处理＋常规处理；后者置于常规处理之后，即常规水处理＋深度处理；也有三者同时兼用的，即预处理＋常规水处理＋深度处理。原因是许多发达国家都在 20 世纪 60～70 年代经历了一个水污染非常严重的时代，污染物质一般都以有机物与氨氮为主。而要去除这些有机污染物与氨氮，用常规水处理工艺则显得无能为力。于是，预处理和深度处理工艺应运而生。时至今日，尽然发达国家的水污染已普遍得到了有效控制，然而其大多数水处理厂仍普遍采用深度处理工艺。在我国，虽然几乎与发达国家同步展开了这方面的研究，但限于经济条件，真正在水处理厂付诸实施的却很少。尽管国内专家对是否要在水处理厂普遍采用预处理或深度处理的工艺存在争议（其中原因大多数以经济问题为主），但面对当前我国水源普遍受到污染，而人民群众对改善供水水质的呼声日益高涨的现实，随着我国综合国力的进一步增强，看来，在现有和新建的水处理厂中增加预处理和深度处理的工艺以去除污染物的趋势已经不可逆转。

4.5.4 布置与计算实例

下面以双阀滤池的设计作为实例

1. 设计数据

（1）设计规模：10 万 t/d，分两期实施，水厂的用水系数 1.05；

（2）设计流量：$Q = 1.05 \times 5 \times 10^4 \, \text{m}^3/\text{d} = 2187.5 \, \text{m}^3/\text{h} = 0.6076 \, \text{m}^3/\text{s}$；

（3）设计滤速：按规模要求，单层石英砂滤料的滤速 $V = 8 \sim 10 \, \text{m/h}$，这里取 8.1m/h；

（4）冲洗强度：$12 \sim 15 \, \text{L/(s·m}^2)$，取 $13 \, \text{L/(s·m}^2)$；

（5）冲洗时间：$t = 6 \, \text{min}$；

2. 主要计算

（1）滤池面积及尺寸

滤池工作时间为 24h，冲洗周期按 12h 计；

滤池实际工作时间 $T = 24 - \left(0.1 \times \dfrac{24}{12}\right) = 23.8 \, \text{h}$；

（注：式中只考虑反冲洗时间，未考虑初滤水的排放时间）；

滤池面积：$F = \dfrac{Q}{VT} = \dfrac{5.0 \times 10^4 \times 1.05}{8.1 \times 23.8} = 272.33 \, \text{m}^2$；

采用滤池格数：$N = 8$，布置成对称双行；

则单格滤池面积：$f = \dfrac{F}{8} = \dfrac{272.33}{8} = 34.04 \, \text{m}^2$；

采用滤池长宽比 $\dfrac{L}{B} = 1.3$，规范要求：$1.25 : 1 \sim 1.5 : 1$；

每格滤池尺寸：$L = 6.6 \, \text{m}$，$B = 5.1 \, \text{m}$；

复核：因此，每格滤池实际过滤面积 $f = B \times L = 6.6 \times 5.1 = 33.66 \, \text{m}^2$；

滤池实际的正常滤速 $V = \dfrac{Q_{\text{h}}}{F} = \dfrac{2187.5}{8 \times 33.66} = 8.12 \, \text{m/h}$

校核强制滤速 $V' = \dfrac{NV}{N-1} = \dfrac{8 \times 8.12}{8-1} = 9.28\text{m/h}$

（2）滤池高度

支承层高度 H_1 采用 0.58m（$d_{10} \sim d_{32}$ 的支承层顶面应高于配水系统孔眼 100mm）；

滤料层高度 H_2 采用 0.7m；

砂面以上水深 H_3 采用 1.90m；

超高（干管）H_4 采用 0.27m；

故滤料总高度 $H = H_1 + H_2 + H_3 + H_4 = 3.45\text{m}$；

（3）配水系统（每格滤池）

1）干管

干管流量 $q_g = f \cdot q = 13.5\text{L/(s} \cdot \text{m}^2) \times 33.66\text{m}^2 = 0.454\text{m}^3/\text{s}$；

采用管径 $d_g = 700\text{mm}$（干管应埋入池底，顶部开孔接配水支管，详大样水施 1-5-5）；因此，干管起端流速 $V_g = 1.18\text{m/s}$；

注：若采用 $d_g = 800\text{mm}$，则 $V_g = 0.91\text{m/s} < 1.0\text{m/s}$；

2）支管

支管中心间距采用 $a_j = 0.25\text{m}$；

每格滤池支管数 $n_j = 2 \times \dfrac{L}{a_j} = 2 \times \dfrac{6.6}{0.25} = 52$ 根；

每根支管入口流量 $q_j = \dfrac{q_g}{n_j} = \dfrac{454}{52} = 8.73\text{L/s}$；

采用管径 $d_j = 80\text{mm}$（公称外径 90mm，查《塑料给水管水力计算表》P86）；

支管始端流速 $V_j = 1.56\text{m/s}$；

3）孔眼布置

支管孔眼总面积与滤池面积之比 K 采用 0.25%；

则孔眼总面积 $F_k = Kf = 0.25\% \times 33.66 = 0.08415\text{m}^2 = 84150\text{mm}^2$；

采用孔眼直径 $d_k = 9\text{mm}$；

每个孔眼面积 $f_k = \frac{1}{4}\pi d_k^2 = 0.785 \times 9^2 = 63.5 \text{mm}^2$ ；

孔眼总数 $N_k = \frac{F_k}{f_k} = \frac{84150}{63.5} = 1325$ 个；

每根支管孔眼数 $n_k = \frac{N_k}{n_j} = \frac{1325}{52} = 26$ 个；

支管孔眼布置：设两排，与垂线成45°夹角，向下交错排列；

每根支管长度 $L_j = 0.5B = 2.55\text{m}$ （注：两端除去间隙，$L_j = 2.31\text{m}$）；

每排孔眼中心距：$a_k = \frac{L_j}{\frac{1}{2}n_k} = \frac{2.31}{\frac{1}{2} \times 26} = 0.178\text{m}$

4）孔眼水头损失

支管壁厚 $\delta = 5\text{mm}$；

孔眼直径与壁厚之比 $\frac{d_k}{\delta} = \frac{9}{5} = 1.8$，查《流量系数 μ 值表》得流量系数 $\mu = 0.68$；

水头损失 $h_k = \frac{1}{2g}\left(\frac{q}{10\mu k}\right)^2 = \frac{1}{2g}\left(\frac{13.5}{10 \times 0.68 \times 0.25}\right)^2 = 3.2\text{m}$；

5）复核配水系统

支管长度与直径之比不大于60，$\frac{L_j}{d_j} = \frac{2.31}{0.080} = 28.875 < 60$；

孔眼总面积与支管总横截面积之比小于0.5，

$$\frac{F_k}{n_j f_j} = \frac{0.08415}{52 \times 0.785 \times (0.08)^2} = 0.322 < 0.5；$$

干管横截面积与支管横截面积之比为1.75~2.0，

$$\frac{f_g}{n_j f_j} = \frac{0.785 \times (0.7)^2}{52 \times 0.785 \times (0.08)^2} = 1.47；$$

孔眼中心距应小于0.2m，$a_k = 0.178\text{m} < 0.2\text{m}$；

（4）洗砂排水槽

洗砂排水槽中心距采用 $a_0 = 1.70\text{m}$；

排水槽根数 $n_0 = \dfrac{5.1}{1.7} = 3$ 根；

排水槽长度 $l_0 = L = 6.6\mathrm{m}$；

每根排水槽排水量 $q_0 = q l_0 a_0 = 13.5 \times 6.6 \times 1.7 = 151.47\mathrm{L/s}$；

采用三角形标准断面

槽中流速采用 $V_0 = 0.6\mathrm{m/s}$；

横断面尺寸 $x = \dfrac{1}{2}\sqrt{\dfrac{q_0}{1000 V_0}} = \dfrac{1}{2}\sqrt{\dfrac{151.47}{1000 \times 0.6}} = 0.251\mathrm{m}$，取

$0.25\mathrm{m}$；

排水槽槽底厚度采用 $\delta = 0.005\mathrm{m}$；

砂层最大膨胀率 $e = 45\%$；

砂层厚度 $H_2 = 0.70\mathrm{m}$；

洗砂、排水槽顶距砂面厚度：

$$H_e = e H_2 + 2.5x + \delta + 0.075$$
$$= 0.45 \times 0.70 + 2.5 \times 0.25 + 0.08 = 1.02\mathrm{m}；$$

洗砂、排水槽总平面面积 $F_0 = 2 x_0 l_0 n_0 = 2 \times 0.25 \times 6.6 \times$

$3 = 9.9\mathrm{m}^2$；

复核：排水槽总平面面积与滤池面积之比，一般小于 25%，

$$\dfrac{F_0}{f} = \dfrac{9.9}{33.66} \times 100\% = 29.4\% \approx 25\%；$$

排水槽底高出集水槽底的高度：

$$H = 0.81 \left(\dfrac{fg}{1000b}\right)^{\frac{2}{3}} + 0.2 = 0.56 + 0.2 = 0.76\mathrm{m}；$$

槽底距集水槽起端水面的高度不小于 $0.05 \sim 0.20\mathrm{m}$；

（5）滤池各种管渠计算

1）进水

进水总流量 $Q_1 = 52500\mathrm{m}^3/\mathrm{d} = 0.6076\mathrm{m}^3/\mathrm{s}$；

采用进水渠断面：渠宽 $B_1 = 0.8\mathrm{m}$，水深为 $0.6\mathrm{m}$（两根进水管）；

渠中流速 $V_1 = 0.66\mathrm{m/s}$，水力坡降 2.7‰；

进水总管管径（每 5 万 t 设两根进水管）

$$Q_2 = \frac{5.0 \times 10^4 \times 1.05}{2 \times 24} = 1093.75 \text{m}^3/\text{h},$$

则进水管采用 $DN700$，管中流速 $V_2 = 0.79 \text{m/s}$；

2）冲洗水

冲洗水流量 $Q_3 = qf = 13.5 \times 33.66 = 0.454 \text{m}^3/\text{s}$；

采用管径 $D_3 = 500 \text{mm}$；

管中流速 $V_3 = 2.26 \text{m/s}$；

3）清水

清水总流量 $Q_4 = Q_1 = 0.6076 \text{m}^3/\text{s}$；

清水总管管径采用 $D_4 = 800 \text{mm}$，则 $V_4 = 1.21 \text{m/s}$；

每格滤池清水管流量 $Q_5 = Q_2 = \dfrac{0.6076}{8} = 0.076 \text{m}^3/\text{s}$；

采用管径 $D_5 = 300 \text{mm}$，则 $V_5 = 1.04 \text{m/s}$；强制滤速下，$V_5' = 1.19 \text{m/s}$；

4）排水

排水流量 $Q_6 = Q_3 = 0.454 \text{m}^3/\text{s}$；

排水渠断面：渠宽 $B_6 = 0.8 \text{m}$，水深为 0.6m；

渠中流速 $V_1 = 0.66 \text{m/s}$；

（6）进水虹吸管

虹吸管进水量 $\qquad Q_\text{进} = \dfrac{5.0 \times 10^4 \times 1.05}{3600 \times 24 \times (8-1)} = 0.0868 \text{m}^3/\text{s}$；

事故冲洗进水量 $\qquad Q_\text{事} = \dfrac{5.0 \times 10^4 \times 1.05}{3600 \times 24 \times (8-2)} = 0.101 \text{m}^3/\text{s}$；

断面面积 $\qquad \omega_\text{进} = \dfrac{Q_\text{进}}{V_\text{进}} = \dfrac{0.0868}{0.4} = 0.217 \text{m}^2$；

取用断面尺寸 $\qquad \omega_\text{进} = B \times L = 0.4 \times 0.5 = 0.2 \text{m}^2$；

进水虹吸管局部水头损失 $h_\text{f局} = \sum \xi \dfrac{V_\text{进事}^2}{2g} \times 1.2$

$$V_\text{进事} = \frac{Q_\text{事}}{\omega_\text{进}} = \frac{0.101}{0.2} = 0.505 \text{m/s}$$

$$\sum\xi=\xi_{进口}+\xi_{90°弯头}\times2+\xi_{出口}=0.5+0.8\times2+1.0=3.1$$

$$h_{f局}=3.1\times\frac{0.505^2}{2\times9.81}\times1.2=0.048m$$

进水虹吸管的沿程水头损失 $h_{f沿}=\dfrac{V_{进事}^2}{C^2R}\times L$

$$R=\frac{\omega_{进}}{\chi}=\frac{0.2}{2\times(0.4+0.5)}=0.111m$$

$$C=\frac{1}{n}R^{\frac{1}{6}}=\frac{1}{0.012}(0.111)^{\frac{1}{6}}=63.32$$

L 取 2m

$$h_{f沿}=\frac{0.505^2}{63.32^2\times0.111}\times2=0.00115m$$

则 $h_f=h_{f沿}+h_{f局}=0.048+0.00115=0.049m$

取 $h_f=0.1m$；

（7）进水槽及配水槽

进水虹吸管出口至槽底 h_1 取 0.25m；

进水虹吸管淹没水深 h_2 取 0.25m；

配水槽出水堰宽 b_1 取 1.2m；

配水堰堰顶水头 $h_3=\left(\dfrac{Q_{事}}{1.84\times b}\right)^{\frac{2}{3}}=\left(\dfrac{0.101}{1.84\times1.2}\right)^{\frac{2}{3}}=0.128m$；

进水堰超高 C 取 0.35m；

则 $H_{进}=h_1+h_2+h_3+h_f+C=0.25+0.25+0.128+0.1+$

$0.35=1.078m$，取 1.05m；

（8）排水虹吸管

冲洗排水量 $Q_{排}=qf=13.5\times33.66=0.454m^3/s$；

排水虹吸管滤速 $V_{排}=1.4\sim1.6m/s$，取 $V_{排}=1.5m/s$；

则 $\omega_2=\dfrac{qf}{V_{排}}=\dfrac{0.454}{1.5}=0.303m^2$；

采用矩形断面，其尺寸为 $B_2\times L_2=0.45\times0.675=0.3015m^2$；

排水虹吸管管长 $L=10m$；

$$h_{f局} = \sum \xi \frac{V_排^2}{2g} = 3.1 \times \frac{1.51^2}{2 \times 9.81} = 0.36\text{m}$$

$$h_{f沿} = \frac{V_排^2}{C^2 R} \times L$$

$$R = \frac{\omega 2}{\chi} = \frac{0.3015}{2 \times (0.45 + 0.675)} = 0.134\text{m}$$

$$C = \frac{1}{n} R^{\frac{1}{6}} = \frac{1}{0.012}(0.134)^{\frac{1}{6}} = 59.61$$

$$h_{f沿} = \frac{1.5^2}{59.61^2 \times 0.134} \times 10 = 0.05\text{m}$$

则 $h_f = h_{f沿} + h_{f局} = 0.36 + 0.05 = 0.41\text{m}$

（9）反冲洗水泵计算

水泵所需的供水量 $Q = qf = 13.5 \times 33.66 = 0.454\text{m}^3/\text{s} = 1634.4\text{m}^3/\text{h}$；

水泵所需扬程：

$$H = H_0 + h_1 + h_2 + h_3 + h_4 + h_5$$

式中　H_0——排水槽顶与清水池最低水位之差 5.45m；

　　　h_1——从清水池至滤池间冲洗管道中的总水头损失，计算可得 $h_1 = 1.82\text{m}$；

　　　h_2——滤池配水系统的水头损失 3.2m；

　　　h_3——承托层的水头损失 0.13m；

　　　h_4——滤料层膨胀时的水头损失；

$$h_4 = \left(\frac{2.65}{1} - 1\right)(1 - 0.41) \times 0.7 = 0.68\text{m}$$

　　　h_5——富裕水头损失 1.5m。

则 $H = 5.45 + 1.82 + 3.2 + 0.13 + 0.68 + 1.5 = 12.78\text{m}$；

选冲洗水泵两台，一用一备。水泵型号为 500S13，其特性为：$Q = 1800\text{m}^3/\text{h}$，$H = 14\text{m}$，配 Y315s-6 电机，其功率为 $N_0 = 110\text{kW}$，$u = 380\text{V}$。

4.6　消　　毒

4.6.1　消毒概论

1. 消毒目的

饮用水消毒的目的是杀灭水中对人体健康有害的绝大部分病原微生物，包括细菌、病毒、原生动物的胞囊等，以防止通过饮用水传播疾病。饮用水的消毒处理使处理后饮用水的微生物学指标达到饮用水水质标准，把饮水导致的水致疾病的风险降到可以接受的安全范围。我国生活饮用水水质标准中有关微生物学的项目与限值是：细菌总数≤100CUF/mL，总大肠杆菌和粪便大肠菌群每 100mL 水样中不得检出（此外还有剩余消毒剂浓度的指标）。

但是，消毒处理并不能杀灭水中所有微生物（杀灭所有微生物的处理称为灭菌）。特别是对于个别承受能力极强的微生物，如某些病毒和原生动物（例如隐孢子虫等），饮用水的消毒处理并不能保证绝对被去除。

2. 消毒方法

饮用水的消毒方法有：氯消毒、二氧化氯消毒、臭氧消毒、紫外线消毒等。当然，对水煮沸后再饮用也是一种消毒的方法。

（1）氯消毒

氯消毒应用历史最久，使用也最为广泛。

它的优点是：经济有效，使用方便，氯的自行分解较慢，可以在管网中维持一定的剩余消毒剂浓度，对管网水有安全保护作用等。缺点是对于受到有机污染（包括天然的腐殖质类污染、工业污染等）的水体，加氯消毒可以产生对人体有害的卤代消毒副产物，如三卤甲烷（THMs）、卤乙酸（HAAs）等物质。因此，现代的消毒处理必须同时满足对水质微生物学和毒理学两方面的要求。

在加强水源保护、有效去除水中有机污染物、合理采用氯消毒工艺的基础上，氯消毒仍将是一种安全可靠，可以广泛使用的消毒技术。

（2）二氧化氯消毒

二氧化氯消毒从20世纪70～80年代以来在欧洲得到应用。其优点是：消毒能力高于或等于游离氯，不产生氯代有机物，消毒副产物生成量小，具有剩余保护作用等。二氧化氯缺点是：费用过高，是氯消毒的数倍（约十倍）；二氧化氯不稳定，使用时均需要现场制备，设备复杂，使用不便。此外，二氧化氯消毒将产生对人体有害的分解产物亚氯酸盐，也需进行控制。因此，尽管二氧化氯消毒的消毒效果要优于氯消毒，但在短期之内尚不能全面替代饮用水氯消毒技术。

（3）臭氧消毒

臭氧消毒能力高于氯。不产生氯代有机物，处理后水的口感好。但臭氧因自身分解速度过快，对管网无剩余保护，采用臭氧消毒的水厂还需在出厂水中投加少量氯作为剩余保护剂。其他缺点是：臭氧不稳定，使用时均需要现场制备，设备复杂，使用不便，费用过高，数倍于氯消毒，如果原水中含有溴离子，臭氧将与溴离子反应生成对人体有害的溴酸盐，此外，臭氧消毒副产物的危害仍处于深入研究阶段。

臭氧消毒目前主要是用于食品饮料行业和饮用纯净水、矿泉水等的消毒，充分发挥其自分解后无残余消毒剂，处理后口感好的特点。在国内外自来水净水厂处理工艺中，臭氧主要是作为氧化剂，用于水的预氧化处理或者是臭氧-（生物）活性炭深度处理工艺，单纯用于净水厂消毒的很少。

（4）紫外线消毒

紫外线消毒是一种物理消毒方法，它利用紫外线的杀菌作用对水进行消毒处理。紫外线消毒是用紫外灯照射流过的水，以照射能量的大小来控制消毒效果。由于紫外线在水中的穿透深度有限，要求被照射的水的深度或灯管之间的间距不得过大。

与上面的化学消毒方法相比，紫外线消毒的优点是：杀菌速度快，管理简单，无需向水中投加化学药剂，产生的消毒副产物少，不存在剩余消毒剂所产生的味道。不足之处是：费用较高，紫外灯管寿命有限，无剩余保护，消毒效果不易控制等。

目前，紫外线消毒仅用于食品饮料行业和部分规模极小的小型供水系统。

3. 消毒剂的投加点

采用化学药剂进行消毒（氯消毒、二氧化氯消毒等）的消毒剂投加点有：

（1）清水池前投加的消毒主工序；

（2）调整出厂水剩余消毒剂浓度的补充投加（在二泵站处）；

（3）控制输水管渠和水厂构筑物内菌藻生长的水厂取水口或净水厂入口的预投加；

（4）配水管网中的补充投加等。

对于包埋在颗粒物中的微生物，由于颗粒物的保护作用，消毒效果不好。因此消毒处理对水中浊度有着严格的要求，并且主消毒总是作为水厂处理的最后一道工序。

在以地面水为水源的饮用水净水厂中，常规处理工艺是：混凝—沉淀—过滤—消毒，在滤池出水中投加消毒剂，以清水池来保证有足够的消毒接触时间，然后根据清水池出水厂的剩余消毒剂浓度，在清水池后的二泵站处再做适当补充，保持出厂水的剩余消毒剂浓度。

对于以地下水为水源的饮用水处理，水质良好的地下水可以直接满足饮用水水质标准中除微生物学指标以外的其他指标，相应饮用水处理的工艺只有消毒一项，消毒剂加在清水池入口处。

为了控制微生物，特别是藻类，在水源水长距离输水管和水厂处理构筑物中的过度繁殖，在水厂取水口或水厂入厂处，常常预先投加一部分消毒剂，如预氯化。由于消毒剂也是氧化剂，除了杀菌消毒作用外，还可以氧化部分有机胶体，改善混凝效果，控制藻类生长，氧化分解水中部分有机物和产生色臭味的物质。由于目前国内许多水源受到污染，水中含有微量污染物，如采用预氯化，加入的氯会与原水中的有机物反应，生成卤代消毒副产物，因此，预氯化的做法已不再提倡使用。目前国内一些水厂预氯化的投加量过大，应予改进，如改用生成消毒副产物较少的高锰酸钾预氧化、臭氧预氧化、过氧化氢预氧化等。

对于超大型自来水配水管网、长距离自来水输水系统、管网转输点等，为了维持管网水中剩余消毒剂的浓度可采用氯胺消毒，有的地方还需要对自来水再次补充投加消毒剂，例如补氯。对于超大型和具有转输点的配水管网，这些方法即可使剩余消毒剂浓度在水厂附近不致过高，又可在管网末梢保持一定浓度，对于防止微生物在管网中的再生长和控制消毒副产物有一定意义。

4.6.2　氯消毒

1. 氯消毒原理

氯消毒以液氯、漂白粉或次氯酸钠为消毒剂，通过其氧化作用来杀灭微生物。

水厂氯消毒一般采用液氯。小型消毒，如游泳池水消毒等，多采用次氯酸钠发生器。临时性消毒多采用漂白粉。

氯灭活微生物的机制包括：氯能氧化损坏细胞膜，使其渗透性增加，导致细胞内物质如蛋白质、RNA、DNA 的漏出，影响钾的吸收与保留；氯进入细胞质后，能破坏干扰多种酶系统，并可损坏基因组，使细胞丧失生理功能。

不同微生物对氯的耐受能力不同。对于产生水介传染病的三大类肠道病原微生物：肠道原虫包囊、肠道细菌、肠道病毒，饮用水加氯消毒技术可以杀灭绝大部分的肠道细菌和肠道病毒，尽管肠道病毒对氯的耐受能力要强于肠道细菌。但是原虫包囊对氯的耐受能力很强，常规的饮用水加氯消毒不能将其杀灭，例如贾第鞭毛虫包囊、隐孢子虫等，这类包囊类病原微生物的去除主要依靠水的过滤处理（肠道包囊原虫的尺寸比细菌大，可以通过过滤去除，贾第鞭毛虫包囊为卵形，大小约为 $8\sim12\times7\sim10\mu m$，隐孢子虫的卵囊为球形，$4\sim6\mu m$）。

饮用水消毒通常以大肠杆菌作为肠道微生物的指示菌，衡量消毒处理的效果。

对于不含氨的水，向水中加入氯后立即产生以下反应：

$$Cl_2 + H_2O \longrightarrow HOCl + H^+ + Cl^- \qquad (4\text{-}14)$$

所生成的次氯酸（HOCl）是弱酸，在水中部分电离成次氯酸根（OCl^-）和氢离子：

$$HOCl \Longleftrightarrow OCl^- + H^+ \qquad (4\text{-}15)$$

水中 HOCl 和 OCl^- 的比例与水的 pH 值和温度有关，见图 4-41。例如，在水温 20℃、pH 值等于 7 的情况下，水中 HOCl 约占 75%，OCl^- 约占 25%。水的 pH 值提高，则 OCl^- 所占比例增大。

细菌的表面由于氨基酸的部分电离，表面一般带有少量的负电荷。HOCl 和 OCl^- 都有氧化能力，但是 HOCl 是中性分子，易于扩散到带负电的细菌表面，并渗入细菌体内，

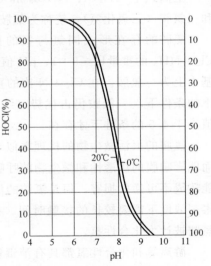

图 4-41 不同 pH 值和温度时水中
HOCl 和 OCl^- 的比例

借助氯原子的氧化作用破坏菌体内的酶，从而杀灭细菌。OCl^- 带电，难以靠近带负电的细菌，所以直接杀菌较难。根据水中

HOCl 与 pH 值的关系，在较低 pH 值条件下，HOCl 所占比例较大，因而消毒效果较好。尽管 OCl⁻ 难于直接起到消毒作用，但是由于水中 HOCl 与 OCl⁻ 的平衡关系，当 HOCl 被消耗后，Cl⁻ 的就会转化为 HOCl，继续进行消毒反应，在计算水中消毒剂的含量和存在形式时，HOCl 与 OCl⁻ 都被计入，并被称为是游离性氯或自由性氯。

天然水体中一般含有少量的氨氮。加氯产生的 HOCl 会与氨氮反应，生成氯胺：

$$NH_3 + HOCl \Longleftrightarrow NH_2Cl + H_2O \qquad (4-16)$$

$$NH_2Cl + HOCl \Longleftrightarrow NHCl_2 + H_2O \qquad (4-17)$$

$$NHCl_2 + HOCl \Longleftrightarrow NCl_3 + H_2O \qquad (4-18)$$

上面式中 NH_2Cl、$NHCl_2$ 和 NCl_3 分别是一氯胺、二氯胺和三氯胺（三氯化氮），统称为氯胺。

氯胺的存在形式同氯与氨的比例和水的 pH 值有关。在 $Cl_2 : NH_3$ 的重量比≤5∶1、pH 值在 7～9 的范围内，水中氯胺基本上为一氯胺。在 $Cl_2 : N$ 比的重量比≤5∶1、pH 值为 6 以下的条件下，一氯胺仍占优势（约 80%）。三氯胺只在水的 pH 值小于 4.5 的条件下才存在。

氯胺的灭活微生物的机理类似于氯，能破坏膜的完整性，从而能影响膜的渗透性和微生物的呼吸，并能对细胞的重要代谢功能造成不可逆的损害。但是氯胺的消毒能力远低于氯，在同等消毒剂浓度下需要较长的接触时间。在计算水中消毒剂的含量时，氯胺被计为化合性氯。

游离氯和化合性氯都具有消毒能力，两者之和称为有效氯。经一定接触时间后水中剩余的有效氯称之为余氯。余氯又可划分为游离性余氯和化合性余氯。

2. 加氯量

对水中加入氯进行消毒反应，要求在经过规定的接触时间后，水中仍存在尚未用完的一定浓度的剩余消毒剂。此条件可以确保消毒反应进行完全，获得满意的消毒效果。为了防止残余微生物在配水管网系统中再度繁殖，自来水的管网水中也必须保持一定的剩余消毒剂。

《室外给水设计规范》规定，水与氯应充分混合，其接触时间不应小于 30min，氯胺消毒的接触时间不应小于 2h。我国《生活饮用水卫生标准》（GB 5749—85）和《生活饮用水卫生规范》（卫生部，2001）都规定：水中游离性余氯的浓度，在与水接触时间 30min 后应不低于 0.3mg/L，管网末梢水不应低于 0.05mg/L。对于采用氯胺消毒的，水中剩余化合性余氯的浓度尚未明确规定。

消毒时向水中加入氯的量可以分为两部分，即需氯量和余氯量。需氯量指在接触时间内因杀灭微生物、氧化水中的有机物和还原性无机物所消耗的氯的量。

消毒所需的加氯量由加氯量曲线试验决定。加氯量曲线试验对水样（地表水厂的滤后出水，地下水厂的井水）采用不同加氯量做系列试验，在一定接触时间后测定各水样中剩余有效氯的浓度，再以余氯为纵坐标。加氯量为横坐标，绘制得到加氯量曲线，见图 4-42、图 4-43。

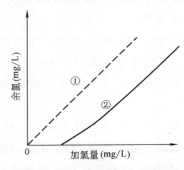

图 4-42　不含氨氮的水样的加氯曲线

加氯量曲线反映了该水样加氯消毒的特性。现对加氯曲线解释如下：

如果水中无任何消耗氯的物质，包括细菌、有机物和还原性物质等，则水的需氯量为零，加入的氯量就等于剩余氯量，如图 4-42 中 45°虚线所示。

图 4-42 为不含氨氮的水样的加氯曲线。当加氯量大于因氧

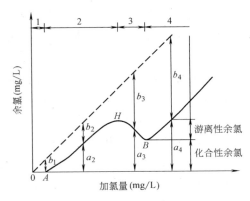

图 4-43 含氨氮的水样的加氯曲线

化有机物、杀灭微生物等所消耗的氯量（需氯量）之后，再多加入的氯将以余氯的形式存在。因水中不含氨氮，所有余氯均以游离性余氯的形式存在。根据饮用水水质标准 30min 接触时间游离性余氯不低于 0.3mg/L 的要求，就可以从该加氯曲线上查出所需加氯量。

对于含有氨氮的水样，加氯曲线的形式将较为复杂，见图 4-43。该图可以分成四个区：

第一区——无余氯区，该区加氯量过小，加入的氯完全被分解；

第二区——化合性余氯区，所加入的氯与水中氨氮反应，形成了氯胺，随着加氯量的增加，化合性余氯将达到其峰值（H 点），此时水中的氨已经全部转化为氯胺；

第三区——化合性余氯分解区，随着加氯量的提高，余氯量反而会逐渐降低。其原因是氯胺在过量氯的作用下被破坏，氯胺的分解反应见式（4-19）。

$$2NH_2Cl + HOCl \longrightarrow N_2 \uparrow + 3HCl + H_2O \qquad (4-19)$$

在这一区，随着加氯量的增加，余氯的浓度反而减少，直到大部分化合性氯被分解完，最后达到余氯的最低点（B 点），称为折点；

第四区——折点后区，在这一区增加的投氯量都是以游离性氯存在的。根据饮用水水质标准 30min 接触时间游离性余氯不低于 0.3mg/L 的要求，就可以从该区查出所需加氯量。此种消毒方法称为折点氯化法。折点氯化法中加氯量与水中氨氮浓度的比值大约为 8~10。

目前一些水厂在公布水质检测结果时，只笼统给出余氯浓度，并未注明其中游离余氯和化合性余氯各自的浓度，因而无法判别是否有游离氯，游离氯是否达标，这种做法是不妥当的。

3. 氯消毒工艺

(1) 折点氯化法

折点氯化法因游离氯的氧化能力强，具有消毒效果好，可以同时去除水中的部分臭、味、有机物等优点，被广泛采用。但不足之处是：在对受到污染的水进行消毒时，因游离性氯的氧化能力强，会与水中有机物反应，生成三卤甲烷、卤乙酸等具有"三致作用"的消毒副产物。此外，折点氯化的水的氯味较大。对于一些受到较严重污染的水源，原水氨氮浓度较高，如采用折点氯化法则加氯量极大，费用过高且产生大量副产物。生活饮用水水源水标准规定，水源中氨氮的最大允许浓度为0.5mg/L。

许多水厂过去曾采用折点氯化，特别是对进厂水的折点预氯化，同时去除水中部分有机物、臭和味。但是这种做法对于水源受到污染的水将会产生消毒副产物超标问题。因此，近来建议对此类水源水应尽可能少用折点氯化法，特别是不要使用折点预氯化法，通过强化常规处理、增加预处理或深度处理来去除消毒副产物的前体物质，或改进消毒工艺，以减少消毒副产物的生成量。

(2) 氯胺消毒法

尽管氯胺的消毒作用比游离氯缓慢，但氯胺消毒也具有一系列优点：氯胺的稳定性好，可以在管网中维持较长时间，特别适合于大型或超大型管网；氯胺消毒的氯嗅味和氯酚味小（当水中含有有机物，特别是酚时，游离氯消毒的氯酚味很大）；氯胺产生的三卤甲烷、卤乙酸等消毒副产物少；在氯的替代消毒剂中（二氧化氯、臭氧等），氯胺消毒法的费用最低。

氯胺消毒的具体方法有：

1）先氯后氨的氯胺消毒法

折点氯化的水的氯味较大．并且因游离性氯分解速度较快，在管网中保持时间有限。因此一些水厂，特别是一些有着超大型管网的自来水系统，常采用氯胺消毒法，即先对滤池出水按折点氯化法加氯进行消毒处理，在清水池中保证足够的接触时间，再在自来水出厂前在二泵房处对水中加氨，一般采用液氨瓶加氨，Cl_2 与 NH_3 的重量比为 $3:1\sim6:1$，使水中游离性余氯转化为化合性氯，以减少氯味和余氯的分解速度。此法为先氯后氨的氯胺消毒法，其消毒的主要过程仍是通过游离氯来消毒，但目前许多水厂把此消毒工艺也视为氯胺消毒法。

2）化合性氯的氯胺消毒法

当化合性氯的接触时间足够长时也可以满足消毒的杀菌要求（《室外给水设计规范》规定，氯胺消毒的接触时间应不小于 2h。由于自来水厂清水池的停留时间一般都远大于 2h，满足这一要求在工程上并不产生额外问题。因此对于氨氮浓度较高的原水，在实践中一些水厂也有采用化合性氯进行消毒的做法（在加氯曲线的第二区）。对于化合性余氯消毒法，理论上讲，应采用比游离氯消毒更长的接触时间或较高的余氯浓度，我国生活饮用水卫生标准尚未明确规定化合性余氯的浓度要求，许多水厂一般按出厂水的总余氯量来控制。

即使是对于一些水源较好、原水中氨氮浓度很低的水，也可以在消毒的同时投加氯和氨，采用化合性氯（氯胺）法进行消毒，可以大大减少氯化消毒副产物的生成。

4. 加氯设备

水厂加氯消毒普遍采用液氯，由液氯瓶直接供给消毒所需要的氯。个别小型水厂和一些其他消毒场所（如游泳池、小型污水消毒等）可以采用次氯酸钠溶液、漂白粉、次氯酸钠发生器等。次氯酸钠溶液可以通过计量设备直接注入水中。漂白粉需先配置成 $1\%\sim2\%$ 的澄清溶液，再计量投加。

采用液氯消毒的加氯设备主要包括：加氯机、氯瓶、加氯检测与自控设备等，加氯系统见图 4-44。

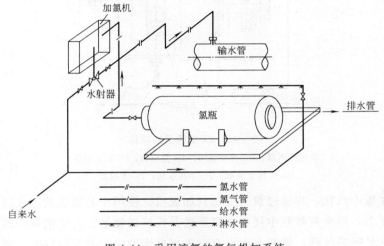

图 4-44　采用液氯的氯气投加系统

（1）加氯机

加氯机分为手动和自动两大类。加氯机的功能是：从氯瓶送来的氯气在加氯机中先流经转子流量计，再通过压力水的水射器使氯气与水混合，把氯溶在水中形成高含氯水。氯水再被输送至加氯点处投加。为了防止氯气泄漏，加氯机内多采用真空负压运行。图 4-45 为转子加氯机。

（2）氯瓶

目前自来水厂普遍采用瓶装液氯。使用时液氯瓶中的液氯先

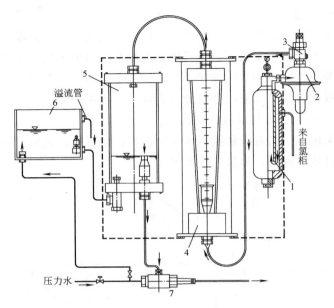

溢流管

来自氯柜

压力水

图 4-45　ZJ 型转子加氯机

1—旋风分离器；2—弹簧膜阀；3—控制阀；4—转子流量计；

5—中转玻璃罩；6—平衡水箱；7—水射器

在瓶中汽化，再通过氯气管送到加氯机。使用中的氯瓶放置在磅秤上，用来判断瓶中残余液氯重量并校核加氯量。由于液氯的汽化是吸热过程，氯瓶上面设有自来水淋水设施，当室温较低、氯瓶汽化不充分时，用自来水中的热量补充氯瓶吸热。加氯量大的大型水厂还可以采用液氯蒸发器。

（3）加氯检测与自控设备

目前自来水厂普遍采用加氯自控系统，它由余氯自动连续检测仪和自动加氯机构成。自动加氯机可以根据处理水量和所检测的余氯量对加氯量自动进行调整。

水厂设有加氯间来设置加氯设备，加氯间和放置备用氯瓶的氯库可以合建或分建。由于氯气是有毒气体，加氯间和氯库必须通风良好，并设有安全报警和氯气泄漏应急处置系统。

4.6.3　二氧化氯消毒

1. 二氧化氯消毒原理

氧化氯是极为有效的饮用水消毒剂，在水的 pH 值 6～9 的范围内，其杀灭微生物的效果仅次于臭氧，优于或等于（pH 较低时）游离氯。

二氧化氯在饮用水消毒中可以单独使用，在滤后水中投加。也可以与其他消毒剂配合使用，例如，二氧化氯作为主要氧化剂和消毒剂用于前处理（二氧化氯预氧化），然后在滤后水中加入氯或氯胺。此法能有效防止形成过量的三卤甲烷等卤代消毒副产物，并能避免管网水中 ClO_2，ClO_2^- 和 ClO_3^- 的总量过高。

二氧化氯（ClO_2）的氧化反应的第一步产物是亚氯酸根离子（ClO_2^-）：

$$ClO_2 + e^- \longrightarrow ClO_2^- \tag{4-20}$$

在饮用水处理中，约 50%～70% 的 ClO_2 可以立即形成 ClO_2^-。ClO_2^- 也是氧化剂，但在饮用水的处理条件下，其反应速度比 ClO_2 的分解要慢得多，反应式如下：

$$ClO_2^- + 4H^+ + 4e^- \longrightarrow Cl^- + 2H_2O \tag{4-21}$$

ClO_2^- 对人体健康有害，是二氧化氯消毒需要控制的消毒副产物。《生活饮用水卫生规范》（卫生部，2001 年）规定饮用水中亚氯酸根的最大允许浓度为 0.2mg/L。

当二氧化氯用作预氧化而后再用氯消毒时，出厂水可能同时存在 ClO_2、ClO_2^-、$HOCl$ 和 OCl^-，ClO_2 与 Cl_2 反映还可以生成 ClO_3^-，需要对消毒过程进行优化控制。

2. 二氧化氯制备

二氧化氯（ClO_2）在常温常压下是黄绿色气体，沸点 11℃，凝固点 -59℃，极不稳定，在空气中浓度超过 10% 或在水中浓度大于 30% 时具有爆炸性。因此使用时必须以水溶液的形式现场制取，立即使用。

二氧化氯易溶于水，不发生水解反应，在 10g/L 以下时没有爆炸危险，水处理所用二氧化氯溶液的浓度远低于此值。

在水处理中，制取二氧化氯的方法主要有：

（1）亚氯酸钠加氯制取法

该法以亚氯酸钠（$NaClO_2$）和液氯（Cl_2）为原料，其反应为：

$$Cl_2 + H_2O \longrightarrow HOCl + HCl \qquad (4-22)$$

$$2NaClO_2 + HOCl + HCl \longrightarrow 2ClO_2 + NaCl \qquad (4-23)$$

即总反应式为：

$$2NaClO_2 + Cl_2 \longrightarrow 2ClO_2 + 2NaCl \qquad (4-24)$$

为了防止未起反应的亚氯酸盐带入到所处理的水中，需要加入比理论值更多的过量氯，使亚氯酸盐反应完全，其结果是在产物中含有部分游离氯。在对受有机污染的水进行消毒时，这些游离氯仍会与水中有机物反应，生成卤代消毒副产物。

此法中二氧化氯的制取是在瓷环反应器内进行。从加氯机出来的氯溶液与用计量泵投加的亚氯酸盐稀溶液共同进入反应器中，经过约 1min 的反应，就得到二氧化氯水溶液，再把它加入到待消毒的水中。

（2）亚氯酸钠加酸制取法

利用亚氯酸钠在酸性条件下生成二氧化氯的特性，加入盐酸或硫酸来制备，其反应式为：

$$5NaClO_2 + 4HCl \longrightarrow 4ClO_2 + 5NaCl + 2H_2O \qquad (4-25)$$

$$10NaClO_2 + 4H_2SO_4 \longrightarrow 8ClO_2 + 4Na_2SO_4 + 2NaCl + 4H_2O$$
$$(4-26)$$

根据上式，此方法中亚氯酸盐转化为二氧化氯的转化率只有 80%。

此法二氧化氯的制取是在反应器内进行。分别用泵把亚氯酸盐稀溶液（约 7%）和酸的稀溶液（HCl 约 8.5%）打入反应器中，经过约 20min 的反应，就得到二氧化氯水溶液。酸用量一般超过化学计量关系的 3～4 倍。

此法的优点是所生成的二氧化氯不含游离性氯，但是，因转化率只有 80%，费用高于亚氯酸盐加氯的制取法。

（3）氯酸钠盐酸复合式二氧化氯制取法

该法以氯酸钠和盐酸为原料，反应生成二氧化氯和氯气的混合气体，二氧化氯与氯气的比为 2∶1，其反应式为：

$$NaClO_3 + 2HCl \longrightarrow ClO_2 + 0.5Cl_2 + NaCl + H_2O \qquad (4\text{-}27)$$

反应的最佳温度在 70℃左右，产生的混合气体通过水射器投加到被处理的水中。复合式二氧化氯制备设备由以下几部分组成：供料系统、反应系统、温控系统、吸收系统、安全系统等。

与以亚氯酸钠为原料生产纯二氧化氯相比，以氯酸钠为原料生产复合式二氧化氯的优点是：生产成本低（约为 1/4～1/3），安全性好（氯酸钠比亚氯酸钠性能稳定）、消毒效果好（二氧化氯与氯的协同消毒）、残留亚氯酸根浓度低等。

（4）电解法二氧化氯发生器

电解法二氧化氯发生器适用于小型消毒场所，如游泳池消毒、二次供水的补充消毒等。

电解法二氧化氯发生器由次氯酸钠发生器改进发展而成，该设备以钛板为电极板，表面覆有氧化涂层，部分新产品还加有氧化铱，通过电解食盐水的方法，现场制取含有二氧化氯和次氯酸钠氯的水溶液，在总有效氯（具有氧化能力的氯）中，二氧化氯的含量一般在 10%～20%，其余为次氯酸钠（根据二氧化氯发生器的行业标准，在所生成的二氧化氯水溶液的总有效氯中，二氧化氯的含量大于 10% 为合格产品）。因此，该种发生器实际上是二氧化氯和次氯酸钠的混合发生器，产物中二氧化氯占小部分，次氯酸钠占大部分。二氧化氯发生器的氧化与消毒能力优于次氯酸钠发生器，但仍存在生成氯代有机物的问题。

（5）稳定型二氧化氯溶液

稳定型二氧化氯是一种可以保存的化工产品。其生产方法是将生成的二氧化氯气体通入含有稳定剂的液体（如碳酸钠、硼酸钠及过氯化物的水溶液）中而制成的二氧化氯溶液。产品中二氧化氯的含量约为2％。20kg深色塑料桶装，储存期2年。使用前需再加活化剂，如檬酸，活化后的药剂应当天用完。因稳定型二氧化氯价格较贵，只用于个别小型消毒场所。

3. 二氧化氯消毒的优缺点

二氧化氯消毒的优点是：对细菌和病毒的消毒效果好；在水的pH值为6～9的范围内消毒效果不受pH值的影响；不与氨反应，当水中存在氨时不影响消毒效果；二氧化氯在水中的稳定性决于氯胺，但高于游离氯，能在管网中保存较长时间，起剩余保护作用；二氧化氯即是消毒剂，又是强氧化剂，对水中多种有机物都有氧化分解作用，并且不生成三卤甲烷等卤代消毒副产物（此点只适用于亚氯酸钠加酸制取法，对其他二氧化氯制取法，因所生成的二氧化氯溶液中仍含有氯，仍会生成三卤甲烷等卤代消毒副产物，只是生成量较低）。

但是，二氧化氯消毒的费用很高，这在很大程度上限制了该法的使用。此外，二氧化氯分解的中间产物亚氯酸盐及原料的纯度不够带入水中的杂质均对人体健康有一定危害。二氧化氯消毒的危害，包括消毒剂本身和消毒副产物，还在深入研究中。

目前，欧洲一些国家的部分水厂已经使用二氧化氯进行消毒，在我国，给水厂的二氧化氯消毒尚处在研究和小规模试用阶段。

4.6.4　小结

为防止通过饮用水传播疾病，在生活饮用水处理中，消毒是必不可少的。消毒并非要把水中微生物全部消灭，而只是要消灭水中包括病菌、病毒及原生动物胞囊等在内的致病微生物的致病作用。

在包括上文所述的氯消毒、二氧化氯消毒，以及臭氧消毒、紫外线消毒等众多消毒方法当中，氯消毒经济有效，使用方便，应用历时最久也最为广泛。自 20 世纪 70 年代发现受污染源水经氯消毒后往往会产生一些有害健康的副产物，例如三卤甲烷等后，人们便重视了其他消毒剂或消毒方法的研究。例如，近年来人们对二氧化氯消毒日益重视。但不能就此认为氯消毒会被淘汰。一方面，对于不受有机物污染的水源或在消毒前通过前处理把形成氯消毒副产物的前驱物（如腐殖酸和富里酸等）预先去除，氯消毒仍是安全、经济、有效的消毒方法；另一方面，除氯以外其他各种消毒剂的副产物以及残留于水中的消毒剂本身对人体健康的影响，仍需进行全面、深入的研究。因此，就目前情况而言，氯消毒仍是小城镇中应用最广泛的一种消毒方法。

4.7　深度处理及预处理

水质问题近年来成为国内外给水研究中的热点。原水水质不断恶化与不断提高的生活饮用水水质之间的矛盾日益突出。针对微污染饮用水水源的水质特点，本文着重介绍国内外在生物预处理和臭氧-活性炭吸附深度处理技术方面的研究及应用，并结合工程实际浅述部分观点。

4.7.1　水源污染现状及微污染水源水质特征

1993 年对我国七大水系和内陆河流的 110 个重点河段的评价结果显示，符合国家《地面水环境质量标准》（GB 3838-88）Ⅰ、Ⅱ类水体的占 32%，Ⅲ类的 29%，Ⅳ、Ⅴ类的 39%。长江和珠江属Ⅳ、Ⅴ类水体的江段超过 20%，黄河、松花江、辽河属Ⅳ、Ⅴ类水体的江段超过 60%，淮河枯水期的水质低于Ⅲ类标准，其大部分支流水质常年在Ⅴ类标准以下。水质恶化日趋严重。

江河水体因污染物种类、污染源不同大体分为工业性有机污染、生活性有机污染和以富营养化为主要特征的污染等类型。

污染物的种类较多、性质较复杂但浓度较低微的水源，称为微污染水源。目前我国不少城市饮用水水源为微污染水源。以深圳特区和上海市为例。近期开展的深圳市笔架山水厂（20 万 m^3/d）扩改建工程方案设计，以东深引水为水源，原水受到生活性有机污染，水中总氮、总磷、氨氮、亚硝酸盐氮、生化需氧量、高锰酸钾指数等均有不同程度的超标，水库富营养发育，藻类高并导致色、嗅、味，Ames 试验呈阳性。正在设计的上海市陇西水厂（50 万 m^3/d）工程，以黄浦江上游引水为水源，原水氨氮、化学需氧量、锰和酚含量超标。其中化学需氧量（COD_{Cr}）年平均值 24mg/L，处于《地面水环境质量标准》规定的 V 类水体的水平。

微污染水的水质特征为：（1）原水氨氮、亚硝酸盐氮、生化需氧量（BOD_5）、耗氧量（$KMnO_4$）等项目超标；（2）藻类繁殖严重，水体富营养化；（3）水体中存在病原微生物包括细菌、病毒、原生动物和肠虫以及变异的微生物因子；（4）特定的源污染质引起的色、嗅、味；（5）溶解性有机污染物、有机卤化物等有害物质综合反映为 Ames 试验呈阳性；（6）属于生活性有机污染和富营养化污染类型。

4.7.2 出水水质标准不断提高

欧、美、日等发达国家和地区高度重视水质问题，随着检测手段的进步和水中有机物检出种类的增加，不断补充修订饮用水水质标准，并对有机物的种类和含量作了越来越严格的限制。美国 EPA 提出首要控制污染物为 119 种，114 种为有机物，并要求饮用水 Ames 试验为阴性。WHO 于 1992 年讨论修改了 1984年版《饮用水水质准则》，135 项指标中有机物 31 项，消毒剂及其副产物 28 项，由于感官可能引发消费者不满的指标 31 项。此次修订把控制有机物的污染、关注消毒副产物对健康的潜在危险、适于直接饮用等作为修订的主要指导思想。该准则于 1993 年颁布实施。欧共体 1995 年对原饮用水指令 80/778/EC 进行了修正，新增了部分消毒副产物如三卤甲烷、溴仿的指标值，同时提出应以用户水龙头处的水样满足水质标准为准。新标准于 1998 年 12 月 25 日实施，并要求欧共体成员国在 2000 年 12 月 25 日前将新指令纳入本国国家标准。我国 1993 年制订的《城市供水行业 2000 年技术进步发展规划》在现行《生活饮用水卫生标准》（GB 5749-85）的基础上，对一类水司的水质检验项目增至 88 项，合格率要求达到 80%，其中有机物指标 39 项，并要求每年进行 2 次 Ames 试验，与欧共体的水质标准大体相同。

关于加氯消毒或臭氧氧化副产物的代表物及其含量的限定，已经引起国外的高度重视。甲醛、溴酸根被 WHO 分别确定为臭氧副产物中有机副产物和无机副产物的代表物，并给出限值。法国《生活饮用水水质标准》提出微污染物/氧化副产物如总三卤甲烷、三氯乙烯、四氯化碳、四氯乙烯等控制项目及指导标准。卤乙酸作为氯化副产物，虽然在饮用水中的含量低于三卤甲烷，但某些种类的卤乙酸的致癌风险却高于三卤甲烷，1993 年 9 月美国国家环保局提出的《消毒剂与消毒副产物法》（Disinfectants and Disinfection By-product Rule）中对第一阶段（1996 年 12 月实施）和第二阶段（2000 年 6 月实施）卤乙酸在饮用水中的最大含量分别确定为 $60\mu g/L$ 和 $30\mu g/L$，并建议采用活性炭吸附控制卤乙酸。

日本《生活饮用水水质标准》（1992 年 12 月 21 日颁布，1993 年 12 月 1 日实施）对饮用水的感官性状指标如色、嗅、味，明确规定了检测项目及指标值，与其他国家或国际组织的水质标准相比，在检测手段与量化分析方面更为精确具体。其中，作为嗅指标值的余氯、2-甲基异冰片、土味素、嗅阈值等分别为

1mg/L、0.01～0.02μg/L、0.01～0.02μg/L 和 3。

与饮用水水质标准不断提高的同时，在经济高速发展的城市，新建或扩（改）建的水厂工程，除要求满足现行的国家或行业标准外，还对浊度、色度、嗅阈值、亚硝酸盐、耗氧量、三卤甲烷、总有机物、Ames 试验等指标提出了更高的要求。深圳市笔架山水厂出水水质要求浊度＜0.3NTU，色度＜5 度，嗅阈值＜4，COD_{Mn}＜2mg/L，THMs＜80μg/L，Ames 试验呈阴性。上海市陇西水厂出水水质要求浊度 0.5NTU，合格率 99％；色度 5，氨氮 0.5mg/L，锰 0.05mg/L，合格率 95％；COD_{Mn} 2mg/L，合格率 80％。这种趋势反映出随着社会经济的发展和人民生活水平的提高，人们对于优质饮用水的渴望与追求。提高水的感官指标，最大限度地降解水中溶解性有毒有害物质以保证其安全性，已经受到越来越多的人们的关注。

4.7.3 常规净化工艺难以达到高标准出水水质的要求

20 世纪 70 年代以来，随着气相色谱仪-质谱仪和电子计算机联合检测分析技术的应用与相关科学的进步，人类对水源及饮用水中有机物的分类检出与研究其对人体健康的影响成为可能。据 1981 年国外资料报道，在世界范围内水体中共检出 2221 种有机物，其中 765 种存在于饮用水中，这些有机物中 20 种被确认为致癌物、23 种为可疑致癌物、18 种为促癌物、56 种为致突变物，这无疑对人体健康构成极大的威胁。

饮用水中有机物对人体健康的危害除大量人工合成的化学物质本身具有毒性，部分具有三致（致癌、致畸、致突变）作用，不易在水体中降解和被常规净化工艺去除外，还由于：

（1）有机物是产生消毒副产物的前驱物。常规净化工艺的加氯消毒是饮用水中卤代有机物的主要生成原因。卤代有机物的主要代表是三卤甲烷（THMs）即氯仿、一溴二氯甲烷、二溴一氯甲烷及溴仿的总和。三卤甲烷的可能浓度与原水中的总有机物含量（TOC）有较好的线性相关性。因此，原水有机物含量将直接影响氯化消毒副产物的生成量。

（2）影响饮用水生物稳定性。尽管水厂出厂水都保持一定的有效余氯，对细菌总数也有严格的控制，但在配水管网中仍经常发现细菌的再次生长，这主要与出水中残留的异养菌的营养基质（有机物）和硝化细菌的营养基质（氨氮）有密切的关系。

（3）受到有机污染的饮用水水源直接影响现有常规净化工艺的水厂出水水质和正常运行。

连续几年，深圳市水厂运行中均出现季节性氯耗增高的情况。每年 3～6 月，由于原水 NH_3-N 较高，水温适宜，硝化细菌活动旺盛，滤池中发生硝化作用。又由于滤层中氧气不足硝化作用不彻底，NH_3-N 转化为 NO_2-N。NO_2-N 是最主要的耗氯物质，$1mgNO_2-N$ 约耗氯 $25mg$。加大投氯量虽然可以促使硝化反应彻底，但消毒副产品如卤代烃浓度也会随之增加。

此外，经常规处理后的出厂水虽化验合格，且保持一定的余氯量，但在管网内仍呈现生物不稳定性，细菌繁殖引起二次污染，"红虫"现象时有发生。

对此类型原水及"预氯化＋常规处理"后出水所作的色谱-质谱分析、毒理学综合评价、生物稳定性的测定、分子量分布规律等检测与试验表明：原水、滤后水、出厂水和管网水中都含有多种有机污染物；未经预氯化后的滤后水 Ames 试验结果与原水基本相同，即常规处理工艺基本不能去除原水中的致突变物质；不能有效降低水体的致突变活性，反而由于氯化消毒产生的消毒副产品使其致突变活性增强，并具有明显的生物不稳定性。

因此，传统的"预氯化＋常规处理"的工艺流程，不能满足微污染水源水质净化的要求，不能有效解决原水中持续出现的氨氮、亚硝酸盐氮超标和原水高含量藻类及藻类代谢物引起的色、嗅、味的问题，不能达到高标准出水水质的要求。因而，针对微污染水源的水质特征，研究选择可替代预氯化的预氧化技术和深度净化技术势在必行。

4.7.4 国内外对微污染水源净化工艺的研究与应用

1. 预处理

20 世纪 70 年代在美国新奥尔良市发现受污染的密西西比河水，经水厂氯化消毒形成三卤甲烷等致癌物后，与针对天然有机污染的深度净化工艺研究的同时，针对消毒后出现的有害副产物的研究日益受到重视。预处理工艺从去除大颗粒物质或悬浮物到改变原水中有机物的分子结构，使大分子有机物断链为小分子物质，去除部分溶解性有机物，并有效去除原水中的三氯甲烷前驱物，以减少再经氯化消毒时可能的三氯甲烷生成量的研究。

常用的预处理主要采用预氧化及高级氧化技术、吸附技术和生物预处理等。目前采用较多的水质预处理常是氯氧化，但当有机污染物尚未得到去除时，会产生氯的有机衍生物，如三卤化物、卤乙酸等，这些物质是已被确认的"三致物"。臭氧预氧化可以提高有机物的可生物降解性，还可除臭、脱色，去除铁、锰，但是这种氧化技术需要现场制备 O_3，设备复杂，管理水平要求较高。与臭氧氧化相比，高锰酸钾氧化不需要增添设备，管理也相对简单，对于小城镇水厂，是一种切实可行的替代臭氧氧化方法。

粉末活性炭吸附，可对水中色、嗅味、农药、有机氯化物等有良好的去除率，但其回收困难，投加量较高（10～20mg/L），耗费较高（约 0.05 元/m^3），所以一般只在消除冲击性负荷时采用。

生物预处理可借助于微生物群体的新陈代谢活动，对水中的有机污染物以及氨氮、硝酸盐、亚硝酸盐或铁、锰等无机物有效去除。生物预处理对消毒副产物的前驱物有较好的去除能力，可以替代预氯化工艺，常见工艺包括生物接触氧化、生物陶粒滤池、卵石填料滤池等。生物预处理一般适用于受到较严重污染的饮用水源的水处理，如我国的江浙水网地区。

20 世纪 80 年代以来，生物预处理工艺因其在处理有机污染物、氨氮、色、嗅、味等方面的特点及其经济上的优势，越来越受到重视并得到较快的发展。这一领域的研究和应用，总体上都处于以去除氨氮、BOD_5、COD_{Mn} 等有机物综合指标为代表的污染物质的阶段。

在"八五"、"九五"国家科技攻关计划中，"饮用水微污染净化技术"作为专题研究，取得重要成果，其中生物预处理技术成果已经开始用于工程实践。广东省东深原水生物硝化工程是目前国内规模最大的采用生物接触氧化法的预处理工程。一年多的试运行得出的初步结论是：生物接触氧化工艺适合于处理东深微污染水源水，对氨氮的处理效果显著。稳定运行的情况下，氨氮去除率在 75％以上。同时，增加了深圳水库水体的溶解氧，提高了水库的自净能力，改善了东深原水水质。

2. 臭氧-生物活性炭吸附深度净化工艺

深度处理技术常用的是臭氧-生物活性炭（O_3-BAC）。目前在深圳、广州、上海等经济相对发达地区已有采用，从其发展趋势看，今后当水源水质超过 GB 3838—2002 标准 Ⅱ 类水体时，深度处理技术将会广泛应用。

同时，膜处理技术的出现将传统的化学处理转入到物理固液分离的领域。与常规饮用水处理工艺相比，膜技术具有少投入甚至不投入化学药剂、占地面积小、便于实现自动化等优点，在国外已应用到城镇自来水的深度处理上。正是由于膜技术的这些优点，使得该技术被称为"21 世纪的水处理技术"，在水处理中具有广阔的应用前景。

此外，还有光催化氧化、吹脱、超声空化等深度处理技术等。

臭氧作为强氧化剂，从 1906 年法国尼斯 Veyage 水厂用于消毒以来至今已在欧洲普遍使用。进一步的研究显示，在有效去除水中溶解性有机物、去除三氯甲烷前驱物、改善水体的致突变活性、去除色、嗅、味、消毒、杀藻等方面，臭氧具有明显的优势，因而不仅可用于预氧化和消毒，而且可广泛用于深度处理。当臭氧加注量充分时，氧化能够进行得较为彻底，生成 CO_2 和 H_2O，但当臭氧量不足时，会出现副产物如过氧化物、环氧衍生物、甲醛、丙酮酸、丙酮醛和乙酸等，这些副产物多为亲水性物质，浓度约在亿万分之一级，检测分析有一定难度。其中有些则是对人体有害的诱变剂和致癌物质。副产物产生量一般与原水有机物浓度成正比，国外有试验表明：臭氧投加量为 2.6mg/L 时，一般水厂条件生成的酸总量为 $62\mu g/mgTOC$，生成醛类 $10\sim40\mu g/L$。有机副产物易被生物分解，其中酸类对人体无大的危害。甲醛则因在试管试验中，被证明是致癌和遗传毒性、变异原性物质而被 WHO 列为臭氧副产物中有机副产物的代表产物，指标规定为 $900\mu g/L$。臭氧氧化生成的无机物中，溴酸根被国际癌症研究会（International Agency for Research on Cancer）列入可能致癌物名单，并被 WHO 规定为无机副产物的代表，指标为 $10\mu g/L$。

由于上述臭氧氧化中副产物的影响，对有机微污染水源不宜单纯采用臭氧作为深度净化手段。活性炭吸附作为饮用水深度处理的重要手段广泛用于城市供水工程。由于颗粒活性炭极其丰富的微孔体积和巨大的比表面积，使其具有良好的吸附性能。而水中溶解杂质溶质分子的憎水性和活性炭对溶质分子的静电吸附、物理化学吸附以及生物吸附的联合作用，使活性炭对多种分子量较大而极性小的有机有害物质、金属、非金属、色、嗅、味、酚类、表面活性剂、不易溶解的碳氢化合物以及各种农药去除效果明显。但对极性溶剂和分子量小的有机氯化物吸附较差，而且需要频繁再生、费用较高。颗粒活性炭又是微生物生长的载体，但必须以水中充足的溶解氧作为好氧微生物着床、生长、繁殖的必要条件。活性炭表面及微孔形成的微生物膜通过生物降解作用，可进一步降解在活性炭表面的有机物及微孔吸附后脱附的有机物，从而降低了活性炭的吸附饱和度，延长了其使用寿命。因其通过界面吸附作用实现水质净化的目的，虽有竞争吸附即更换替代吸附过程发生，但不产生新的有毒有害物质，因而被认为是相对安全的深度处理手段。

臭氧和活性炭吸附联合使用，除可保持各自的优势外，臭氧对大分子的开环、断链作用与充氧作用，为活性炭提供了更易吸附的小分子物质和产生生物活性炭作用的溶解氧，而臭氧化可能产生的有害物质，则可被活性炭吸附并降解，这使臭氧-生物活性炭吸附工艺相得益彰。20 世纪 70 年代中期，德国对臭氧-生物活性炭吸附工艺的研究发现，与单纯的活性炭吸附比较，活性炭的再生周期延长 4～6 倍。其后，欧洲的许多现代化水厂逐步推广使用了臭氧-生物活性炭吸附对微污染水源的深度净化工艺。

深度净化工艺在北京市的应用始于 1985 年，已建成的田村山水厂、长辛店水厂采用了常规处理＋臭氧活性炭吸附工艺，第九水厂一期、二期、三期及其子水厂采用常规处理＋活性炭吸附工艺。运行和进一步的生产性测定以及国内同行有关的研究试验表明：活性炭吸附工艺对于去除水中的色、嗅、味效果显著。经常规处理后的水再经臭氧-活性炭吸附工艺深度处理，可继续去除水中有机物，以有机物的综合指标 COD_{Mn} 表示，整个工艺初期去除率在 70％以上，持久期约在 50％以上。色质联机的定性及半定量分析结果进一步证实：经臭氧-活性炭吸附工艺处理后的出水中有机组分很少，且含量甚微，在加氯消毒过程中，有机组分的含量处在卤代物生成的下限之下，一般情况下，出厂水 Ames 致突活性为阴性。可见臭氧-生物活性炭吸附工艺消除了可能生成卤代物的前驱有机物，可以全面改善饮用水水质。

3. 饮用水的生物稳定性

研究表明：饮用水的生物稳定性即微生物在管网中重新生长的能力与水中可同化有机碳 AOC（Assimilable Organic Carbon）

密切相关，即与水中可被微生物利用的有机物含量有直接的关系。AOC 是指可生物降解有机碳中被转化为细胞质的部分，是细菌可直接用以新陈代谢的物质和能量来源，AOC 可反映水中细菌生长的限制性营养水平，并作为衡量饮用水生物稳定性即细菌在饮用水中生长潜力的水质参数。据国外文献报道，一般 AOC 小于 $100\mu g$ 有机碳/L 的水具有生物稳定性。我国饮用水中 AOC 的控制指标暂定为 $200\mu g$ 有机碳/L。

4.7.5 建议

1. 修订饮用水水质标准并与国际接轨

我国现行的《生活饮用水卫生标准》（GB 5749—85）中正式限量参数 35 项，有机物指标仅 6 项。与先进国家相比，主要差别在于微生物学指标项目少，指标低，缺少有机物和消毒副产物指标，感官性状指标缺少严格的量化值等。《城市供水行业 2000 年技术进步发展规划》对一类水司提出的 88 项指标以及每年 2 次毒理学 Ames 试验的要求，在广度和深度上代表了 20 世纪 80 年代国际先进水平，符合社会经济发展和人民生活水平的客观需要。但目前仅作为行业目标而非强制性的国家标准，且在一定级别的水司执行并受到检测手段的限制，因而在水质保证尤其是对溶解性有机物、致突变物的控制方面仍与国际先进水平存在较大差距。

建议参照先进国家的水质标准，尽快补充、完善我国饮用水卫生标准中感官性状指标、有机物、氧化副产物等项目，并将修订后的饮用水水质指标作为国家标准正式颁布实施，同时提出分期实施的阶段目标值，以此推进现有水厂逐步改进工艺，完善检测手段，提供优质安全饮用水，与国际先进水平接轨。

2. 研究方向

提高水的感官指标如色、嗅、味、浊度等是提高饮用水水质的重要方面，其中无嗅、无味是人们追求的目标。但对于引起色、嗅、味的源污染质种类及相关关系的确定、由此产生的评价方法与综合性水质指标、以及有效的预处理和深度处理的技术参数等方面的研究还很少。在资金允许的条件下，选择新建居住区作为直饮水工程试点，探讨小区深度处理、提供优质水的可能性以及供水规模与投资的相关性。

第5章 水厂的建设

5.1 厂址选择

5.1.1 水厂位置选择

给水厂的设计选址应在整个给水系统中全面规划，综合考虑。以地表水为水源的给水厂，在整个供水系统中的位置有下述设置方式：

1. 对于取水地点与用水区较近的情况，净水设施一般与取水构筑物（一泵房）建在一起，原水经净化后，再通过配水泵房（二泵房）把自来水泵入自来水输配水管网送至用户。此法的优点是：水厂与取水构筑物可以集中管理，节省水厂自用水（如滤池冲洗水和沉淀排泥水）的输送费用。但对于水厂与用水区较远的情况，因自来水的压力较高和必须满足不同时间自来水的用水量，对输水管道的要求高，增加了自来水输水干管的成本。

2. 对于取水点与用水区较远的情况，此时一般将净水厂建在靠近用水区的地方，原水用取水泵房抽取后，先用输水管把原水送至净水厂，处理后再用配水泵房（二泵房）把自来水泵入配水管网。此方案的优缺点与前一个方案正好相反。

3. 第2方案的另一种形式是在用水区附近再建一个配水厂（设清水池、消毒和配水泵房），净水厂出水先用输水干管送至配水厂，再经配水泵进入管网。

4. 对于高浊度原水，可将预沉淀部分建在取水构筑物处，主体净水处理构筑物部分设在靠近用水区的地方。

对于以地下水为水源的给水厂，因不需设置净水构筑物，水厂（清水池，加氯间、配水泵房）一般设在用水区附近。

5.1.2　厂址选择的原则

根据《室外给水设计规范》，对于具体的水厂厂址选择，应根据下列要求，通过技术经济比较确定：

（1）给水系统布局合理；

（2）不受洪水威胁；

（3）有较好的废水排除条件；

（4）有良好的工程地质条件；

（5）有良好的卫生环境，便于设立防护地带；

（6）少拆迁，不占或少占良田；

（7）施工、运行和维护方便。

对于上述规定，在执行中需要说明的还有：

（1）对于可能受到洪水威胁的水厂选址，必须考虑防洪措施；

（2）目前许多地方已经禁止把给水厂的废水与污泥再排入天然水体，因此水厂的设计必须考虑污泥的处理与处置问题。

5.2　水厂工艺流程的选择与布置

5.2.1　工艺流程选择

水厂处理工艺流程的选择，应根据原水水质的特点，水厂规模、出水水质要求、技术经济能力、当地气候条件等多因素，并结合已有或相关的经验，经技术经济比较后确定。在这些因素中，水源水的特性是确定净水工艺的首要因素。

1. 地下水水源的净水工艺

以采用水质良好的地下水，如深层地下水、河床渗透水等，除了细菌学指标外，地下水的水质均能直接达到生活饮用水的水质要求。对此种地下水，只需向水中投加一定量的氯，进行安全消毒，并保持配水管网中的余氯要求。

对于含有过量铁、锰的地下水，需要进行除铁除锰处理。

2. 一般地表水水源的净水工艺

以水质良好的江河湖库等地表水为水源时，所要去除的主要对象是水中的泥沙悬浮物与胶体物、病原微生物等。

地表水水源的净水工艺基本相似，通常采用混凝、沉淀、过滤、消毒的常规净水工艺，只是针对原水浊度（悬浮物）含量的特点，沉淀或澄清构筑物的形式可能有所不同。对于原水中浊度较低、含量稳定的湖库原水，也可以省去沉淀，而采用微絮凝直接过滤的工艺，但对采用此工艺应慎重。一般地表水水源的各种净水工艺见表 5-1。

一般地表水水源的各种净水工艺   表 5-1

序号	工 艺 流 程	适 用 条 件
1	原水→简单处理（如用筛网过滤）	水质要求不高的工业用水,如工业直流冷却用水等
2	原水→混凝沉淀或澄清	水质要求不高的工业用水,处理后出水浊度可在 10NTU 以下
3	原水→混凝沉淀或澄清→过滤→消毒	一般地表水厂广泛使用的流程,进水悬浮物＜2000mg/L,短时间内允许到 5000mg/L; 对于原水浊度较低的时段,运行时也可以跨越沉淀,但需慎重对于低温、低浊度或高藻的原水,沉淀工艺可采用气浮池或浮沉池
4	原水→微絮凝过滤→消毒	可用于浊度和色度较低的湖库水源水,进水浊度应稳定在 50NTU 以下,且无藻类繁殖

3. 低温、低浊、高藻水源水的净水工艺

对于低温、低浊、高藻水源水，混凝沉淀在运行中常常需要采用较大的混凝剂用量，并仍然较难取得良好的去除效果。对于此类水源水，除了研发和使用更为高效的混凝剂外，近年来的一个发展趋势是采用混凝气浮过滤工艺替代原有的混凝沉淀过滤工艺。在该工艺的采用中，需要处理好应对原水雨季短时高浊问题和妥善处置藻渣的问题。

4. 微污染水源水的净水工艺

我国许多地方的水源水已经受到不同程度的污染，原水有机物和（或）氨氮含量较高，特别是北方一些污径比（污水量与河流径流量之比）较大的河流和南方一些经济较为发达的河网地区，大量污水和农村面源污染物进入水体，造成水源水质的恶化。对于此类原水，仅采用常规净水工艺，自来水的耗氧量可能超标（《生活饮用水水质卫生规范》（卫生部，2001：耗氧量的限值为 3mg/L），并有较大的嗅、味等。

在大力加强污染控制和开展水体保护与恢复工作的同时，对于现有水源已经受到一定污染，又无替代水源的现有和新建自来水厂，必须采取必要的应对措施，使处理后的出厂水全面达到《生活饮用水水质卫生规范》的标准。

微污染水源水的饮用水净化处理工艺有：

（1）在常规处理的基础上，增加生物预处理，加强预氧化（高锰酸钾、臭氧等）、在混凝中投加粉状活性炭等预处理措施；

（2）对常规处理进行强化，如采用高效混凝剂、改用气浮、强化过滤等；

（3）在常规处理的基础上，增加臭氧氧化、活性炭吸附或生物活性炭等深度处理措施；

（4）综合采用上述加强预处理、强化常规处理和增加深度处理的措施等。

（5）在以上诸工艺尚达不到要求时，可采用膜技术（微滤、纳滤、超滤、反渗透）。

具体净水工艺流程应根据水质情况和经济承受能力，研究确定。

5. 高浊度水源水的净水工艺

⊙供水技术

高浊度水源水是指原水中泥砂的含量很高的水，实际上是指高泥砂含量的水。我国黄土高原流域的河水泥砂含量极高，并且泥砂的颗粒很细。如黄河水，泥砂含量在每立方米几十至上百千克。例如黄河下游常见泥砂含量在 $30kg/m^3$ 以上。我国西南地区部分河水在雨季短期内也会出现高含砂量的水，但砂粒的颗粒相对较大，易于沉淀。

对于长期高泥砂含量的原水，必须设置泥砂预沉设施，把水中大部分泥砂预沉后，再进入常规净水处理构筑物。所采用常用净水工艺流程如表 5-2 所示。

高浊度水源的各种净水工艺　　　　　　　　表 5-2

序号	工艺流程	适　用　条　件
1	原水→调蓄预沉或自然沉淀→混凝沉淀或澄清→过滤→消毒	利用岸边天然洼地、湖泊、荒滩地等修建调蓄兼预沉水库进行自然沉淀，可采用挖泥船排泥，预沉后浊度可降至 20～100NTU
2	原水→絮凝预沉池→混凝沉淀或澄清→过滤→消毒	为一级混凝沉淀工艺，其中一级为絮凝预沉，以聚丙烯酰胺为絮凝剂。预沉后浊度可降至 100NTU 以下。此流程不带调蓄水池。可以直接处理的黄河水的最大含砂量应小于 $1100kg/m^3$
3	原水→沉砂→混凝沉淀或澄清→过滤→消毒	适用于原水中砂颗粒较大的西南地区

5.2.2　水厂工艺流程的布置

水厂的流程布置是水厂设计的基本内容，由于厂址和进、出水管方向的不同，流程布置可以有多种形式，设计时必须考虑下列布置原则：

1. 流程力求简短，各主要处理构筑物应尽量靠近，避免迂回交叉，使流程的水头损失最小。

2. 尽量利用现有地形。当厂址位于丘陵地带，地形起伏较大时，应考虑流程的走向与各构筑物的埋设深度。为减少土石方量，可利用低洼地埋设较深的构筑物（如清水池等）。如地形自然坡度较大时，应顺等高线布置，在不得已情况下，才作台阶式布置。

3. 在地质条件变化较大的地区，必须摸清地质概况，避免地基不均，造成沉陷和增加地基处理工程量。

4. 注意构（建）筑物的朝向，如滤池的操作廊、二级泵房、加氯间、化验室、检修间、办公楼等有朝向要求，尤其是二级泵房，电机散热量较大，布置时应考虑最佳方位和符合夏季主导风向的要求。

5. 考虑近期和远期的结合。当水厂明确分期建设时，既要有近期的完整性，又要有分明的协调性。一般有两种处理方式：一种是独立分组的方式，即同样规模的两组净化构筑物平行布置；另一种是在原有的基础上作纵横扩建。

5.3　水厂建设应注意的问题

5.3.1　处理构筑物的选择

处理构筑物的类型选择需考虑水质特点、水厂规模和高程匹配，合理选择适宜的处理构筑物。例如对于不同处理规模，无阀滤池一般只适合小型水厂，虹吸滤池只能用于大中型水厂等。

总之，处理构筑物应选择技术先进、产水能力高、处理效果好、能耗低、管理方便的处理构筑物形式。各类处理构筑物的适用条件详见各有关章节。

5.3.2　自控建设应注意的问题

现代化水厂的自控要求很高，引进设备较多，选择余地较大，但控制不好容易造成"开始自动，不久手动"，因此要特别引起注意。一是定位要正确。对哪些要求自动，自动到什么水平，要根据需要并量力而行，不能盲目地追求"全自动"。二对设备的选择要"以我为主"，首先要求高可靠性、高质量；既引进国外先进设备也不排斥国内先进设备。引进国外设备要尽可能采用在中国已经被实践证明性能良好，并且能在国内买到备件的名牌产品。三对一次仪表要特别关切。对水厂自控来说，PLC和计算机的可靠度已经相当高，因此一次仪表选择是自控系统能否正常运转的关键所在，对一次仪表特别是在线仪表一定要少而精，不要盲目配置。对参与控制选用的仪表一定要将可靠性作为首选指标，不宜盲目地选择价格低的产品。

5.3.3　加强安装工程的施工质量管理

工程质量是百年大计，在设备安装工程之前，一定要细心研究图纸以及相关的技术文件，对于进口设备，更要做好消化吸收的工作，还要注意加强同外方技术人员的现场交流。积极主动与监理和业主方做好沟通，定期召开工程质量例会，来解决安装中碰到困难或问题。严格按照质量控制的技术要求，遵循国家现行的各种施工规范及验收标准，采取严密的质量检验程序来组织施工，从而保证安装工程的施工质量。

5.3.4　调试、验收及人员培训

调试要分阶段进行，一般顺序是单机空转、带负荷运转、联动试车。先手动、后自动。竣工验收要按国家有关规定进行。目前对水厂自控系统的考核一般采用模糊处理方法，没有统一的标准。人员培训是建设和管理好现代工厂的基础。此外，对国外先进设备和技术的消化、吸收、创新、提高不是一朝一夕之功，必须注意人员培训。要安排水厂管理技术人员从项目引进谈判、水厂设计设备安装调试一以贯之，没有合格熟练的管理人员就没有水厂的自动化。

5.3.5　滤池冲洗废水回用与水厂污泥外排问题

在水厂设计中，除了水处理工工艺外，还需考虑滤池冲洗废

水的回用和水厂污泥的外排问题。

1. 滤池冲洗废水回用问题

滤池冲洗用水约占水厂供水能力的 $5\%\sim8\%$，许多水厂对滤池冲洗废水进行回收利用，以节省水资源费。具体做法是滤池冲洗废水先经过回收水池沉淀，上清液再回流至水厂入口处。

但是对于此种做法近年来产生了争议，国际水处理界对此很重视，认为此方式使水中已被过滤分离的污染物再次进入水处理系统，逐渐富集，增加了污染物穿透水处理屏障的风险。特别是对于隐孢子虫的控制。滤池是水厂截留隐孢子虫的主要屏障，滤池冲洗废水中会含有已被截留的隐孢子虫，这些隐孢子虫通过简单沉淀不能有效去除，会再次进入到水厂的进水中。对于采用直接过滤工艺的水厂，由此产生的富集问题就更为严重，因此，从避免水中污染物质富集的角度，滤池冲洗废水的回用应慎重，并需采取有效控制措施，例如对滤池冲洗废水进行处理（混凝沉淀）后再回用。

2. 水厂污泥外排问题

随着给水厂的数量不断增加，供水能力与日俱增，给水厂排出的污泥数量越来越多。由于原水水质日益下降，原水中有机物和各种毒物的含量剧增，给水厂排出污水和污泥的质量也越来越差。人口的高度集中，城市的不断膨胀，单个给水厂的规模日趋增大也使污水和污泥的集中排放量越来越大，城市给水厂排出的污水和污泥在数量和质量方面对水体的威胁也越来越严重，因此，像以往那样任意地将水厂的污水和污泥排入水体，已成了目前的公害之一。如何对给水厂的污水和污泥进行最终处理，成为当前给水事业亟需解决的重要课题。

给水厂污泥处理的实施，虽然增加了自来水的生产成本，但有利于水资源的综合利用，有利于可持续发展，有利于水环境质量的提高。从长远观点来看，有利于供水水质进一步提高，并能给环境和社会带来潜在的社会效益和环境效益。

第6章　输配水工程

在整个的给水工程设计中，给水管道系统是保证输水到小区并且配水到所有用户的保障设施，且在整个给水工程造价中占有近一半的比例，因而，合理经济的设计和布置给水管道系统显得尤为重要。

6.1　原则和方法

6.1.1　规划和布置的原则

1. 输配水管渠的线路应尽量做到线路短、起伏小、土石方工程量少，造价经济、少占农田和不占良田。

2. 配水管渠走向和位置应符合城市和工业企业的规划要求，并尽可能沿现有道路或规划道路敷设，以利施工和维护。

3. 输配水管渠应尽量避免穿越河谷、山脊、沼泽、重要铁路和泄洪地区，并注意避开易发生滑坡、塌方以及泥石流和高浸性土壤地区。

4. 输水管线应充分利用水位高差，当条件许可时，优先考虑重力输水。如为地形所限必须加压输水时，应根据设备和管材选用情况，通过技术经济比较确定加压级数和增压站址。

5. 输配水管线的选择应考虑近远期结合和分期实施的可能。

6.1.2　布置要求

按照城市规划布置，考虑分期建设的可能性。

1. 管线遍布于给水区内。管网中的干管应以最近距离输水到用户和调节构筑物，并保证供水系统直接接通。

2. 配水管网宜布置成环状，供水要求不高时，可为树枝状，等到水量发展时，再连接成环状。

3. 城镇生活饮用水管网严禁和非生活饮用水管网连接，严禁和各单位自备生活饮用水系统直接接通。

4. 当输水管和管网延伸长时，可考虑在管网中间适当位置设加压泵房，直接从管网抽水进行中途加压。加压泵可设置一处甚至几处，在用水量少时加压泵房可停用，由跨越管供水。

5. 给水管网按最高日最高时流量设计。如昼夜用水量相差很大，高峰时用水时间较短，可考虑在适当位置设置调节水池和泵房，利用夜间减少供水时进行蓄水，日间供水，增加高峰用水时的供水量。

6. 城市地形高差较大时，可考虑分压供水与局部加压，可以避免地形较低处的管网承受较高压力。

6.2 管 网 定 线

管网定线分城镇管网和工业企业管网定线，城镇输配水管网定线一般只限于干管和干管之间的连络管，具体应满足以下要求：

1. 干管的延伸应当和二级泵站输水到水池、水塔，大用户的水流方向一致。

2. 以水流的方向为基准，以最短的距离布置一条或数条干管，干管应从水量的较大街区通过，但避免穿越高级路面和重要街道。

3. 干管区的干管间距在 500～800m 之间，干管连络管的间距考虑为 800～1000m 左右。管网一般布置为环状，在允许间断供水时可布置成枝状，但应为以后发展为环状网考虑。

4. 城镇生活饮用水管网，严禁与各单位自备的生活饮用水供水系统直接连接，必须连接时，采取有效的安全隔断措施。

5. 对于供水空间范围大的配水管网或水厂与主供水区距离较远的管网，应考虑是否增设水量调节措施。

6.3 水力平差计算

6.3.1 单水源环状管网计算

环状管网水力计算是联立求解连续性方程、能量方程和压降方程，见表6-1。具体解法有管段方程法、节点方程法或环方程法等。

连续性方程、能量方程和压降方程　　　　表 6-1

名称	计 算 公 式	说　　明
连续性方程	任一节点，流向该节点的流量等于从该节点流出的流量，假定从节点流出的流量为正，流向节点的流量为负，得：$Q_1 + \sum q_{ij} = 0$ 环状管网有 J 个节点就有 $J-1$ 个连续性方程	Q_1——节点流量（L/s） q_{ij}——该节点上的各管段流量（L/s）
能量方程	管网任一环节，各管段的水头损失之和等于零，也就是在任两节点之间各管段的水头损失相等。一般假定，水流顺时针方向管段的水头损失为正，逆时针方向为负，得：$\sum h_{ij} = 0$，L 个环的管网有 L 个能量方程	h_{ij}——管段水头损失，（m）
压降方程	表示各管段的流量和水头损失关系，即 $q_{ij} = \left(\dfrac{H_i - H_j}{S_{ij}} \right)^{1/n}$ 管段为 P 的环状管网有 P 个压降方程	H_i——管段起端节点的水压（m） H_j——管段终端节点的水压（m） S_{ij}——管段摩阻系数

环状管网计算（平差）步骤如下：

1. 在管网计算图上，注明节点流量后，根据城镇供水的情况，用箭头表示各管段的水流方向，然后进行流量分配，必须使进、出任一节点的流量保持平衡；

2. 根据管段流量选择管径；

3. 计算各管段的摩阻系数 s 和水头损失 h；

4. 假定顺时针方向管段中的水头损失为正，相反为负，计算环内各管段水损失代数和 $\sum h$，其差值即为闭合差 $\pm \Delta h$，如 Δh 为正，说明顺时针方向管段中，分配的流量多了些，反之，如 Δh 为负，则流量分配少了些；

5. 计算每环内各管段的 $|sq|$ 和 $\sum |sq|$，按下式求校正流量：

$$\Delta q = -\frac{\Delta h}{\sum |sq|}$$

6. 管段流向和校正流量的正负符号相同时，加以校正流量，否则相减，得出管段的新流量：

$$q_1 = q + \Delta q$$

如流量校正后，仍未达到闭合差要求，可再从第 3 步起反复计算，直到闭合差消除为止。手工计算时，每环闭合差要求小于 0.5m，大环小于 1.0m，电算时闭合可考虑为 $0.01 \sim 0.05$m。

解 管 网 方 程　　　　　　　　　　　　表 6-2

所解方程	求　　解　　方　　程
管段方程	联立求解 J-1 个节点的连续性方程和 L 个环的能量方程，以得到所有管段的流量： $$\begin{cases} Q_i + \sum q_{ij} = 0 \\ \sum h_{ij} = 0 \end{cases}$$ 大中型城市的给水管网，管段数很多，需用计算机求解管段方程
节点方程	联立求解 J-1 个节点的连续性方程和 P 个管段的压降方程，以得各节点的水压，再据以求出管段的水头损失和流量： $$\begin{cases} Q_i + \sum q_{ij} = 0 \\ q_{ij} = \left(\dfrac{H_i - H_j}{S_{ij}} \right)^{1/n} \end{cases}$$ 这是应用计算机时常用的计算方法
环方程	1. 管网的节点数比管段数少，环数则更少。因此，解每一个环校正流量 Δq 的方程数较少。流量分配后，J 个节点已满足连导性方程，但管段水头方程损失不满足 L 个环的能量方程。用校正流量 Δq 调整管段流量，使其满足能量方程。一般假定校正流量 Δq 以顺时针方向为正，逆时针方向为负； 　2. L 个环有 L 个环方程：$\sum S_{ij}(q_{ij} + \Delta q_i)^n = 0$，每一方程表示经调整流量后，该环各管段的水头推算损失总和。Δq 表示该环各管段的校正流量，两环之间的公共管段，应考虑两环的校正流量影响。校正流量和管段流量方向相同时则相加，反之则管段流量应减去校正流量。得出新的管段流量后，根据新流量计算出水头损失。同样步骤，经过多次校正，直到满足能量方程为止。在调整流量过程中，各节点仍满足连续性方程的条件； 　3. 手工计算管网时，常采用解环方程的方法，例如哈代-克罗斯法

6.3.2 多水源管网计算

许多大、中型城市随着用水量的增长，逐步发展成为多水源（包括泵站、水塔、高地水池等）给水系统。多水源管网的节点流量计算、平差等和单水源时相同，但有其特点，如表 6-3。

多水源管网计算特点 表 6-3

流量分配	各水源有供水范围，分配流量时应按每一水源的供水量和用水情况确定大致供水范围，经过管网平差再得出供水分界的确切位置；
	从各水源节点开始，按经济和供水可靠性考虑分配流量，每一节点符合 $Q_1 + \sum q_{ij} = 0$，即连续性方程的条件；
	位于分界线上各节点的流量，由几个水源供给，也就是说，各水源供水范围内的节点流量总和加上分界线上由该水源供给的节点流量之和，等于该水源供水量
管网计算	应用虚环的概念可将多水源管网转化成单水源管网，方法是任意拟定一个虚节点，用虚管段将各水源和虚节点连起来，构成一个虚环，三水源时有两个虚环，两水源有一个虚环。0 为虚节点，0～水塔和 0～泵房为虚管段；
	多水源管网就成为从虚节点 0 供水的单水源管网。为最高用水量管网用水由几个水源同时供给，供水分界线通过节点 8～12～5。从虚节点 0 到泵房的流量等于泵房供水量，到水塔的流量等于水塔的出流量；
	管网设水塔（或高地水池）时，还有转输的情况，即当二级泵房供水量大于用水量时，多余水量通过管网进入水塔贮存，这时转输流量从水塔经过虚管段流向虚节点 0，虚管段的水压规定是流向虚节点为正，流离虚节点为负，各水源流量和水压的关系为： 泵房：$Z_P + H_P = Z_P + (H_0 - SQ_P^2)$ 水塔：$Z_t + H_t = $ 常数 式中 Z_p, Z_t——分别表示泵房吸水水位标高和水塔处的地面标高； H_p, H_b——分别表示水泵扬程和水塔高度； H_0——流量为零时的水泵扬程； S——水泵摩阻； Q_p——水泵流量 虚环和实环同时平差，计算方法和单水源管网相同

6.4 布置实例及计算分析

某城镇规划人口为 4.5 万人，拟采用高地水池调节供水量，管网布置及节点地形标高如图 6-1 所示。各节点的自由水压要求不低于 24m 水柱高。该城镇最高日设计用水量为 $Q_d = 12400\text{m}^3/\text{d}$，其中工业集中流量为 80L/s，分别在 3、6、7、8 节点集中流出（见图 6-1），3、6 节点的工业为 24 h 均匀用水，7、8 节点为一班制（8～16 时）均匀用水。用水量及供水量曲线如图 6-2 所示。水厂在城北 1000m 处，二级泵站处地形标高为 108.0m；高地水池在城东 420m 处，初估标高 145.0m。二级泵站按两级供水设计，每小时供水量：6～22 时为 $4.5\%Q_d$，22 时到次日 6 时为 $3.5\%Q_d$。试对该城镇给水管网进行设计计算。

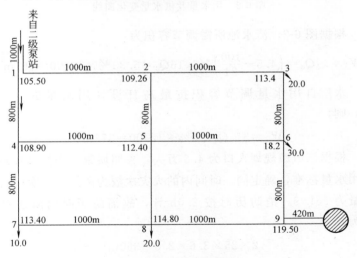

图 6-1 环状网计算例题

6.4.1 确定清水池和高地水池的容积及尺寸

1. 清水池容积及尺寸

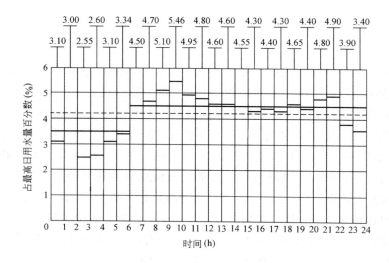

图 6-2　用水量及供水量变化曲线

根据图 6-2，清水池所需调节容积为：

$$W_1 = k_2 Q_d = \left(4.5 - \frac{100}{24} \right)\% \times 16 Q_d = 5.33\% \times 12400 = 661 \text{m}^3$$

水厂自用水量调节容积按最高日设计用水量的 3% 计算，则：

$$W_2 = 3\% Q_d = 3\% \times 12400 = 372 \text{m}^3$$

根据该城镇规划人口为 4.5 万人，参照城镇、居住区室外消防用水量标准，确定同一时间内的火灾次数为两次，一次灭火用水量为 25L/s。消防历时按 2.0h 计，故消防历时内所需总水量为：

$$2 \times 25 \times 3.6 \times 2.0 = 360 \text{m}^3$$

由于本例题采用对置高地水池，且单位容积造价较为经济，故考虑清水池和高地水池共同分担消防贮备水量，以利于安全供水，即清水池消防贮备容积 W_3 可按 180m³ 计算。

清水池的安全储备容积 W_4 可按以上三部分容积之和的 1/6

计算。

因此，清水池的有效容积为：

$$W_c = \left(1 + \frac{1}{6}\right)(W_1 + W_2 + W_3) = \left(1 + \frac{1}{6}\right)(661 + 372 + 180) = 1415 \text{m}^3$$

考虑部分安全调节容积，取清水池有效总容积为 1600m³，采用两座国标 96S819 钢筋混凝土水池。每座有效容积为 800m³，直径为 16.55m，有效水深为 3.8m。

2. 高地水池有效容积及尺寸

根据图 6-2 的用水量变化曲线及二级泵站供水量曲线，即可求得高地水池的调节容积，计算过程从略，其计算结果为 $k_1 = 3.41\%$，则高地水池调节容积为：

$$W_1 = k_1 Q_d = 3.41\% \times 12400 = 423 \text{m}^3$$

高地水池消防贮备容积 W_2 按 180m³ 计，则高地水池的有效容积为：

$$W_t = W_1 + W_2 = 423 + 180 = 603 \text{m}^3 \quad 取 600 \text{m}^3$$

采用国标 96S818 钢筋混凝土水池一座，有效容积为 600m³，直径为 14.08m，有效水深为 3.8m。

6.4.2 最高日最高时设计计算

1. 确定设计用水量及供水量

由用水量及供水量曲线图 6-2 可知：

最高日最高时设计用水量为：

$$Q_h = 5.46\% Q_d = 5.46\% \times 12400 = 677.04 \text{m}^3/\text{h} = 188 \text{L/s}$$

二级泵站最高时的供水量为：

$$Q_{\text{II max}} = 4.5\% Q_d = 4.5\% \times 12400 = 558 \text{m}^3/\text{h} = 155 \text{L/s}$$

高地水池最高时的供水量为：

$$Q_t = Q_h - Q_{\text{II max}} = 188 - 155 = 33 \text{L/s}$$

2. 节点流量计算

由于该城镇各区的人口密度、给水排水卫生设备完善程度基本相同，干管分布比较均匀，故可按长度比流量法计算沿线流量，求得各节点的节点流量。

由图 6-1 求出配水干管计算总长度为：

$$\sum L = 6 \times 1000 + 6 \times 800 = 10800\text{m}$$

管网的集中流量 $\sum Q$ 为 80L/s，则干管比流量为：

$$q_{cb} = \frac{Q_h - \sum Q_i}{\sum L} = \frac{188 - 80}{10800} = 0.01\text{L/(s · m)}$$

按式 $q_i = 0.5 q_{cb} \sum L_i$ 计算各节点的流量，计算过程从略，其结果见图 6-3。

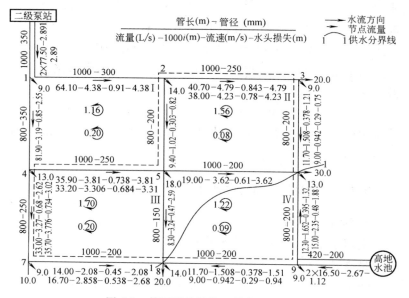

图 6-3　管网平差计算（最高用水时）

3. 流量分配

为保证供水安全（考虑消防），二级泵站和高地水池至给水区的输水管，均采用两根。

根据管网布置及用水情况，假定各首段的流向（见图 6-3），按环状管网流量分配的原则和方法进行流量预分配，现仅作要点说明。

由于干管段 1-4 担负干线 4-5-6 和 4-7-8 的转输任务，故应多分配一些流量，但考虑到供水可靠性的要求，1-4 和 1-2 管段的流量分配值也不能相差太多。由于 6、7、8 节点有大用户，故 4-7 和 4-5 管段、9-6 和 9-8 管段应大致相等分配流量。2-5 和 5-8 管段在管网中主要起连接管的作用，故平时应尽量减少转输流量，一般以满足本管段沿线配水量略有多余即可。各管段流量预分配结果见图 6-3。

4. 确定管径和水头损失

预分配各管段流量后，以平均经济流速选定管径。7-8、3-6、9-8、9-6 管段，虽然平时通过流量较小，但考虑到其他工作情况（消防时和转输时）需要输送较大流量，故管径应适当放大。而 2-5 和 5-8 管段，在事故时将转输较大流量，其管径一般与所连接干管线的次要干管管径相当或减小一号，2-5 管段管径确定为 200mm，5-8 管段管径确定为 150mm。管径初选结果见图 6-3。

按管段预分配流量和所选定的管径，查铸铁管水力计算表，即可求得各管段的 $1000i$（见图 6-3）。按 $h = il$ 计算各管段水头损失，其结果见图 6-3。

5. 管网平差

平差过程及结果见图 6-3。现说明如下：计算各环闭合差 Δh_k：

环Ⅰ为：$\Delta h_1 = h_{1-2} + h_{2-5} - h_{1-4} - h_{4-5}$
$$= 4.38 + 0.82 - 2.55 - 3.81 = -1.16 \text{m}$$

同理可得，$\Delta h_{\text{Ⅱ}} = 1.56 \text{m}$，$\Delta h_{\text{Ⅲ}} = 1.70 \text{m}$，$\Delta h_{\text{Ⅳ}} = 1.22 \text{m}$。计算结果用弧形箭头注明在相应的环内。

由上述计算结果可知，四个环的闭合差均不符合规定的数值，其中，环Ⅱ、Ⅲ、Ⅳ闭合差均为顺时针方向，且数值相差不多，可构成一个大环平差。而与该大环相邻的（有两个公共管段

2-5 和 4-5) 环 I 闭合差为逆时针方向,且数值不算太大,故首先采用向大环引入校正流量的平差方案。

大环校正流量计算:

$q_a = (9.4 + 40.7 + 11.7 + 12.3 + 11.7 + 14.0 + 33.0 + 35.9) \div 8$
$= 21.09 \text{L/s}$

$$\Delta h_k = 1.56 + 1.70 + 1.22 = 4.48 \text{m}$$

$\sum |h_{ij}| = 0.82 + 4.79 + 1.21 + 1.32 + 1.51 + 2.08 + 2.62 + 3.81$
$= 18.16 \text{m}$

$$\Delta q_k = \frac{q_a \cdot \Delta h_k}{2 \sum |h_{ij}|} = -\frac{21.09 \times 4.48}{2 \times 18.16} = -2.6 \text{L/s}$$

为方便查表,取 $\Delta q_k = -2.7 \text{L/s}$ 引入由 II、III、IV 构成的大环,进行平差后,各环闭合差减为 $\Delta h_I = -0.2 \text{m}$,$\Delta h_{II} = 0.08 \text{m}$,$\Delta h_{III} = 0.02 \text{m}$,$\Delta h_{IV} = 0.09 \text{m}$。各环闭合差值均未超过规定值。

自管网起点 1 到 7 节点的大环闭合差为:

$\Delta h = 4.83 + 4.23 + 0.75 - 1.88 + 0.94 - 2.68 - 3.02 - 2.55 = -0.01 \text{m}$
或 $\Delta h = -0.2 + 0.08 + 0.02 + 0.09 = -0.01 \text{m}$

闭合差远小于规定的数值 1.0m,平差结束。将最终平差结果以 $\frac{L(\text{m}) - D(\text{mm})}{q(\text{L/s}) - 1000i - h(\text{m})}$ 形式注明在绘制好的管网平面图的相应管段旁(见图 6-4),以便继续进行下列计算工作。

6. 水压计算

选择 6 节点为控制点,由此开始,按该点要求的水压标高 $Z_c + H_c = 118.20 + 24 = 142.20 \text{m}$,分别往泵站及高地水池方向推算,根据公式:$h = \frac{10.67 q^{1.852}}{C^{1.852} D^{4.87}} l$ 和 $H_i = H_j + h_{ij}$ 计算出各节点的水压标高及自由水压,将计算结果及相应节点处的地形标高一同注明在相应的节点上,如图 6-4 所示。

7. 高地水池设计标高计算

由上述水压计算结果可知,所需高地水池供水水压标高为

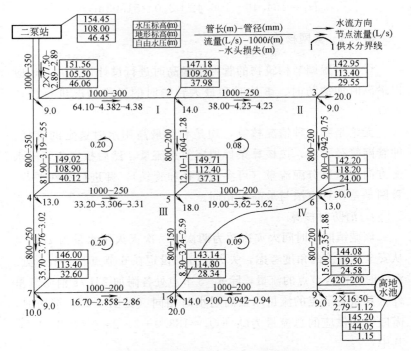

图 6-4 管网平差及水压计算结果（最高用水时）

145.20m，即为消防贮存水量的水位标高（也就是平时供水的最低水位标高）。所以高位水池底的设计标高应为：

$$145.20 - \frac{4 \times 180}{3.14 \times 14.08} = 144.05 \text{m}$$

8. 二级泵站总扬程计算

由水压计算结果可知，所需二级泵站最低供水水压标高为 154.45m。设清水池底标高（由水厂高程设计确定）为 105.50m，则平时供水时清水池的最低水位标高为：

$$105.50 + 0.5 + \frac{4 \times 180}{2 \times 3.14 \times 16.55^2} = 106.42 \text{m}$$

泵站内吸、压水管路的水头损失取 3.0m，则最高用水时所需二级泵站总扬程为：

$$H_p = 154.45 - 106.42 + 3.0 = 51.03m$$

6.4.3 管网核算

设有对置调节构筑物的管网按最高时进行设计计算后，还应以最高时加消防时、事故时和最大转输时的工作情况进行校核计算。

无论是哪一种情况核算，均是利用最高用水时选定的管径，即管网管径不变，按核算条件拟定节点流量，然后核定各管段水流方向，重新分配流量（可参照管径和管长），并进行管网平差。管网平差计算方法与最高时相同。

1. 消防时核算

该城镇同一时间火灾次数为两次，一次灭火用水量为 25L/s。从安全及经济的角度考虑，失火点分别设定在 6 节点和 8 节点处。消防时管网各节点的流量，除 6、8 节点处各附加 25L/s 消防流量外，其余各节点的流量与最高用水时相同（见图 6-5）。消防时，需向管网供应的总流量为 $Q_b + Q_x = 188.0 + 2 \times 25.0 = 238.0L/s$。其中：

二级泵站公式 $155.0 + 25.0 = 180.0L/s$

高地水池供水 $33.0 + 25.0 = 58.0L/s$

消防时，管网平差及水压计算成果见图 6-5。

由图 6-5 可知，管网中各节点处的实际自由水压均大于 10m 水柱高（98kPa），符合（低压消防制）要求。所以，高地水池设计标高满足消防时核算条件。

消防时，所需二级泵站最低供水水压标高为 153.24m，清水池最低设计水位标高等于池底标高 105.50m 加安全贮量水深 0.5m，泵站内水头损失取 3.0m，则所需二级泵站总扬程为：

$$H_x = 153.24 - (105.50 + 0.50) + 3.0 = 50.24m$$

与最高时所需水泵扬程 $H_p = 51.03m$ 基本相同。

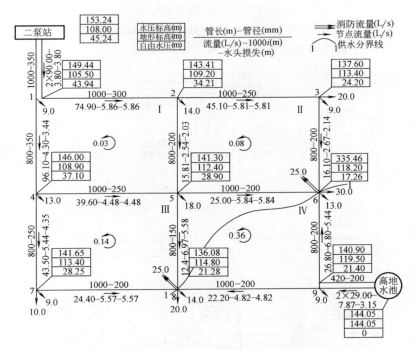

图 6-5　管网平差及水压计算成果（消防时）

2. 事故时核算

设 1-4 管段损坏关闭检修（见图 6-6），并按事故时流量降落比 $R=70\%$ 及设计水压进行核算，此时管网供应的总流量 $Q_{总}=131.6L/s$，其中，二级泵站供水流量为 108.5L/s；高低水池供水流量为 23.1L/s。

事故时，管网各节点的出流量可按最高时各节点流量的 70% 出流。管网平差及水压计算成果如图 6-6 所示。

由图 6-6 可知，管网中各节点处的实际自由水压均大于 24.0mH₂O（235.2kPa），所以，高地水池设计标高满足消防时核算条件。

消防时，所需二级泵站最低供水水压标高为 170.01m，清水池最低水位（即消防贮水水位）标高为 106.42m，泵站内水头损失取 2.5m，则所需二级泵站总扬程为：

$$H_{psk} = 170.01 - 106.42 + 2.5 = 66.09m$$

大于最高时所需水泵扬程 $H_p = 51.03m$。

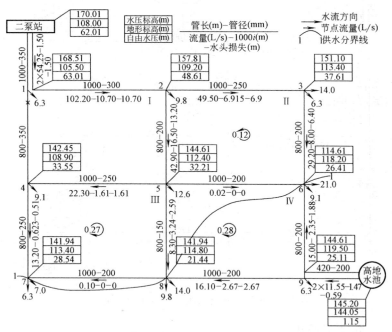

图 6-6　管网平差及水压计算成果（事故时 $R = 0.7$）

3. 最大转输时核算

最大转输时发生在 2～3 时（见图 6-7），此时管网用水量为最高日设计用水量的 2.55%，即为 $2.55\% \times 12400 = 316.2m^3/h = 87.83L/s$，而二级泵站供水量为：

$$3.5\% \times 12400 = 434.0m^3/h = 120.56L/s$$

则最大转输流量为：$120.56 - 87.83 = 32.73L/s$

最大转输时工业集中流量为：$20 + 30 = 50L/s$，所以最大转输时节点流量折减系数为：

$$\frac{87.83 - 50}{188 - 80.0} = \frac{37.83}{108} = 0.35$$

最高时管网的节点流量（生活用水）乘以这个 0.35 的折减系数，即得最大转输时管网的节点流量。管网平差及水压计算成果如图 6-7 所示。图中高地水池水压标高 147.85m 系高地水池最高水位标高。

最大转输时，所需二级泵站供水水压标高为 163.59m，清水池最低设计水位标高为 106.42m，泵站内水头损失取 2.5m，安全出流水头取 1.5m，则所需二级泵站总扬程为：

$$H_{pz} = 163.59 - 106.42 + 2.5 + 1.5 = 61.17m$$

大于最高时所需水泵扬程 $H_p = 51.03m$。

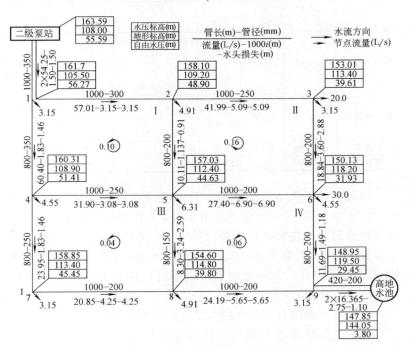

图 6-7　管网平差及水压计算成果（最大转输时）

6.4.4　计算成果及水泵的选择

由上述水力核算结果表明，最高时选定的管网管径、高地水池设计标高均满足核算条件，管网水头损失分布也比较均匀，且各核算工况所需水泵扬程与最高时相比也相差不太悬殊（事故时 H_{psk} 与 H_p 相差 15.06m），经水泵初选基本可以兼顾，故设计计算成果成立，无需调整。

管网设计管径和计算工况的各节点水压以及高地水池设计供水参数如图 6-4、图 6-5、图 6-6、图 6-7 所示。二级泵站设计供水参数及选泵结果见表 6-4。

二级泵站设计供水参数及选泵 表 6-4

项目 工况	设计供水参数		水泵选择			备注
	流量(L/s)	扬程(m)	型号	性能	选用台数	
最高用水时	155.00	51.03	8Sh-9	$Q=60\sim97.5L/s$ $H=50\sim69m$	1 台	备用 2 台 8Sh-9 型
			8Sh-9A	$Q=50\sim90L/s$ $H=37.5\sim54.5m$	1 台	
最大转输时	120.56	61.17	8Sh-9	同上	1 台	备用 2 台 8Sh-9 型
			6Sh-6A	$Q=31.5\sim50L/s$ $H=56\sim67m$	1 台	
消防时	180.00	50.24	8Sh-9	同上	2 台	由备用泵
事故时	108.50	66.09	8Sh-9	同上	2 台	满足

因此，二级泵站共需设置 5 台水泵（包括备用泵），其中 3 台 8Sh-9 型水泵，1 台 8Sh-9A 型水泵，1 台 6Sh-6A 型水泵。正常工作情况下，共需 3 台水泵，其中，6 时到 22 时，1 台 8Sh-9 和 1 台 8Sh-9A 并联工作；22 时到次日 6 时，1 台 8Sh-9 和 1 台 6Sh-6A 并联工作。每一级供水中水泵的切换可通过水位远传仪由高地水位控制。

消防时，由两台 8Sh-9 型水泵并联工作即可得到满足。

给水工程建成通水至达到最高日设计用水量可能需要若干年。达到后每年也有许多天的用水量低于最高日的水量。本例题二级泵站还可设置 2 台 8Sh-9 型水泵、一台 8Sh-9A 型水泵、2 台 6Sh-6A 型水泵以满足最高用水时、最大转输时、消防时及事故时的设计要求。设置 2 台 6Sh-6A 型水泵可以互为备用，且可作为 1 台 8Sh-9 型水泵的备用泵。

应该指出，本例题属于多水源管网系统，各种工况下配水源（泵站和高地水池）的真实流量分配及管网实际运行情况，只能在上述选泵的基础上，应用虚环的概念，进行多水源管网平差后，才能获得。

6.5 管材、配件、阀件的选用

6.5.1 管材

我国目前城市给水管，$DN80 \sim 1000$，以铸铁管应用最广；$DN1000$ 以上，以预应力钢筋混凝土管较多，小口径管（$\leqslant DN50$）以镀锌钢管为主。

钢管不耐腐蚀，多在大口径管道中使用。

预应力钢筋混凝土能节省钢材和能源，不易结垢，所以使用量大，但无标准配件连接。

自应力钢筋混凝土管主要用于郊区或农村给水。石棉水泥管渐被淘汰，已敷设的正在更换其他管材。黑铁管应用不多。

球墨铸铁管接近于钢管的强度，而抗腐蚀的能力优于钢管，建议推广使用。

加强玻璃钢管国内还未大量使用，塑料管多用于 200mm 以下的管径。

选用管材可参照下表 6-5。

管 材 选 用 表 6-5

管径（mm）	主 要 管 材
$\leqslant 50$	硬聚乙烯等塑料管、薄壁不锈钢管
$\leqslant 200$	球墨铸铁管，采用柔性接口 硬聚乙烯等塑料管，价格低，耐腐蚀，使用可靠
$300 \sim 1200$	钢管较为理想，但目前产量少，规格不多，价格高 球墨铸铁管价格较便宜，不易爆管，是当前可选用的管材 质量可靠的预应力和自应力钢筋混凝土管，价格便宜可以选用 宜用推入式楔形柔性接口

注：常用的管材与规格见《给水排水工程快速设计手册》表 2-19～表 2-29。

6.5.2 配件

常见的管道配件分为铸铁配件和钢制配件。

铸铁管标准配件的标准和规格在各种手册上均可查到，除标准件外，铸铁管或标准铸铁管与承插式预应力管或自应力钢筋混凝土管的连接，还有特种铸铁配件。

钢制管道配件由钢板焊接加工而成。一般采用法兰接口焊接，若需用承接接口，也可用钢板焊成承口。

6.5.3 阀件

1. 阀门

主要管线和次要管线交接时，阀门设置在次要管线上。接消火栓的管线上要安装阀门，阀门的口径一般与水管的直径相同，在管径较大时，阀门的直径可设为 0.8 倍的水管直径。明杆阀门适宜安装在泵站内，暗杆则用于安装在空间小，位置不便处。大口径阀门宜采用电动。

蝶阀一般只在中低压管线采用。

2. 单向阀

单向阀一般安装在水压大于 196kPa 的水泵压水管上，管径较大时，采用多瓣阀门单向阀。

3. 排气阀

设置在长距离输水管的隆起部，排气阀径为 1/8～1/12 的管道直径。

4. 泄水阀和排水管

安装在管线的最低点，与排水管连接，泄水阀和排水管直径，由放空时间决定，放空时间按一定工作水头下孔口出流公式计算，为加速排水，可安装进气管和进气阀。

5. 消火栓

气温较低地区消火栓设为地下式，地下式消火栓安装在阀门井内。

6.6　管网改造及渗漏检测

6.6.1　小城镇给水管网存在的不足

小城镇大多依托乡镇地域并集中周围的几个自然村发展而来，其给水管网一般存在以下不足：

1. 管材不合要求，管网漏失严重。由于受经济条件所限，许多自然村普遍采用普通农用灌溉塑料管（管材连接多为承插或铁丝绑扎），少数采用镀锌管且无防腐措施，长年使用破损严重，加之部分用户私自接水造成人为破损而导致管网水大量漏失。

2. 多为枝状管网，延伸较远。小城镇发展初期，受经济条件制约，设计成满足当时需求的枝状管网，随着规模扩展，枝状管网不断延伸，管径已不能满足后期需要，造成边远户用不上水。

3. 水质难以保证。小城镇水源地大多没有防护措施，没有相应的净水消毒设备，加之管网结垢利于细菌繁殖，造成水质难以达标。

4. 管网超负荷运行。小城镇建设初期，给水管网多数按近期规划设计，没有考虑长远发展需求，人均用水量取值较小，随着小城镇范围的扩展，用水量成倍增加，使管网处于超负荷运行之中。

5. 压力不足。小城镇建设初期多为平房式住宅，而目前四层左右的楼房已非常普遍，加之管网漏失、管径设计偏小、管道内积沙结垢摩阻增大等造成供水压力不足。

6.6.2　管网改造

1. 小城镇给水管网改造原则

面对原有给水管网已无法满足当前用水需求的实际，针对其存在的不足，必须对原管网进行改造以保证小城镇建设的不断发展。在改造过程中，要遵循以下原则：

（1）符合小城镇总体规划要求，立足现实发展需要，满足中远期发展需求。在改造之初，要充分掌握长远规划和近期设计实施相结合的方法，近期改造单管道并为远期规划的双管道留足施工余地。

（2）低造价原则。供水建设投资巨大，缺乏资金是制约供水建设的主要原因，为节省费用，管网改造时对一些仍有使用价值的管段要充分利用，预留好远期工程设施接头，为以后建设提供有利条件。

2. 小城镇给水管网改造方式

为解决小城镇用水难的问题，对给水管网的改造大体可归纳为以下几种方式：

（1）对有价值的管段采取管道刮管措施，恢复其输水能力，对管径明显不合理管段、结垢严重或破损漏水管段进行更换。

（2）采用 UPVC 给水管替代破损管路，该种给水管是国家推广产品，具有材质轻、摩阻小、施工便捷的特性，特别是小管径管材价格大大低于同口径镀锌钢管和铸铁管的优点，非常适合小城镇供水规模不大的特点，可降低改造造价。

（3）把枝状管网改造成环网，提高供水安全性，均衡节点压力。

6.6.3 渗漏检测

我国小城镇供水事业近年来发展很快，但根据一些资料统计，20 世纪 60 至 70 年代新发展的一些小城镇供水管网，水量净漏失率有的达到了 14％，此数值远远超过了国家要求城市供水管网漏失率控制在 6％以下的标准。因此，降低我国众多小城镇供水管网漏失率是一项刻不容缓的工作。

1. 供水管网的漏损原因分析

形成供水管道漏水的因素一般来说是多方面的，即使是一处漏水或爆管，也可能是几方面的因素共同作用的结果。结合实际情况和相关资料，分析主要可能有下列原因：

（1）规划、设计方面的问题

有些城镇建设缺乏长远、全面的规划。根据调查，我国六七十年代建造的城市供水管网，水压普遍偏低（低于 0.2MPa），而到 80 年代以后，随着这些地区工业的发展、人口的增长，供水需求量也越来越大，许多供水单位在原来管网的条件下，将出厂水压提高到 0.4～0.6MPa，使这些旧管道的漏水现象日趋严重。若以维修漏水的次数来反映管网漏失率，一些城市平均每年每公里达到 0.26 次。有些城镇当房屋、道路改建、拓宽时，常常出现原来的管道被置于快慢车道中间，或靠墙或在房屋下的情况，有的阀门井被锁在屋内，还有的通信电缆距给水管道不足 0.5m。由于这些不正常情况的存在，致使原管道及设备受地面荷载变化和原土层被扰动的影响，而发生断裂，明漏事故明显增多。此外有些地区缺少施工图纸和给水管线现状图等基础资料，还有些地区改线敷设后缺少竣工图纸，这也是在城镇发展建设中造成给水管道被挖断、压坏而漏水的原因。

（2）管网管理上存在的问题

由于城市用水量的增长，经常会对管网进行更新、改造，对这些新增管段的管径应从技术上做到与原管网匹配，达到最佳运行状态。此外，供水管道经过长期运行，内壁形成锈瘤和沉积物。降低了通水能力，改变了管道阻力系数，使管网的实际运行状态与设计参数不相符合。所以在管理上要求动态管理，避免静态和平均状态管理。否则一定会出现供水事故而漏水。

（3）管材问题

根据调查发现，发生漏水的管道，钢管多于铸铁管，而钢筋混凝土管漏水情况较少。钢管漏水 95% 是腐蚀穿孔，而铸铁管

75％的漏水处发生在承插口附近。调查还发现，连续浇注铸铁管材质致密性差，壁厚和承口厚度偏薄，管壁厚薄不均。而钢管管件，当丝扣松紧不统一时，稍有外力管件首先损坏，因而容易造成管道漏水。此外阀门和消火栓的阀芯、阀座结合不严密、盘根不严也会造成渗漏。

（4）管道接口问题

因管道的接口刚性太强，使管道经不起土壤不均匀沉降等因素而导致漏水，在我国给水管网漏水问题中也是一个很重要的原因。管网中的管段在力学上相当于一根很长的承重梁，因管道不均匀沉降，造成承口处产生弯矩和剪力过大，当接口的柔性不够的情况下，即发生泄漏，严重的导致爆管。

（5）沉降的影响

大口径管的自重、管道中的水重及管道上的覆土的重量，会随着铺设年代的增长而使管道产生一定量的沉降，同时交通情况的动荷载也不容忽视。

管道在铺设以后将很长时期处于缓慢的沉降的过程，由于土质的差异和基础的设置情况不同，使得整条管道产生不均匀沉降。空管下沟后管底土壤将初步受压形成沉降，当管道注水和填上覆土后，又将产生一定的沉降。

道路交通荷载过大。管道设计时将考虑一定量活荷载的作用，如果埋设过浅或者车辆荷载过重，路面质量不好，都将增加对管道的动荷载，引起管道因不均匀沉降而发生泄漏现象。

当然，管网所处的地质环境也是应该考虑的一个非常重要的因素。在设计和施工时，都应予以重视。

（6）施工质量的原因

机械挖泥并无其他修平措施，使沟底不平，结果管子沉陷较多，以至逐步发生不均匀沉降损坏接头甚至管道；沟底基础有腐殖土、淤泥、石块等未清除干净也可能导致不均匀沉降、硬物破坏而漏水。对于大口径管道，覆土未充分夯实和管道两侧的土密度差异太大，都会使受力显著增加，增加爆管的可能性。

铸铁管采用的石棉水泥接口，由于石棉含量较高，敲打不密实容易漏水；橡胶圈就位不正确或者不密实，使得承插口间隙不均，都可能产生漏水。接口的刚性过大，是长距离管道口漏水的主要原因。钢管接口的焊接质量不好，往往焊缝带有夹渣、气孔、厚度不均匀，容易发生漏水。

（7）管道运行压力不当

管网压力对管道破坏造成的漏水与爆管机率随压力的增加而增加，天津市在采用调速泵以前，管网压力过大是导致爆管的主要原因，很大程度上影响了人民正常的生产和生活，给国家和社会造成巨大的经济损失。此外，运行管理不当，诸如由于水泵的突停或关闸过快引起的水锤现象等，也会造成管网漏水。

2. 渗漏检测的方法

检漏的方法有传统的直接观察法、接触听漏、钻洞打钎听漏、区域安水表测漏等方法，分区分段检查或沿线检查，还有一类是利用放射性元素检漏法，至于选用哪一种形式检漏最好，就要根据管网的实际情况，路面土壤及管道的性质，检漏设备、工具仪器的性能，对存在漏水的估计等各个方面因素，进行适当的研究考虑后再做决定，下面对两种传统检漏方法作一个简单的介绍：

（1）区域安水表检漏是根据干线管网分布情况划分若干个地区，用水表测某一地区的漏水点、漏水量，这种方法是小区内暂停用水，凡是与该小区相联的阀门都关闭，在一根进水管上安一根直径为 10～20mm 的旁通管，把水表安在旁通管上，打开该进水管的阀门，如果水表指针转动，且每分钟读数超过 4L，说明该管网有漏水现象。然后用同样的方法逐步缩小范围，最后用听漏法找出漏水地点。

（2）沿线查漏法接触听漏，即利用消防龙头、阀门等可以碰得到的设备进行听漏，如果在较长的管道上没有现成的设备可以利用，可分段预埋一些传声较好的金属棒，一端焊在管道上，另一端伸到路面阀门箱内，让听漏人利用它听漏。

3. 渗漏检测的要求

（1）检漏工作应在晴天，若行人嘈杂、车辆频繁地区可在夜间作业，安静地区可白天作业。

（2）检漏必须尽可能沿管线进行，包括分支管线及管网附属设施，依次查听，避免遗漏，在主要管线及薄弱环节停留间距不得超过 2m，一般管线不得超过 4m。

（3）充分利用管道附属设备进行探听，如阀门、水表、消防龙头等。

（4）在路面塌陷和上拱、有积水、天晴时潮湿不干的地方，必须仔细探听。

4. 供水管网漏水的防治

（1）降压减漏，一般情况下，系统的漏水量与其水压力的大小成正比，所以，通过降低系统的设计压力，就可减少渗漏，还可起到节水的作用。

（2）避免在输水干管附近进行强度大的施工，以防大的振动使管道破裂而漏水。

（3）对那些已遭腐蚀的管线、阀门以及管件等，要及时维护、维修，对已发生严重腐蚀的要及时更换，以免漏水严重，造成地基沉陷或产生更严重的后果。

（4）选择优质管材，选择那些防爆、抗振、防腐能力强，以及内壁光滑、接口合格、壁厚均匀等质量过关的优质产品。

（5）提高施工质量，施工时对管沟内的淤泥、块石硬物进行换土夯实。对管线接口严格把关，若是焊接钢管则要求焊缝宽厚均匀，焊缝没有夹渣、气孔，铸铁承插口接口应敲打密实，法兰接口要注意法兰与管子垂直、两片法兰对准、垫圈就位准确等，对管道要加强防腐措施。

（6）对设在室外的水表、管线、管件要采取防冻措施，在冬季，北方容易发生用水设备冻结、冻坏的现象，造成漏水，要做好设备的防冻保温工作。

6.7　直饮水系统及其管网布置

直饮水系统是专指以城市供水为水源，进行深度处理后再以专用管线向部分居民供应少量直饮水的系统。该系统只需对少量的水进行深度处理，并且水质净化站位于供水小区内，省去了输水管网，能够采用优质管材（配件）以最短的距离送到各用户点。这是在我国现实条件下解决饮水供需矛盾的一条有效途径。

6.7.1　直饮水水质标准

为了规范现有直饮水系统的水质和统一水质标准，建设部颁布了行业标准《饮用净水水质标准》（CJ 94-1999），并已于2000年3月1日起实施：该标准是在现行国标的基础上，考虑到当前水质普遍遭受有机污染的情况，有针对性地增加或调整了有机物、观感、口感等39项指标。

一些城市，由于水源受污染，净水厂工艺能力的限制、管网老化与二次污染，致使供入家庭的生活饮用水水质不尽人意。在这种情况下，有条件的建筑小区或楼宇建设了进一步深化处理的城市供水提高水质，通过专用管道送入用户供居民直接饮用的分质供水系统。而《饮用净水水质标准》自1999年执行以来，2001年卫生部颁布了《生活饮用水水质卫生规范》，2004年建设部即将颁布中华人民共和国城镇建设行业标准"城市供水水质标准"，对所列水质项目更全面，限值都有提高。根据4年来"饮用净水水质标准"实施的情况与分质供水系统管道直饮水工程发展中存在的水质问题，出台了饮用净水水质标准（征求意见稿，2004）。

饮用净水水质标准（征求意见稿，2004）　　表 6-6

项　目		标　准
感官性状	色	5 度
	浑浊度	0.5NTU
	嗅和味	无
	肉眼可见物	无
一般化学指标	pH	6.0～8.5
	硬度(以碳酸钙计)	300mg/L
	铁	0.20mg/L
	锰	0.05mg/L
	铜	1.0mg/L
	锌	1.0mg/L
	铝	0.20mg/L
	挥发性酚类	0.002mg/L
	阴离子合成洗涤剂	0.20mg/L
	硫酸盐	100mg/L
	氯化物	100mg/L
	溶解性总固体	500mg/L
	耗氧量(COD$_{Mn}$,以氧计)	2.0mg/L
毒理学指标	氟化物	1.0mg/L
	氰化物	0.05mg/L
	硝酸盐(以氮计)	10mg/L
毒理学指标	砷(As)	0.01mg/L
	硒(Se)	0.01mg/L
	汞(Hg)	0.001mg/L
	镉(Cd)	0.003mg/L
	铬(六价)	0.05mg/L
	铅(Pb)	0.01mg/L
	银(采用载银活性炭时测定)	0.05mg/L
	氯仿	0.03mg/L
	四氯化碳	0.002mg/L
	亚氯酸盐(采用二氧化氯消毒时测定)	0.80mg/L
	溴酸盐(采用臭氧消毒时测定)	0.025mg/L
	甲醛(采用臭氧消毒时测定)	0.90mg/L
细菌学指标	细菌总数	50cfu/mL
	总大肠菌群	每 100mL 水样中不得检出
	耐热大肠菌群	每 100mL 水样中不得检出
	余氯(采用氯消毒时测定)	总氯 ≥ 0.05mg/L(管网末梢水)
	二氧化氯(采用二氧化氯时测定)	≥0.02mg/L(管网末梢水)或总氯 ≥ 0.05mg/L(管网末梢水)
放射性指标	总 α 放射性	0.1Bq/L
	总 β 放射性	1.0Bq/L
* 试行		

6.7.2　水处理工艺

住宅直饮水一般是以自来水为原水进行深度净化，以自来水中微污染的有毒有害物质和有机污染物以及自来水在输水系统中的二次污染物为主要去除对象。这种深度净化通常以膜技术为核心工艺，包括预处理、膜过滤和消毒处理。膜滤是当前净水技术发展和应用的主要方向，是提高水质的有效措施。

1. 预处理

为保证出水水质和膜的安全运行以及延长膜的寿命，对预处理部分的要求非常严格。预处理一般由机械过滤器、软化器、活性炭过滤器组成。机械过滤器也称介质过滤，它是采用砂滤或无烟煤或煤、砂双层滤料过滤，主要去除水中的颗粒杂质、悬浮物、降低浊度，减轻后续处理的负担。软化器采用阳离子交换树脂能降低水中的钙、镁离子硬度，通常这些二价离子对膜的运行破坏较大。活性炭过滤器能除臭、除色、除重金属、除有机物及吸附余氯。通过预处理，确保膜组件有效安全运行。

2. 膜处理技术

在住宅直饮水系统膜处理工艺中，应用较多的有反渗透和超滤。这两种膜的出水都可以达到国家饮用水标准，但究竟用哪种膜，目前在给排水界和营养学界有很大的争议，尚无权威的论断。采用反渗透膜的优点在于对有害物质的去除率高，反渗透膜组件能去除水中 95% ~ 98% 的无机盐和 99% 以上的有机物、细菌、病毒等，但缺点是去除有害物质的同时，对人体有益的微量元素也被去除掉，长期饮用对人体健康有不利的影响。而且反渗透是高压过滤，能耗高，运行费用较高，水的利用率低，还要求精密过滤器为预处理，预处理要求严格。赞成采用反渗透膜工艺的人认为，人体所需的微量元素和矿物质主要通过饮食获得，和饮用水关系不大。超滤膜出水保留了对人体有益的微量元素等成分，能耗低，水的利用率相对较高，设备投资也相对较低，缺点是对有机物去除率不高，特别小分子有害物难以去除。针对超滤膜和反渗透膜的差别，膜处理工艺的选择，应根据各地自来水水质的具体情况而定，不能一概而论。如果当地饮用水水源未受到污染或轻度污染，自来水中的有机物含量较少，应考虑采用超滤膜工艺。自来水中的少量有机物可通过预处理中的活性炭去除，有必要也可设臭氧活性炭联用处理工艺，以去除水中的少量有机物。如果当地饮用水水源受到污染，其自来水中有机物含量较高，应采用反渗透膜处理工艺。但在反渗透膜处理工艺后应进行矿化处理，一般可采用含矿物质的粒状介质（麦饭石、木鱼石、珊瑚礁等）过滤器处理，使过滤出水增加一定量矿物盐，保障直饮水中含有适量的对人体有益的矿物质和微量元素。

3. 消毒技术

在膜过滤后的出水一般也要进行消毒处理，并使出水中含有一定消毒剂浓度，以起到抑菌和杀菌作用。由于传统氯化消毒可能产生致癌物质的副产物，在直饮水的消毒工艺中，可考虑采用臭氧消毒和紫外线消毒，以克服氯化消毒的缺陷。紫外线消毒具有安全、可靠、运行管理简单、无有害副产物产生和经济等优点，但没有持续消毒能力。臭氧在直饮水处理中能起到预臭氧氧化作用与后臭氧的灭菌作用。在实际工程中，也可考虑臭氧和紫外线联用消毒。

6.7.3　直饮水系统管网布置

为保证直饮水用水点水质，供水管网应设计为全循环系统，供水流程如下：

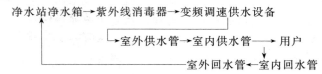

供水水泵应采用变频调速恒压设备供水，以防止高位水箱的二次污染。水泵计算应注意，直饮水设计水量少，管径小，沿途（自净水站至用水立管再回净水站）距离长，管道沿程损失应认真计算，确保循环安全。

室内管道布置应注意以下原则：用水支管尽量紧靠立管，距离越短越好；单立管上行下给；多立管串联供水或水平管连通，先供水立管后回水、后供水立管先回水，使各立管与净水站自供水至回水总距离相近、循环阻力相近。即采取同程式布置。

为了节能，现在的系统循环多采取定时循环方式。每日循环次数视所选消毒设备维持管网水质时间而定。循环泵流量及循环时间的设计要保证每次循环的水量大于管网容量，保证管网容纳水量每次能全部更新。循环时间宜安排在高峰用水前，使在烹调、餐饮高峰时间能保证直饮水的水质。管道流速应考虑冲洗自净最小流速，流速为 $1.0\sim1.5\mathrm{m/s}$，秒流量过小、流速过低时，可选择多立管并联方式增大立管流量。

6.7.4　管材的选择

要把优质饮用水安全、可靠地输送到用户，自水源至用水点的每一环节都要严格把关。管材的选择应以卫生、不产生二次污染、安全、可靠为前提。推荐以下几种管道供选择：

1. 铜管

历经近百年铜管一直是公认的优秀管材。优点：卫生性能好，具有某些金属离子的"微动作用"，对细菌的生长有抑制作用；铜本身也是人体所需的微量元素之一；耐用性强，化学性能稳定，耐腐蚀，耐热，可在不同的环境中长期使用，寿命可达 50 年以上；可靠性好，机械性能好，耐压强度高，韧性好，延展性高，具有优良的抗震、抗冲击性能。缺点：焊接施工技术要求高、安装难度大，价格高。铜管的耐用耐久性在所有管材中尤为突出，影响其普遍使用的主要是价格问题。直饮水用水量少，所用管材管径小，数量少，建议高档建筑可采用铜管。

2. 新型给水塑料管

新型给水塑料管 PB（聚丁烯管）、PPR（三型无规共聚聚丙烯管）、PEX（交联聚乙烯管）、薄壁不锈钢管及 PAP（铝塑复合管）都适用于直饮水系统。尤其是 PB 管性能最佳，且具良好的抗氧化性能，但其价格约是另三种管材的 2～2.5 倍，因此用的很少，本处不再详述。

PPR 管、PEX 管、PAP 管为常用新型给水塑料管，共同具有以下优点：卫生性能良好，制管的原料属聚烯烃，其分子由碳、氢元素组成，原、辅料均达到食品卫生标准要求；可避免金属管道常见的锈水现象；导热系数低，耐温耐热性能好，节约能源；管壁光滑，水头损失小；管道重量轻、耐腐蚀、不结垢、耐压性能好，使用寿命长。

各自特点：PPR 管施工简单快捷，连接可靠。管材管件同一材质同一牌号间热熔或电熔连接，不漏水，其连接部位的强度大于管材本身的强度，施工完成后不用维修。PEX 管交联度较高，管件连接，抗蠕变强度较强，能够任意弯曲，降低安装成本。PPR 管、PEX 管同属环保材料，缺点同是抗氧化性能差，不适用于臭氧消毒的系统。

薄壁不锈钢管具有强度高、耐腐蚀、施工简便、供水可靠性好等优点，但造价高。国外应用薄壁不锈钢管始于 20 世纪 60 年代，目前在发达国家的建筑给水、水处理系统中应用日趋普遍，英国、德国、美国和日本都有不锈钢管的标准。国内于 20 世纪 90 年代末才问世，是当今管材领域中崭露头角的新生族，已大量应用于建筑给水和直饮水的管道。建设部非常重视这一新型管材，《薄壁不锈钢水管》行业标准已于 2001 年出台，其管道工程技术规程正在拟定；以建筑冷（热）水用的不锈钢管管道安装国家建筑标准设计图集，正由同济大学负责主编。目前，浙江、广东、江苏、四川等地都有了专业厂家生产薄壁不锈钢管，产品已趋成熟，因而推广应用的时机业已成熟。

PAP 管集中了金属管与塑料管的优点，管件连接，可自行弯曲，减少接头与弯头，节约材料，施工方便。缺点是管材、管件是由金属和塑料不同材质组成的，两者线膨胀系数差别大，接口处易收缩松动，出现漏水现象，施工中应特别注意使用配套管件和专用工具，严格按相关技术规程执行。

以上几种管材都可以用于直饮水，需根据不同工程综合考虑，如：铜管成本（价格与 PB 管相近）、PPR 和 PEX 抗臭氧性、PAP 管接头等问题，权衡选择确定。

6.8 污水回用与中水利用

6.8.1 污水回用与中水利用的紧迫性

1. 我国水资源状况及其开发利用问题

我国的水资源从总量上看是丰沛的，列于世界第六位，仅次于巴西、前苏联、加拿大、美国和印度尼西亚。我国水资源总量为 26868 亿 m^3，但我国的水资源的明显特点是：

（1）人均占有量少：我国水资源总量居世界第 6 位，人均水资源量 2200m^3，约为世界人均 1/4，排在世界第 121 位，是世界 13 个贫水国家之一。我国北方黄、淮、海 3 个流域人均水资源仅为全国人均的 1/5，淡水资源短缺的形式更加严峻。

（2）地区分布不均匀与水土资源组合不相应。我国水资源南多北少，东多西少，与人口、耕地、矿产等资源分布极不匹配。长江以南面积占全国国土总面积的 36.5%，其水资源量却占全国的 81%；长江以北的面积占全国总面积的 63.5%，其水资源仅占全国总量的 19%。

（3）分布集中，年际分配不均。受季风气候影响，我国降水量年内分配不均匀，大部分地区连续 4 个月降水量占全国降水量的 70%左右。也就是说，我国水资源中大约有 2/3 左右是洪水径流量。降水量年际变化也很大，还往往出现连续丰水或枯水年的情况。据估计，我国每年缺水约为 300～400 亿 m^3，农田受旱面积约 1～3 亿亩。干旱缺水已成为我国农业稳定发展和粮食安全供给的主要制约因素。城市缺水现象也极其严重。全国有 400多个城市不同程度缺水，缺水量约 60 亿 m^3/年，因缺水影响工业产值 2000 多亿元/年。

虽然我国水资源严重匮乏，但是在水资源利用方面却存在着很大的问题，用水严重浪费现象普遍存在。这主要表现在：

(1) 水资源利用率低，水浪费现象严重。全国农业灌溉水的利用系数大多只有 0.3～0.4，灌溉水的生产效率不足 1.0kg/m^3，也就是说现在全国农业用水中绝大部分是白白浪费了；而先进国家灌溉水的利用系数已达到 0.6～0.8，灌溉水的生产效率为 2.0kg/m^3。工业用水浪费也十分严重，目前我国工业万元产值用水量为 103m^3，是发达国家的 10～20 倍，工业用水的重复利用率为 40%左右，而发达国家为 75%～85%。城市、乡村生活用水浪费现象也较为普遍，人们的节约意识淡薄。据统计，全国多数城市中，仅自来水网跑、冒、滴、漏的损失率就达15%～20%。

(2) 水体污染严重。目前全国工业和城市污水排放量为 584亿吨，经过集中处理达标的只占 23%，处理后回用率更低。全国监测的河段有一半水质不符合饮用水标准，全国 90%以上的城市水域受到不同程度的污染，随着人口增加，经济及城镇发展，水体污染问题将越来越突出。

(3) 水的生态环境恶化。目前，全国水土流失面积 367 万km^2，占国土面积的 38%，造成江河湖库淤积和北方河流干枯断流情况越来越严重。黄河进入 20 世纪 90 年代以后，年年断流，平均断流 107d/年，近年来由于加强管理，分配用水已无断流现象。此外，还存在湖泊萎缩、草原退化、土地沙化、湿地干涸、部分地区地下水超量开采等问题，造成局部地区水环境恶化、生态失衡。

2. 中水利用与污水回用是水资源合理利用的重要内容

根据我国水资源状况和人口、经济增长速度，依靠扩大水资源的开发利用量难以满足经济和社会发展用水需求。这就必须将水资源利用的重点从过去的开源为主向开源节流并重，以提高用水效率为核心转变。因此，要求我们寻找新的水资源的同时，也要考虑充分利用现有的水资源，提高水的重复率用率。在这种情况下，将污水处理后再利用，使其成为低水质用水的第二水源，具有开源、节流和环境保护的综合效益，是水资源可持续发展的重要途径。

一般来讲，水分为上水（给水）和下水（排水）两大部分。中水，顾名思义，就是水质介于上水和下水之间的、可重复利用的再生水，是污水经处理后达到一定的回用水质标准的水。污水回用方式有开放式循环再生回用和封闭式再生回用两种。前一种方式特点是沿河上、下游城市均设置自己的给水系统和排水系统，其中排水系统，要求其水处理必须达到国家规定的排放标准后才能排入水体，下游城镇再经给水净化达到饮用水标准，供生产、生活使用。后一种方式，即封闭式污水再生回用的特点是把污水的一部分经水处理，水质达到回用标准后就地供工业、农业或生活使用。中水处理系统指的是封闭式污水再生回用系统（注：本文中提到的污水再生回用均指的是封闭式污水再生回用）。虽然与自来水相比，中水的供应范围要小，但在厕所冲洗、园林灌溉、道路保洁、洗车、城市喷泉、冷却设备补充用水等方面，中水是最好的自来水替代水源。

我国现有的水资源利用方式制约了经济的发展，必须改变现有的用水方式，实现水资源的合理利用，以保障经济社会的可持续发展。中水处理，污水回用是实现水资源合理利用的重要途径。

6.8.2 污水回用与中水利用现状

中水利用即污水回用，归纳起来有三个层次：第一，大型污水处理厂二级出水作为城市用水水源；第二，小区内（例如一个工业区、居民区）的污水收集后处理，并在小区内回用；第三，在建筑物内部的回用。

对一个城市，特别是以工业为主的大城市而言，工业用水量占用水总量70%以上。工业用水的水质要求既需要高质量的，也需要一些质量较低的，例如大量的冷却用水。因此回用水重点应该放在量大、质量要求不高的工业用水。其次是农业用水、地下水回灌，再其次则是城市的杂用水、景观、绿化等方面。

1. 回用于工业

美国马里兰州巴尔的摩市伯利恒钢铁厂自1971年回用水即作为工业冷却水及部分工艺用水，用水量最高达76万 m^3/d。美国亚利桑那州帕洛弗迪核电站污水回用作冷却水，水量达 $1.2\sim1.7\times10^8 m^3/a$。南非约翰内斯堡发电厂回用污水作冷却水，水量达 $5\times10^4 m^3/d$。

北京华能热电厂用高碑店污水厂二级出水作水源，经加速澄清、加氯接触，变空隙滤池加氯消毒、过滤后入循环系统作冷却水补水。按电厂70%~90%额定负荷计算，每月平均节约自来水 $45\times10^4 m^3$，每年节约自来水 $540\times10^4 m^3$，节水率为40%。按相同用水量计算，可增加发电能力1倍以上。

大连春柳河污水处理厂二级出水经脉冲澄清、双层滤料滤池，消毒后回用于红星化工厂作工艺用水，水量达 $1\times10^4 m^3/d$。

天津石化总厂供排水厂二级出水，经微絮凝纤维滤池过滤，消毒后供工业冷却及居民小区冲厕，水量达 $1\times10^4 m^3/d$。

山东淄博市污水处理厂二级出水经絮凝气浮、纤维滤池过滤，消毒后出水计划用于电厂冷却和居民区，水量达 $3\times$

$10^4\,m^3/d$。

2. 回用于农业

以色列是一个非常缺水的国家，自 20 世纪 60 年代发明滴灌技术后，实现了由农业国向工业国腾飞的经济奇迹。年利用污水 2.6 亿 m^3，占总用水量 1/6。美国加利福尼亚州是一个农业发达大州，污水回用于农田灌溉；德克萨斯州干旱缺水，污水处理厂二级出水主要用于地下回灌。实践证明，地下回灌是解决地区水资源短缺、缓解和控制地下水位下降、防止地面沉降的有效措施。

我国利用污水灌溉已有多年历史，当前是要利用经一定处理后的污水，满足农田灌溉标准，做到对农作物、农田及环境无害。

3. 回用于城市杂用水

范围极广，包括绿化、景观、浇洒马路、洗车、空调、消防、冲厕等等。

日本国内并不缺水，但是它创造了中水管道系统，在建筑物内设置双供水系统。室内可用于冲厕，室外则可用于绿化、消防、冲洗马路等多个方面。1985～1996 年用再生的污水排放在城市河流中，复活了 150 余条小河，达到"清源复活"、修复与保护水资源。美国佛罗里达州，污水回用（价格为自来水 40%）供高尔夫球场、城市绿化及建筑冲厕等。

北京高碑店污水处理厂内 $1\times10^4\,m^3/d$ 污水回用于厂内及部分生产、消防。大连经济开发区污水回用于绿化、浇洒马路等。

北京市政府 1986 年作出规定：即建筑面积在 $2\times10^4\,m^2$ 以上的旅馆、饭店、公寓及建筑面积在 $3\times10^4\,m^2$ 以上的机关、科研、大专院校、大型文化、体育等建筑，应配套建设回用设施并应与主体建筑同时进行。已在北京市清洁车辆厂、劲松宾馆、环保研究院小区、国际贸易中心、方庄小区等，多处应用。表 6-7 为世界上几个大型的污水回用工程。

世界上几个大型的污水回用工程　　　表 6-7

序号	国家	工厂或项目名称	再生水量 （万 m³/d）	用途
1	美国	马里兰州伯利恒钢铁公司	40.1	炼钢冷却水
2	以色列		27.4	灌溉
3	美国	加州奥兰治和洛杉矶	20.0	工业冷却水
4	波兰	弗罗茨瓦夫市	17.0	灌溉补充
5	美国	密歇根市	15.9	浇灌
6	墨西哥	联邦区	15.5	浇灌美化
7	沙特阿拉伯	利雅得市	12.0	石油提炼
8	美国	内华达州动力公司	10.2	火电冷却水
9	日本	东京	7.1	工业用水

6.8.3　常用技术

常用的污水回用技术包括传统处理（混凝、沉淀过滤）、活性炭吸附、臭氧氧化、膜分离和土地渗滤等。

二级出水进行传统处理，可去除浊度 $73\%\sim88\%$，SS $60\%\sim70\%$，色度 $40\%\sim50\%$，BOD_5 $31\%\sim77\%$，COD $25\%\sim40\%$，总磷 $29\%\sim90\%$。研究表明，混凝-过滤法去除可生物降解的有机物比不易生物降解的有机物更多，可使二级出水的浊度由 $5\sim14NTU$ 降至 $0.12NTU$，总磷由 $1.3\sim2.6mg/L$ 降至小于 $0.1mg/L$，BOD 由 $7\sim13$ 降至 $1\sim2.5mg/L$，TOC 由 $10\sim11$ 降至 $4.2\sim4.5mg/L$，而不能去除氨氮，最佳的 pH 是 $6\sim6.50$。

活性炭具有巨大的比表面积，在水的深度处理中是应用最广泛和最有效的方法。活性炭可有效地去除色度、臭味，能除去水中大多数的有机污染物和某些无机物，包括某些有毒的重金属。活性炭能有效吸附氯代烃、有机磷和氨基甲酸脂类杀虫剂，还能吸附苯醚、正硝基氯苯、萘、乙烯、二甲苯酚、苯酚、DDT、艾氏剂、烷基苯磺酸及许多脂类和芳烃化合物。二级出水中也含有不被活性炭吸附的有机物，例如蛋白质的中间降解物，比原有的有机物更难于被活性炭吸附。活性炭对 THMs 的去除能力较低，仅达到 23%～60%。

臭氧可多方面去除污染，有效地改善水质。由于臭氧能氧化分解水中各种杂质，包括显色有机物（如有机酸，有机染料等），因此能有效地去除水中杂质所造成的色、嗅、味、其脱色效果比氯和活性炭都好。臭氧能降低出水浊度、起到良好的絮凝作用，提高过滤滤速或延长过滤周期。

随着制造工艺的提高和市场的发展，一度被认为昂贵的膜分离技术正变得越来越经济，具有越来越强的竞争力。膜分离技术在污水深度处理中的应用越来越广泛。膜分离可有效地脱除地下水的色度，而且可降低生成 THM 的潜在能力。膜分离技术是指采用天然或人工合成的高分子薄膜，以外界能量或化学位差为推动力，对双组分或多组分的溶质和溶剂进行分离、分级、提纯或富集。常用的膜分离方法有电渗析、反渗透、超滤、微滤和纳滤。膜分离技术由于高效、实用、易控制、节能和工艺简单，已经被广泛地应用于污水回用领域了，具有很强的竞争力。

微滤可以去除包含细菌、病毒在内的悬浮物质，还可以除磷。超滤已被用于去除腐殖质等大分子。反渗透可以降低水的矿化度和去除总溶解固体，目前已被应用到城市大型海水淡化水厂、纯净水制取、污水的再生利用以及改善工业供水水质等多方领域。二级处理后的出水如果含有胶体颗粒、悬浮固体和溶解性有机物，在进入反渗透之前必须加以去除。

土地渗滤也叫土壤含水层处理。它使水源水通过堤岸过滤或沙丘渗透以利用土壤中生长的大量微生物对水中污染物质进行降解去除以净化水质的方法。它是近 20 年来由于世界性的能源危机而迅速发展起来的一种水处理方法。由于污染物经过表土层及下包气带时产生一系列的物理、化学和生物作用，许多微生物和化学物质通过吸附、分解、沉积、离子交换、氧化、还原及其他化学反应（在土壤表层）被去除，这些过程延迟了某些化学物质进入地下水的速率，使一些污染物质降解为无毒无害的组分，一些污染物质由于过滤吸附和沉淀而截留在土壤中，还有一些被植物吸收或合成到微生物里，使污染物浓度降低。土壤含水层处理系统寿命很长、处理费用相当便宜（主要费用是用泵抽水或用其他方法从含水层取水）、在美国约 $2.5\sim25$ 美元/$1000\mathrm{m}^3$。它无需地表贮存设施，最终打破了仅在厂内直接循环的管对管的污水处理回用系统，使水参与水文循环，缓解了饮用水和其他都市污水回用的心理障碍。该方法投资省、处理效果好，对有机物尤其是对有机氮化物和氨氮有较好的去除效果，缺点是占地大、不易管理。

6.8.4 存在的问题

1. 水处理技术和工艺不完全成熟。中水的水源是污水，经中水处理设施处理后的出水，虽然达不到饮用水的水质标准，但其水质要求也比较高，必须满足国家杂用水水质标准的要求。处理单元主要以污水处理为主，再加上深度或三级处理工艺，才能满足要求。由于中水工程的特殊性，要求处理技术成熟、占地小、投资少、运行费用低等，尤其要求管理方便和简单，运行稳定，出水效果好，在实际中很难选择出完全符合此条件的处理工艺。目前看来，生物接触氧化和曝气生物滤池是可以优先选择的处理方法。

2. 水处理的设计不合理。设计人员对中水工程的设计经验少，多按照污水常规处理技术的设计方法来设计中水工程，没有考虑中水处理工艺特点，选用的处理工艺及设计参数不合理，使工程运转不正常。对中水处理水源的水量和水质波动和变化规律了解不充分，设计中对调节池的作用认识不足，设计参数选择不当，不能真正起到调节水量和均衡水质的作用；尤其对于过滤单元在中水处理中的处理机理还有局限性，设计经验不足，造成在滤池的使用过程中经常出现问题，如过滤周期短、出水水质不稳定等；消毒工艺也是很重要的一环，有的设计者忽视了对水质指标的要求，而只采用臭氧消毒，使处理后的中水达不到杂用水水质标准。

3. 管理人员技术素质低。中水工程尤其是建筑中水工程一般属于单位或居住区的物业管理，管理人员中基本没有专业技术人员或高层次的技术人员来进行技术管理，经常导致运行过程管理不善和不能正常运行的现象。

4. 运行管理不善。管理人员少和技术水平低是管理不善的一个方面，另一方面对中水处理的认识不足和上级管理部门要求不严也是造成管理不善的主要原因。

5. 工程施工质量较差。中水处理工程对施工要求较高，若施工不当，将会影响以后的运行，使处理效果降低，甚至使构筑物报废。

6. 温度变化影响运行效果。中水处理大部分采用生物处理技术，受温度影响较大，北方地区冬季气温低，出水水质会受到一定程度的影响。维修和维护不及时。某些设备损坏或者没有清淤等都会影响整个处理过程。

总之，由于中水处理在我国开展的时间较短，起步晚，因此与发达国家相比无论在技术上还是管理上都有一定差距，但随着我国环保力度的加大，相信这些问题一定会得到改善。

6.8.5 发展前景

将城市污水净化处理后作为城市低水质用途的第二水源，具有开源、节流与环境保护的综合效益。西方国家的经验也证明污水资源化和污水回用在技术上是可行的，经济上是适宜的，对缓解城市缺水和推动城市可持续发展有重大作用，城市污水资源化是解决我国水资源危机的一个有效途径。目前，发达国家水的重复利用率可达到80%，而我国只有50%～60%。而且我国现有的污水处理水平和规模大都达不到深度处理或三级处理，污水经过处理以后几乎都排放了，基本上未能实现处理后的再利用。这给环保产业提出了一个新的市场问题，就是如何去开发和再利用处理过的污水，这个市场的潜力是十分巨大的，前景也很乐观。

第7章 供水安全

"水"是人的生命源泉，是其他任何物质都无法替代的资源。供水是城镇基础设施的重要组成部分，是城镇发展的"血液"，也是其兴衰及容纳能力的标志，是建设一个政治稳定、经济繁荣、科技发达、生活富裕的现代化城镇的基本条件。它既能创造良好的投资环境，又是制约城镇发展的一个重要因素。供水直接关系到工业生产和群众生活的需要，其服务是全方位的，影响是全局性的。它与城镇经济和社会发展的各要素，形成一种不可须臾分离的关系，是反映城镇发展水平的重要标志。

供水安全是指城镇供水系统能够适应经济和社会发展的需要，充分保证居民生活用水、工业用水、农业用水和消防用水，同时必须满足用户对水量、水质和水压的要求，做到具备充足的水源、足够的取水、净水设施能力和合理的输配水管理，并力求在运行过程中做到安全、可靠、经济合理。

目前，我国有662个设市城市，2万多个建制镇，城镇人口4亿多人，年供水量600多亿立方米。作为城市供水设施的重要组成部分，输水管线、制水厂、泵站、配水管网及二次供水等设施能够安全、正常、有效地运行，是城镇居民赖以生存及维持城市运转的基本保证。

然而，在全国上下高度关注节水工作和回用水循环利用的同时，一个越来越不容回避的问题呈现在人们面前——水源污染严重、供水管网老化、二次供水污染、突发事件、恐怖袭击等不安全因素的增加，城镇供水安全受到越来越多的冲击和挑战，全面加强城镇供水安全保障及应急系统的建设已迫在眉睫。

7.1 水量安全的保障技术

水量的安全主要是指基于供求关系和生态需求的水量安全。供求关系的水量安全要求水供给能力略大于水需求能力，而当水供给远远超过水需求时，就会形成洪涝灾害，这时强调人类要有抵御洪涝灾害的能力。水资源安全的基本度量是水资源承载力，如果一个地区的经济发展需水量超过这个基本度量，我们也认为是不安全的，这时就要寻找新水源或采取区外调水措施。水资源生态安全指生态系统的最低需水应该得到保证，人类不能挤占过多生态用水而使生态系统崩溃。因此人类必须树立水资源可持续利用的概念，即水的利用量不能超过水的再生补充量。水资源量安全分为自然型和人为型的水安全。近百年来，全球变暖、气候异常导致了中国极端降水量增加，形成洪涝灾害；而局部地区降水量减少又形成了自然资源型缺水；与此同时，水资源需求量的增加和盲目掠夺式的开发，进一步加剧了水量的安全问题，又形成了人为型的缺水。

目前，我国水资源供需矛盾比较严重。在全国 662 个城市中，缺水城市达 300 多个，其中严重缺水的城市 114 个，日缺水 1600 万吨，每年因缺水造成的直接经济损失达 2000 亿元，全国每年因缺水少产粮食 700～800 亿 kg。

进入 21 世纪，我国水资源供需矛盾将进一步加剧，据预测，2010 年，全国总供水量为 6200～6500 亿 m^3，相应的总需水量将达 7300 亿 m^3，供需缺口近 1000 亿 m^3，2030 年全国总需水量将达 10000 亿 m^3，全国将缺水 4000～4500 亿 m^3，到 2050 年全国将缺水 6000～7000 亿 m^3。值得说明的是，在 1949～1994 年的 46 年间，我国的供水量仅增加 4000 亿 m^3，在此期间水资源开采利用较容易，难度较小，如果在今后 30 余年水资源供水量增加 4000～4500 亿 m^3（或者 50 多年增加 6000～7000 亿

m³），完成这项任务非常艰巨。

由此可见，21 世纪我国水资源供需面临非常严峻的形势，如果在水资源开发利用上没有大的突破，在管理上不能适应这种残酷的现实，水资源很难支持国民经济迅速发展的需求，水资源危机将成为所有资源问题中最为严重的问题，它将威胁中华民族的腾飞，前景十分令人担忧。

21 世纪中国水资源问题向我们提出了严峻的挑战，我们必须采取一系列措施，才能解决解决水资源安全问题，进而为中华民族的崛起和腾飞保驾护航。毋庸置疑，解决我国 21 世纪水资源安全的基本出路是开源、节流和加强管理，这是总的方向。在具体宏观对策上，我们必须采取以下对策：

7.1.1 开展以提高用水效率为中心的技术革命

用水效率和水资源利用率两个不同的概念，它偏重于单位水资源所获得的效益。我国的水资源开发利用率较高，但是水资源利用效率比较低下，导致宝贵的水资源浪费十分严重。如我国的农业长期以来采用粗放型灌溉方式，水的利用效率很低，水的有效利用率仅在 40%左右，现有灌溉用水量超过作物合理灌溉用水 0.5～1.5 倍以上；工业和城市用水浪费现象也很严重，除北京、天津、大连、青岛等城市水重复利用率可达 70%以外，大批城市水资源的重复利用率仅有 30%～50%，有的城市更低，而发达国家已达到 75%以上。

我国节水有很大的潜力可挖。城市生活用水的节水潜力也很大，大约有 1/3～1/2 潜力可挖。我国目前节水效益水平与国际上比较还是低的。据有关资料分析，美国 1990 年用水效率为 10.3 美元/m³，1989 年日本为 32.4 美元/m³，我国 1995 年用水效率为 10.7 元/m³，我国 1995 年的用水效率只有美国的 1990 年 1/8，日本 1989 年的 1/25，说明我国节水潜力很大。1978～1984 年的资料表明，北京、天津两城市工业总产值分别增长了

1.8倍和1.6倍，但由于提高了水的重复利用率，从40%～46%提高到72%～73%，而万元产值耗水量却减少了。

因此，我国必须掀起一场提高用水效率的革命，大幅度提高用水效率。为此，应该进行以提高用水效率为中心的技术革命，如提高水利产业中科技含量，农业大力推行节水灌溉技术，工业要采用先进技术和工艺，提高循环用水的次数，生活用水设施采用先进节水措施等。

7.1.2　水资源管理一体化

所谓的水资源管理一体化，是指将水资源放在社会—经济—环境所组成的复合系统中，用综合的系统的方法对水资源进行高效管理。水资源管理一体化的主要思想是，水资源不仅是自然资源，而且是对环境有相当制约的环境资源，它对国民经济发展、人们生活福利的提高以及人类社会的可持续发展都有重要的影响，所以，水资源管理不能"头痛医头，脚痛医脚"的方法，而应该采取"动一发而牵全身"的系统方略。

水资源管理一体化在客观实施上具有多层次性。如区域水量与水质管理的协调统一，流域管理与行政管理的协调统一、水资源管、供、用和治理协调、水资源利用和湿地保护统一，水资源地表与地下水-降雨联调，水资源开发利用与森林保护相统一，区域产业结构的调整和布局充分考虑水资源承受能力等等。

管理上的一体化，其中起重要作用的是机构协调和目标的一体化，其要求有关部门管理协调统一，部门之间必须拧成一股绳，协同作战，不能各自为政。水资源管理涉及众多部门，例如，节水农业是一个系统工程，涉及到农业、水利、科技、气象、城建、环保、宣传、计划和行政部门等众多部门，单靠某一部门开展节水农业的发展是难以实现，如果各自为战，难以形成合力发挥最大效益，效率低下，而且造成国家财富的损失，必须通过有关部门的大力协作来完成。

从效益上来看，水资源管理一体化最终目标是水资源开发利用必须达到经济效益、社会效益和生态效益的协调统一，其效益衡量尺度必须具有较大。如充分利用当地当地的降雨资源，从局部上来考察，可能提高了水的利用效率，具有较好的社会效益和经济效益，但从整个流域的角度来认识，假设流域的各个区域皆以留住当地水资源为己任，流域水资源地表径流会发生大的改变，甚至导致大江大河的断流，引起更大的生态环境问题。所以，充分利用当地水资源是以流域可承受能力为极限，是有条件和限制的。对于大空间的水资源一体化必须通过政府的调控来实现，区域是无法来完成的，特别是在随着社会主义市场经济的逐步完善，各个区域皆以经济效益为最终目标条件下，政府的水资源管理一体化宏观调控功能更应该加强和完善。

7.1.3 建立高效有序的水资源管理机制

水资源管理一体化，必须有相应的管理机制作为保证，建立高效有序的水资源管理机制，是解决 21 世纪水资源安全不可或缺的重要途径。

目前，我国水资源管理机制不合理，造成水资源开发利用出现许多问题，仅以农业水资源开发利用为例，主要存在以下问题：（1）机制失灵，水资源短缺与水资源浪费共存；（2）现行体制和政策难以形成有效的节水机制，管理单位失去节水的积极性，不利于节水，甚至鼓励多用水；（3）灌溉工程老化，仅以渠道工程老化为例，在被调查的 373 座渠道建筑物中，完好的仅占 4%；（4）过度超采，生态环境恶化，出现大面积地下漏斗，地面沉降或裂缝，黄河断流，海水入侵等；（5）水利工程管理单位收不抵支，举步维艰。为了 21 世纪水资源安全，水资源管理机制必须有一个大的突破。

首先，必须将将节约用水、保护水资源作为一项基本国策。我们必须向实施计划生育国策那样来实现这一国策。在全社会形成节水和保护水资源风气，把它作为全民的行动，与社会经济可持续发展效益结合起来，要坚持不懈，无论产业结构布局和调整，还是各项政策的制订和实施，必须充分考虑水资源的制约因素，建立节水型社会。

其次，在管理方面，改变原有的管理方法，由供给管理转向需求与供给管理有机结合的管理，进而逐步实现需求管理。

第三，改革现行的行政管理体制，实施"事企"剥离，其目标是：在水利行政部门的宏观指导下，真正做到产权清晰，权责明确，建立用户参与管理决策的民主管理机制，如"经济自立灌排区"水管理模式。

第四，制定《节水法》，依法促进节水型社会和水管理机制的转变。通过法律途径规范节水型社会的建设和高效水管理机制的形成，是以法治国的组成部分之一，也是节水得以顺利发展的前提和方向。根据我国水资源实际情况，应该在有关法律基础之上，尽快制订《节水法》。该法是一项综合管理法，对节水有关工作予以规范，其调整范围为高效利用水资源等有关活动。

7.1.4 充分重视水资源战略储备及相应技术的技术贮存

21 世纪我国面临着严重的水量危机，为了应付这种沉重的危机，我们必须做好水资源后备战略储备及相应技术的技术贮存。作为后备的战略水资源，最主要的是海水利用、调水、大气水的开发。

海水是战略后备水资源基地，具有"取之不尽，用之不竭"特征，在我国水资源日益紧张的情况下，充分利用海水和向大海要淡水成为一条必由之路。早在 20 世纪 80 年代，全球已建成7536 座海水淡化厂，特别是淡水资源奇缺的中东地区，现已把海水淡化作为提供淡水的惟一途径。沙特 20 世纪 80 年代建立了第一个大型海水淡化联合企业，目前已发展 23 个大型现代化工厂，淡化水量也由开始的 0.227 亿升淡化水增加到现在 23.64 亿升，基本解决了长期困绕的淡水问题。目前我国沿海城市一半以上缺水，海水淡化和海水利用应作为解决沿海和岛屿水资源不足的重要途径和方法之一，应该做好相应的规划，并进行海水资源开发利用研究和实践，在充分吸取国内外经验基础上，设计和建造适宜于我国需求的海水淡化系统。

调水是解决水资源分布不均衡的重要手段之一。"南水北调"是一项战略性工程，从长期来看，是必然要实现的，只是选择最佳时间问题。我国另一个具有战略意义的水资源在西南诸河，西南诸河具有丰富的水资源，可以通过适当的方法来调控，"大南水北调"工程设想是值得考虑和探讨的。

大气水的开发利用是解决水资源危机的另一条途径。国际上自 1946 年首次实施人工降雨成功以来，至今技术逐步成熟，积累了一定经验，我国也开展了一定工作，如 1995 年河北开展的人工降雨取得了显著的效益，据测算，投入和产出效益比在 1：30 以上。因此，我国应该采取一定措施，从战略的角度重视大气水的开发利用，从全国的角度制定大气水开发利用规划，研究大气水的开发利用对地表径流及生态环境的影响，开发投入低、产出高的新技术。

由于后备水资源开发利用难度较大，技术要求很高，所以，我们应该从讲政治和战略的高度，加强有关技术的研究和贮存，否则，难以支撑 21 世纪水资源需求。

7.2　水质安全的保障技术

水质的安全包括地表水水质的安全和地下水水质的安全。地表水的水质主要是指河流水质、湖泊水质、水库水质、灌渠引水水质以及与人类关系最为密切的饮用水水质。水质安全属于水资源安全中的第一个层次，也是最为重要的一个层次。由于污染造成的缺水属于水质型缺水。20 世纪 70 年代末，尤其是改革开放以来，工农业和城市迅速发展，经济持续高速增长造成水质的质量明显下降。粗放的、外延性的经济增长方式是以牺牲生态环境和大量消耗资源为代价的，是造成中国水质安全问题的主要因素。汪恕诚部长曾指出："我国的水污染问题十分严重，其造成的严重后果不亚于洪灾和旱灾。"针对目前水质安全存在的问题，主要有以下几个方面的保障技术：

7.2.1 加强水污染控制

加强水污染控制，保护水源安全是城镇供水水质安全保障的基本对策和治本措施。水环境污染是威胁水源水质安全和城镇供水水质安全的根本原因，因此治理水环境污染，采取以清洁生产为代表污染预防性的源头控制为主、以总量控制与达标排放相结合污染物削减方式的末端治理为辅的防污减灾战略；把保护好与人民生活密切相关的饮用水源，保障饮用水的安全作为水污染防治的突出重点。具体措施主要有：

1. 不准在饮用水源保护区内设置城市生活污水排放口，取水口上游 2000m、下游 500m 的城市生活污水口应强行改道。

2. 位于饮用水源保护区内的工业废水排放口应改设于保护区外达标排放。

3. 禁止在饮用水源保护区内发展餐饮、娱乐业，对饮用水源保护区现有的餐饮、娱乐业应坚决予以取缔，并防止死灰复燃，切实保护饮用水源水质。

4. 清运保护区内的垃圾堆，完善水体周围的生活垃圾清运系统。

5. 逐年削减工业源的污染物排放量。

6. 促进污染物排放量大的企业搬迁。

7.2.2 采用先进适用的水处理技术

采用先进适用给水处理新理论、新工艺、新材料和新设备，替代传统工艺和技术，对现有给水处理工艺和设备进行更新改造，强化适应处理微污染水源水的工艺能力，提高处理水质是城镇供水水质安全保障的有效对策和措施。根据有关专家对微污染水源饮用水处理研究的结果，提出以下安全优质水保障技术措施：

1. 化学氧化法。即采用不产生有害副产物或产生安全量副产物的化学药剂，对原水进行预氧化处理，以去除或降低水中的有机污染物，例如高锰酸钾、臭氧和过氧化氢等强氧化剂。

2. 强化混凝法。即采用向水中投加过量的混凝剂和助凝剂，并控制最佳的混凝条件，提高常规处理中有机物的去除效果，最大限度地去除消毒副产物的前驱物。该法对于污染很轻的水源，使处理后水达标经济有效。

3. 生物接触氧化法。即采用附着在填料表面的微生物对水中的污染物进行吸附和降解，用曝气的方式供氧。填料可以采用活性炭、陶粒等高比表面积的粒状多孔介质。该方法能够有效去除氨氮和有机物等可生物降解物质。

4. 活性炭吸附法。即利用粒状活性炭吸附去除水中的污染物。可在传统水处理系统之后作为深度处理工艺单元，可与臭氧氧化结合成为臭氧-生物活性炭工艺。

5. 即采用微滤膜、超滤膜、纳滤膜等膜滤方法去除水中污染物。一般接在其他处理系统之后作为深度处理工艺单元，以生产优质水。

6. 紫外线消毒。即利用紫外线光源产生的 $200 \sim 275nm$ 波长的紫外线杀灭水中微生物的消毒方法。该方法不产生任何对人体有害的消毒副产物，是一种高效、经济、安全的饮用水消毒工艺，可作为氯化消毒的替代消毒方法。

7.2.3 强化输送蓄贮过程中的二次污染控制

采用有效措施防治成品水在输送蓄贮过程中的二次污染，是保障城镇供水水质安全的关键环节。城镇供水水质安全保障体系是一项系统工程，从水源到用水点，不论是水源保护和净水工艺，还是管网输送和蓄贮加压，任何环节出现问题或者不当，都会影响用水点处的水质安全，因此进行全程质量控制是非常必要的。防治二次污染的主要措施如下：

1. 采用防污染的输水和配水管材。采用各种卫生级的塑料管、不锈钢管或有卫生级环氧树脂涂层的金属管。淘汰混凝土管和冷镀锌钢管等易溶解出污染物和易产生锈垢的管材。

2. 采用防治污染的二次供水设施。改进贮水池（箱）的工艺结构，保证水的流动性，防止微生物滋生；要采用防止污染的卫生材质建造水池（箱），防止锈垢等污染物产生；二次加压系统宜采用微机变频调速水泵装置，省去高位水池（箱），减少了一次污染的机会。

3. 采用紫外线二次消毒措施，确保用水点处微生物指标合格。

4. 必要时在用水点处采用二次净水措施。

7.2.4　建立城镇供水水质安全监测体系并提高水质检测水平

建立健全和完善城镇供水水质安全监测体系，在对城镇供水企业监督管理的同时，以便给有关部门及时准确地提供各个供水环节的水质信息，为城镇供水水质安全做出准确的预警，为纠正影响水质安全性的疏漏提供科学可靠的技术依据；为修订生活饮用水水质卫生标准提供依据。水质检测部门和供水企业应在媒体上定期公布饮用水水质检测结果，以便让消费者知情。

提高水质检测管理部门和供水企业的检测水平，采用先进的仪器设备和分析方法，提高水质分析精度，以确保城镇供水水质安全。

7.3　突发事件的操作原则

城市供水突发事件按其严重程度不同分为两个级别：一级即

红色突发事件，指事态非常紧急和严重的突发事件，主要包括供水干管突发爆管；水厂突发停产事件，如突然停电、设备事故、供水灾害等；原水水质、出厂水水质、管网水水质受到严重污染；用户水管冻堵导致大面积无水影响；液氯严重泄漏；供水设施严重被盗；出现严重疫情导致供水受到严重影响的；八级地震、洪水、龙卷风等其他自然性灾害造成供水受到影响的。二级即黄色突发事件，指事态一般紧急的突发事件，主要包括供水主要配水管网突发爆管；原水水质、出厂水水质、管网水质受到轻度污染；用水管道冻堵导致小面积无水影响；其他一般突发事件。为了应对突发的给水事件，各水厂要起草制定突发事件应急处理预案。构建监测预警、信息报告、快速控制、指挥有力的完整保障体系，制定水质污染、水厂运行、水厂停电等突发事件的应急处理预案，以保障正常供水。要对水厂的供水设备进行全面检查和保养；对主要管网进行听漏检查，发现管道漏水及时抢修；加强对水厂和管网的水质监测，及时掌握水质情况，并对供水管网进行排水冲洗，保证供水质量；加强抢修组力量，实现全天候值班制度，做到出现问题，及时抢修。

第8章 西部小城镇水厂的运行管理

8.1 西部小城镇供水运行存在的问题

8.1.1 供水运行现状

小城镇供水是小城镇经济的重要的基础设施。自 20 世纪 50 年代至 70 年代，我国国民经济基础薄弱，农村经济很不发达，群众生活水平较低，小城镇供水发展缓慢。党的十一届三中全会以后，由于农村经济体制的改革，小城镇企业得到蓬勃发展，各级领导开始重视供水工作。1988 年国务院批准水利部"归口管理乡镇供水"，明确指出把乡镇供水作为水利工作的一项重要内容。自此，小城镇供水进入了一个新的阶段。截止 1999 年底，全国已累计建成不同规模的小城镇供水工程 2.84 万处，日供水能力 5000 万吨，解决和改善了 1.5 亿人口和大量乡镇企业事业单位的生产和生活用水，对发展小城镇经济和改善人民生活，特别是对发展小城镇企业和加快小城镇建设发挥了重要作用。同时，促进了城乡水资源的统一管理，推进了城乡供水一体化管理进程。

1. 供水普及率

据统计，1998 年全国县级市、县、建制镇、乡自来水普及率分别为 91.4%，86.7%，79.1%，55.5%。与"九五"前 3 年相比增长速度分别为 0.44%，0.26%，2.2%，3.56%，与县相比，建制镇、乡自来水普及率增长速度较快，但其普及率仍较低。随着城镇化水平的提高，对乡镇供水将提出更高的要求，考虑需要可能，2001～2005年期间，县级市、县、建制镇、乡自来水普及率分别每年平均提高0.4%，0.6%，1.0%，2.0%；2005年之后，分别每年平均提高0.3%，0.6%，0.8%，1.8%，预测2010年自来水普及率分别达到95.7%，93%，90.1%，78.9%。

相对于全国平均水平，西部小城镇的供水普及率远远低于这个水平，但其增长速度却远远高于全国水平。

2. 日供水能力

据统计，全国有供水设施的建制镇和集镇，由1990年的15489个增加到1998年的28343个，增长了83%。拥有供水设施的乡镇数占总乡镇数的比例由31%增加到61%。乡镇日供水能力由1496万m^3增加到3652万m^3，增长了144%。年供水量也由35.21亿m^3增加到89.97亿m^3，增长了155.5%。目前全国县级市、县、建制镇、乡的总日供水能力（含自建设施供水能力）已达10043万m^3，年供水量达210.17亿m^3。

我国西部地区属于全国经济比较落后地区，但随着西部大开发战略的实施，给西部带来了许多发展的机会，使得西部地区经济增长速度加快，人民生活水平不断提高，占有全国小城镇水量近28%的西部各省区，1999年西部地区市场销售平衡增长，工业生产也稳定增长。经济的增长带动了小城镇的发展，使得一部分农村人口迅速向小城镇转移，一些小城镇人口成几倍、十几倍甚至几十倍地增加，因而小城镇的供水规模相应增大，日供水能力也相应增加。西部小城镇的发展还只是初步阶段，增长速度高于全国水平，因而日供水能力的增长速度也高于全国小城镇平均水平。

3. 生活用水量

1990～1998年县级市、县、建制镇、乡年生活供水量与人均日综合生活用水量呈逐年增长的趋势，其中乡镇的增长更为突出。建制镇的年生活用水量由 1990 年的 9.96 亿 m³，增加到 1998 年的 29.97 亿 m³，年增长率接近 15％；县、镇、乡的年增长率均为 2％～3％。用水人口、自来水普及率也逐年增长。乡镇供水的发展，使饮用水的安全和卫生有了保障，提高了居民的健康水平。有的乡镇供水还使洗衣机、卫生洁具、热水器等进入家庭，有利于改善家庭卫生环境，使乡镇生活用水水平进一步提高，生活用水量因而也随之相应增加。

4. 生产用水

乡镇供水为乡镇企业的迅速发展提供了最基本的物质保障。由于乡镇产业结构的调整以及第三产业的发展，乡镇生产用水出现了下降的趋势。乡镇企业的生产用水在生活和生产总用水中所占的比例，已由 1992 年的 59.08％降低到 1998 年的 55.32％，且还有逐渐减少的趋势。生活用水则由 40.92％上升到 49.68％，且有逐渐增加的趋势。县和县级市的生产用水也有逐渐减少的趋势。

对于东部沿海地区，小城镇的乡镇企业比较多，许多小城镇的发展主要是以工业生产为主，生产用水随着设备的改进，技术的成熟，生产用水呈下降趋势；但对于西部小城镇，乡镇企业规模小、数量少，许多小城镇主要是以农业为主，生产用水比例小，但随着小城镇战略实施，招商引资的引入，将会带来西部小城镇生产用水比例的增加。

5. 乡镇自建供水设施

据统计，全国乡镇自建供水设施占乡镇总供水能力的比例，由 1992 年的 40.32％降低到 1998 年的 30.55％，乡镇公共供水设施所占比重则由 59.68％增加到 69.45％。县自建供水设施占县总供水能力的比重由 1992 年的 46.81％降低至 1998 年的 27.59％，公共供水设施所占比重则由 53.19％增加到 72.41％。乡镇和县自建供水设施比重的下降，不仅有利于水资源的合理开发利用，也有利于管理水平的提高，并能更好地发挥公共供水设施的规模效益。

6.饮用水处理现状

由于各地经济发展水平及人力、物力条件的差异,一些经济发达地区小城镇,已建有现代化的自来水厂,而经济欠发达地区,受经济条件限制,只能建设简易的供水设备,还有一些贫困的乡镇,至今还没有供水设施。西部地区小城镇,由于受经济条件限制,许多供水企业净水工艺简单,供水设备简陋。

8.1.2 存在的问题

1.处理设施不完善,处理水质不达标

随着人们物质生活水平的提高,科学的进步,人们对饮用水的认识,对水中有害物质的认识更加深刻,对水质要求不断有新的发展。生活水平的提高,使得人们对水质的要求有了新观念,要求饮用水水质第一无害,第二有益。

西部地区经济比较落后,许多小城镇的处理工艺比较落后,设备老化程度偏高,处理水质根本达不到国家饮用水标准。同时随着国家饮用水水质指标不断提高,水处理的难度增大。

2.供水水量不足,水压不够

由于西部小城镇现有处理设施建设较早,供水规模偏小,经济比较落后,改善设施比较少。供水发展速度不能适应社会、经济发展的要求。尚有很大一部分小城镇没有统一的供水设施或供水不足,严重制约着当地社会、经济的发展。许多小城镇供水还停留在农村供水的水平,当时主要解决集镇居民生活用水为主,水质水量设计标准更接近农村发展的水平;高层建筑少,一般不会出现水压不够的问题;供水规模小,设施简陋,因而保证率也不高;经济的落后,人们生活水平偏低,供水普及率也比较偏低。随着小城镇战略实施,经济的发展,会使一些小城镇的乡镇企业和人口成几倍、十几倍甚至几十倍地增加,供水规模将随之扩大,生产用水比重上升;而且,随着城镇化的发展,高层建筑会越来越多，人们的生活方式也将发生大的变化，原有的供水水量、水压根本不能满足小城镇的发展要求。

3. 经营管理体制不善，人员素质偏低

西部小城镇一些水厂仍在延用计划经济体制下的管理模式，缺乏科学的管理方法，缺乏现代企业管理意识，经营管理水平低，经济效益差。这些水厂普遍存在技术力量较薄弱、管理水平较低的特点。供水企业是一种特殊的行业，对从业人员有一定的技术要求。各生产岗位人员要通过技术培训，取得资格证书后方可持证上岗。小城镇水厂普遍存在的技术能力较差的问题，对水质的意识不强，认为只有要有水送就行。同时随着供水行业的发展，供水设备越来越趋向于自动化管理，这也同时要求我国的供水技术人员素质相应的提高。另外，一些地区没有按国务院赋予水利部门归口管理乡镇供水的要求去做。仍然存在"多龙管水"现象，影响小城镇供水正规化、规范化和科学化的管理。

4. 建设资金不足，供需矛盾冲突

小城镇供水建设资金的筹措以自力更生为主，国家补助为辅的原则。由于供水发展较差的地区，多为经济欠发达地区，因此企业和群众的自筹能力也较差。目前贷款的绝对量虽有所增长，但缺口仍较大。

小城镇供水工程面广量多，工程投资一般较大，建设资金不足是制约乡镇供水发展的重要因素之一。加快小城镇建设，要求乡镇供水的发展与之适应并适当超前。根据目前的价格水平测算，2001～2010 年，全国乡镇供水建设的投资需要 520～680 亿元，平均每年 52～68 亿元。而目前每年乡镇供水建设的实际投资约为 16 亿元，缺口 36～52 亿元。因此，研究乡镇供水合理的投资政策和有效的融资方式，是发展乡镇供水最为紧迫的任务。

5. 供水水价偏低

部分小城镇供水工程水价不到位。小城镇所在地已建成并投入运行的集中供水工程中，水价达不到成本的约占 1/3。由于水价偏低，供水企业难以进入良性循环的轨道，不仅影响工程的经济效益，也影响社会效益的发挥。

8.2　水厂生产运行管理

8.2.1　构筑物的运行管理

1. 沉淀池的运行管理

（1）主要控制指标

1）沉淀时间

沉淀时间即原水在沉淀池中实际停留时间。它是沉淀池设计与运行的重要指标，对于沉淀效果和出水水质起到重要作用。

① 平流式沉淀池，《室外给水设计规法》（GBJ 13-86）中规定沉淀时间宜为 1.0～3.0h。实际运行中，一般在 1.0～1.5h 就能满足运行要求，低温低浊时往往超过 2h。

② 据设计运行经验，水在斜板（管）内的停留时间一般为 2～5min。

③ 竖流式沉淀池的停留时间一般为 2～3h。

2）液面负荷

液面负荷（表面负荷率），即沉淀（澄清）池单位液（水）面积所负担的出水流量。

① 平流式沉淀池：较为理想的液面负荷如表 8-1 所示。

平流式沉淀池液面负荷参考指标　　　　　表 8-1

原　水　性　质	液面负荷（m³/（m² · h））
浊度在 100～250 度的凝聚沉淀	1.87～2.92
浊度大于 500 度的混凝沉淀	1.04～1.67
低浊高色度水的凝聚沉淀	1.26～1.67
低温低浊水的凝聚沉淀	1.04～1.48
不用凝聚剂的自然沉淀	0.42～0.63

② 斜板（管）沉淀池的液面负荷在一般专业书籍中是对沉淀池总平面面积而言的，即包括斜板（管）净出水口面积、斜板（管）材料所占面积和无效面积（如第一块斜板所占面积）三部分。而《室外给水设计规范》则规定，异向流斜管沉淀池斜管沉淀区的液面负荷一般可采用 $9.0\sim11.0m^3/(m^2\cdot h)$；同向流斜板沉淀区的液面负荷一般可采用 $30\sim40m^3/(m^2\cdot h)$。

原水在池内有 3 种流向，即异向流（上向流、逆向流）、同向流（下向流）和横向流（侧向流、水平流）。

3）流速

① 平流式沉淀池的水平流速一般应控制在 $10\sim25mm/s$。

② 斜管与斜板内的流速，异向流斜管宜为 $2.5\sim4.0mm/s$；横向流斜板可参考平流式沉淀池的水平流速，一般为 $10\sim20mm/s$；同向流斜板宜为 $3\sim8mm/s$。

③ 竖流式沉淀池沉淀区的上升流速一般宜控制在 $0.5\sim0.6mm/s$。

（2）操作管理要点

1）及时掌握原水水质及水量的变化情况。主要目的在于正确地确定凝聚剂的投加量，以保证沉淀池内的凝聚和沉淀效果。因此，操作人员应对原水的浊度、pH 值、碱度等定时进行测定。一般每班应测定 $1\sim2$ 次，如原水水质变化较大时，则需$1\sim2h$ 测定一次。同时，要了解进水泵房的开停泵的情况，及时掌握水量变化对沉淀的影响，调整凝聚剂的用量或采取其他措施。

2）注意观察絮凝效果和沉淀池内絮体形状。如沉淀池遇到异常情况，应及时查出原因并采取相应措施。

3）原水藻类含量较高时或发现沉淀池内藻类滋长较快，可采取在原水中顶加氯的方法予以抑制。此外，应保持沉淀池内外清洁卫生。

4）及时排泥对保证沉淀池的正常运转至关重要。如沉淀池底积泥过多，将会缩小沉淀池过水断面、相应缩短沉淀时间、减少沉淀池容积，影响沉淀效果而导致出水水质变坏。如排泥过于频繁又会增加耗水量。采取人工清理排泥的沉淀池，应该在每年高峰洪水前进行排泥。

5）斜板（管）沉淀池除按上述操作管理外，还应注意以下几点：

① 当采用聚氯乙烯蜂窝材质作斜管，在正式使用前，要先放水浸泡去除塑料板制造时添加剂中的铅等。

② 安装时，应将尼龙绳把斜管体与下部支架或池体捆绑牢固，以防充水后浮起；安装时，应将斜板（管）与池壁的缝隙堵好，防止水流短路。

③ 在日照较长，水温较高地区，应加设遮阳屋（棚）盖等措施，以防藻类繁殖与减缓斜板管材质的老化。

④ 斜板（管）顶部如出现集泥现象，应降低水位、露出管孔、用压力水冲洗。

2. 水力澄清池的运行管理（机械搅拌澄清池可参考运行）

（1）运行操作要点

1）初次运行

① 逐渐打开进水闸阀，若进水浊度在 200 度以上，进水量应控制在设计流量的 1/3，相应凝聚剂投加量为正常投加量的 1.5～2.0 倍；

② 若原水浊度在 200 度以下，为加速形成活性泥渣，可在第一絮凝室投入适量粉末状黏土，然后池子开始进水。进水量约为设计水量的 50％左右，凝聚剂投加量为正常药量的 3～4 倍；

③ 当池子开始出水时，要仔细观察分离区、絮凝室和出水水质的变化情况。如第一絮凝室中泥渣含量已经增高，分离室的悬浮物与水已经开始分离，虽有少量絮体上浮，但面上的水不是很浑浊，可以认为投药适当；如第一絮凝室水中泥渣含量降低，或投泥时水浑浊，不加泥时变清，分离区还有泥浆向上翻，则说明投药与加泥量不足，需增投药与投泥量；当出水水质不好时，

应及时排放，不能进入滤池。

④ 测定各取样点的泥渣沉降比，以掌握絮凝过程中泥渣的浓度与活性，是运行中重要的控制参数值一。如喷嘴附近泥渣沉降比增加较快，而第一絮凝室出口处却增加很慢，说明回流量过小，应调整喉嘴距离，增加回流量；若上述两处泥渣沉降比增加情况相同，表明已形成的泥渣回流量合适，这时如出水已经正常即可将池子投入正常运行。

⑤ 如有两个澄清池，其中一个的活性泥渣已形成而另一个未形成，则可利用已形成活性泥渣的池子，把活性泥渣引入另池。若一次不够，可进行多次，直至活性泥渣形成。

2）正常运行

① 每隔 1～2h 测定一次原水和出水浊度、水温和 pH 值，如水质变化频繁，测定次数应适当增加；

② 每隔 2～4h 测第一絮凝室出口与喷嘴附近处泥渣沉降比。泥渣沉降比的测定方法和操作如下：

取泥渣水 100mL，置于 100mL 的量筒中，静止沉淀 5min 后，沉下泥渣部分所占总体积的百分比即为 5min 历时的泥渣沉降比。

3）停池后重新运行

① 停池较长时间后，池内泥渣已被压实，在重新运行时，应先开启底部放空管闸阀，排出池底少量泥渣，使底部泥渣松动，然后进水；

② 进水时应适当增加凝聚剂投加量，待出水水质稳定后，再逐渐恢复到正常投加量。一般停池 24h 后，可在 1～2h 内恢复正常运行。

（2）运行中的几个主要环节

1）投药适当

凝聚剂的投加量应根据进水量和水质的变化随时调整。

① 如分离区中有细小絮体上升，出水水质浑浊，泥渣颗粒

细小不易沉降，泥渣水浑浊不透明，而呈乳白色等现象。一般是由于投加凝聚剂剂量不足或碱度不够所造成，应采取相应措施。

② 如絮体大量上浮、泥渣层升高或溢出，则应根据不同原因分别处理。如因进水量超过设计流量引起，则应减少进水量至设计流量；若因进水水质变化，藻类大量繁殖，原水 pH 值升高引起，可采用澄清前加氯或在第一絮凝室出口处投加漂白粉等办法解决。

③ 如因中断投加凝聚剂时间过长或投加量长期不足，分离区出现泥浆水如同蘑菇状上翻，泥渣层完全趋于破坏状态时，应迅速增加凝聚剂投加量为正常时的 2～3 倍，并适当减少进水量。如情况尚没有好转，应停止运行约 1h 左右，待清水区的水有所澄清再投入运行，此时应适当减少进水量，增加投药量。

④ 若清水区水层透明，可见 2m 以下泥渣层，并出现白色大颗粒絮体上升，一般属于投加凝聚剂过量。

2）及时排泥

生产运行中要掌握好排泥周期和排泥时间，既要防止泥渣浓度过高，又要避免出现活性泥渣大量被排出池外，降低出水水质。

① 当因回流泥渣量过高引起絮体大量上浮、泥渣层升高或溢出等，则应缩短排泥周期或延长排泥历时，增加排泥量；

② 遇有池底有大量小气泡或块状泥渣上浮现象，应停止运行、清除池底积泥。

③ 在生产运行中逐渐摸索和掌握排泥量。如第一絮凝室泥渣含量在排泥后显著下降，说明排泥过量或排泥阀未关紧，应及时解决。

3）注意对特殊原水水质的处理

① 当原水浊度小于 30 度或原水腐殖质含量较高而不易净化时，出现泥渣层上升，絮体上浮随水流带出等现象，可适当投加黏土和漂白粉废渣，促使絮体变得重而密实，加速下沉；

② 当原水浊度为 10 度左右时，不宜经常排泥，以使沉降比尽可能保持高一点。有时亦可采取适当减少进水量的措施，避免大量絮体上浮，迫使泥渣层有所降低，以增加活性泥渣的回流量。

4）掌握运行的影响因素，加强管理

水力循环澄清池对气温、水温、流量、水质等的变化反应比较敏感，故在运行中必须加强管理。

① 掌握沉降比与原水水质，凝聚剂投加量、泥渣回流量与排泥时间之间变化关系的规律。原水浊度高，水温低时，其沉降比通常要控制小一些；相反，则要控制大一些。排泥周期与排泥量应根据原水水质情况确定，通常沉降比达到 15％～30％时，则需排泥；

② 掌握进水管压力与进水量之间的规律，避免由于进水量过大而影响出水水质，或因进水量过大，过小而影响泥渣回流量，通常可采取调整进水压力的方法对进水流量进行控制。

③ 掌握气温、水温等外界因素对运行的影响，加强对清水区的观察，以便及时处理事故，避免水质恶化。

3. 快滤池的操作管理

（1）操作要点

1）逐渐打开进水阀。当水位上升到排水槽边缘时，慢慢开启出水阀，开始过滤。有排放初滤水条件的，应将初滤水排掉。当出水浊度达到要求时，方可将出水阀全部打开，引入清水池。并将有关检测项目及数据，如出水浊度、水头损失等记录下来；

2）冲洗滤池按下列顺序进行：

① 关闭进水阀；

② 在滤池内水位下降到滤料层砂面以上 10～20cm 时，关闭出水阀；

③ 开启排水阀；

④ 慢慢打开反冲洗水阀；

⑤ 冲洗 5～7min，使反冲洗水的浊度下降到 20℃ 左右时，关闭反冲洗水阀，冲洗停止。

3）恢复滤池工作按下列顺序进行：

① 关闭排水阀；

② 打开进水阀；

③ 按过滤要求检查和管理。

（2）运行管理要点

1）清除滤池内杂物，检查各部分管道和闸阀是否正常，滤料面是否平整，高度是否足够，一般初次使用时滤料比设计要加厚 5cm 左右；

2）放水检查。放水按本节"操作要点"进行，要求缓慢进水以利排除滤料内空气；

3）滤料翻换或填加滤料后，应在运行前用漂白粉或液氯配制 50mg/L 左右的含氯水，在池内浸泡一天左右，然后再冲洗一次，即可投入运行；

4）滤池运行中达到下列情况之一时，需要反冲洗。

① 出水浊度超过 3 度或 5 度；

② 滤层内水头损失达到 2～3m；

③ 运行时间达到 24～48h。

5）反冲洗前应检查冲洗水塔的水量是否足够，或清水池水位能否满足要求；

6）开始反冲洗时，滤层表面以上一般应有一定水深（约 10～15cm）。缓慢开启反冲洗阀门，并应注意控制反冲洗强度，防止冲乱滤料层和承托层；

7）滤池反冲洗后，要求滤料层清洁、滤料面平整、冲洗排水浊度一般应在 20 度以下，否则，应考虑缩短运行周期。

（3）接触双层滤料滤池

接触双层滤料滤池运行操作基本同快滤池，其特定要求如下：

1）凝聚剂的选择与投加

① 宜采用铁盐作凝聚剂；

② 可考虑在水泵吸水管、出水管或进滤池前多投几个凝聚剂投加点，通过比较后确定投加点；

③ 接触滤池一般用于直接过滤，要随时注意原水和出水的水质变化，并相应调整凝聚剂的投加量。

2）滤料的铺装和反冲洗

① 无烟煤滤料放入滤池前，必须先在清水中浸泡 2～3d，以去除煤中松散部分及浸析出可溶性物质等；

② 反冲洗前，应先将池内水位降至煤层上约 10～20cm 处；

③ 反冲洗时，初始控制阀门开启度，以较小的冲洗强度松动滤层，直至水中翻起黄色泥浆为止；最后再将闸门开启度加大，按规定的冲洗强度冲洗。在冲洗过程中，应经常观察有无煤粒流失现象。

3）运行中的注意事项

① 尽量避免间歇运行和水量的突然变化；

② 冲洗后进水量宜小，而药剂量宜适当增加。

4. 无阀滤池的操作管理

无阀滤池分为重力式和压力式两种。

（1）投产前准备工作

1）投产前或大修后，须对滤池的几个关键性标高如虹吸辅助管管口、滤池出水口、进水分配堰口及底部、进水管 U 形弯底部、排水井堰口等的标高进行实测和检查，要求达到设计要求；

2）为了防止滤料冲失，更换或翻洗滤料时，滤料面应加高 50～100mm；运行前，先将冲洗强度调节器调整至 1/4 的开启度，待试运行后根据情况逐步放大；

3）投产前，在冲洗水箱（水塔）内注入水，并使水自上而下地浸润滤料，以排除滤池内的空气；也可采用控制进水量的办法使水慢慢地从挡板洒下。

4）试运行前的滤池可采用人工强度冲洗的方法连续冲洗滤料，并按快滤池滤料消毒的方法进行管理处理。

（2）运行管理要点

1）若滤池进水浊度较高，可采取减少沉淀池进水量或增加投药量的办法，或采取人工强制方法增加冲洗次数；

2）当滤池出水水质变坏而虹吸又未形成时，可采取人工强制冲洗的办法进行冲洗；

3）正常运行时，须对滤池的进、出水浊度、虹吸管上透明水位管的水位、冲洗开始时间、冲洗历时等进行定时记录；

4）滤池运行后，最好每半年打开人孔对滤池进行全面检查，看滤料是否平整、有无泥球或裂缝等情况。

5）压力式无阀滤池运行时建议采用的滤速和期终允许水头损失列入表 8-2。

压力式无阀滤池运转数据参考　　　　　　　表 8-2

原水浊度（度）	＜70	70～130	130～200
建议滤速（m/h）	＜13	＜10	＜7
期终允许水头损失（m）	2.0	2.3	2.5

5. 虹吸滤池的操作管理

（1）操作要点

1）投产前，应检查进水、排水虹吸、所有真空虹吸系统是否正常，进水水堰板是否按设计位置就位，排空阀是否关闭严密，并应对滤料，进行清洗消毒等。

2）进水虹吸（见图 8-1（a））操作顺序如下：

① 向配水槽注水，使进水虹吸管形成水封；

② 关闭破坏管封闭阀 1 及强制破坏阀门 2；

③ 辅助虹吸管 3 将进水虹吸管空气不断抽出，直到形成虹吸、开始工作；

④ 当滤池正常工作后，再打开阀门 1。

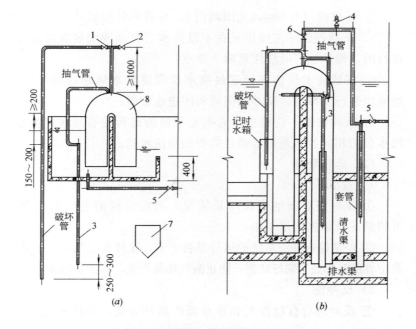

图 8-1 虹吸滤池虹吸系统示意

(a) 进水虹吸系统图；(b) 排水虹吸系统图

1—破坏管封闭阀；2—强制破坏阀；3—辅助虹吸管；4—强制破
坏及备用抽气阀；5—强制辅助虹吸阀门；6—强制操作阀；

7—洗砂排水槽；8—进水虹吸管

3）强制进行虹吸。一般情况下都能自动虹吸，如需强制虹
吸，可用胶管临时将强制虹吸与进水虹吸抽气管连通，并同时开
启阀门 4 及 2。当虹吸形成后应关闭阀门 4 及 2。

4）强制虹吸排水（见图 8-1 (b)）操作顺序。

① 开启强制辅助虹吸管上阀门 5 及 6 就可使排水虹吸管形
成虹吸进行冲洗；

② 冲洗停止后应关闭阀门 5 和 6。

5）强制破坏进水与排水虹吸。

① 开启阀门 2 使进水虹吸破坏；

② 开启阀门 6 和 4，关闭阀门 5，使排水虹吸破坏。

6）手动控制冲洗操作是在不设置水力自动冲洗装置情况下进行的，操作运行时应注意两个要点：

① 当滤池水位达到额定最高水位或滤后水质超过标准时，滤池应经行反冲洗，反冲洗前应关闭进水虹吸；

② 反冲洗前，应检查所有真空系统的运行是否正常；清水池水位的相应容积是否能满足需要的清洗水量。

（2）运行管理

1）过滤

① 定时观察滤池水位增长情况，测定滤池的进出水浊度，并将情况及数据记录下来；

② 经常检查真空系统的运行是否正常，保持真空泵或水射器、真空管路等都处于完好状态，防止漏气现象发生，并注意防冻等。

2）反冲洗

① 反冲洗有自动控制和手动操作两种方式。不论采用何种反冲洗方式，开始冲洗时都须记录当时的时间和水位，特别是自动反冲洗更应注意观察；

② 自动反冲洗的滤池，在接通排水虹吸的同时，观察是否已自动停止进水，并记录水位开始下降到进水虹吸停止进水的时间。应防止出现两格或两格以上同时反冲洗的现象；

③ 手动操作反冲洗一般宜在滤池处于最高水位时进行。操作时应注意排水虹吸是否处于反冲水位，同时关闭进水虹吸；

④ 反冲洗结束时的排出水浊度一般在 70～100 度，相应反冲洗时间为 4～10min；

⑤ 检查并记录反冲洗水面的情况。清除悬浮在水面上的藻类或其他物质，并定期洗刷池壁；

⑥ 冲洗时要有足够的水量。如果有几格滤池停用，则应将其投入运行后再行冲洗。

3）其他事项

① 沉淀（澄清）池出水水质较差时。应适当降低滤速。可在进水虹吸管出口处设置活动挡板，用挡板调节进水流量；

② 若要减少过滤水量，可破坏进水小虹吸，停用一格或数格滤池，但要保持必要的格数运行，以保证正常的冲洗水量；

③ 如需停用一格滤池，必须在反冲洗后才能停用，否则滤料易结块，形成泥球。

（3）滤池的反冲洗

反冲洗是滤池运行管理中很重要的环节。冲洗质量的好坏，直接影响滤后水水质、工作周期和滤池的使用寿命。上面已介绍各种滤池反冲洗的操作和运行要点，下面归纳滤池反冲的几个共性问题：

1）滤池反冲洗的几个控制指标

① 反冲洗强度：它与滤料的粒径、密度和水温有关。过高或过低（特别是过低）的反冲洗强度都会影响冲洗效果，一般应控制在 $12\sim15L/(s \cdot m^2)$。冬季水温低、水的黏滞度较高，反冲洗强度宜低一些。

② 冲洗方法：正确的反冲洗方法是合理地控制反冲洗强度，使其两头小、中间大。即反冲洗开始和结束时，反冲洗强度宜小些；反冲洗过程中达到强度额定值。

③ 滤池的膨胀度：常用百分比来表示，即反冲洗时滤料层膨胀部分的高度与未膨胀前滤料层高度之比。滤料膨胀不足，砂粒不易洗净；滤料膨胀过大，砂粒可能被冲走。一般要求滤料的膨胀率为 $40\%\sim50\%$。膨胀率与反冲洗强度有关，反冲洗强度大，膨胀率也大；反之，膨胀率亦小。通过测定膨胀率可以校核反冲洗强度是否合理。当膨胀率过高时，可适当调节冲洗阀门，使反冲洗强度减小。

④ 工作周期：一般宜大于 16h，有特殊情况时短期可允许缩减至 12h。

⑤ 反冲洗历时：即以此反冲洗需要的时间。反冲洗历时需

考虑两个因素，其一是要洗清滤料，其二是反冲洗结束时尽量减少排水浊度对滤水的影响。

2）滤池反冲洗质量

① 要求反冲洗时水流均匀、不产生气泡。反冲洗后滤池表面平坦，不产生起伏和裂缝；

② 良好的反冲洗过程，应是初始排水很浑、浊度很高、甚至超过 500 度以上，1～3min 后，浊度迅速下降、逐渐变清，结束时，排水浊度达到 20 度。如果反冲洗时的排水一直不太浑，说明滤料中积泥排不出，反冲洗不正常；

③ 滤池每次反冲洗后开始的水头损失应该是一样的。如果反冲洗后开始的水头损失比前次增加了，且过滤水浊度不合格，说明反冲洗不够彻底；

④ 定期测定反冲洗后上部滤层的含泥量，如含泥量超过 3%，说明滤层状态已经不好（见表 8-3），应查清原因并采取适当措施。

滤 层 状 态 评 价　　　　　表 8-3

滤层含泥量百分比（%）	滤层状态评价	滤层含泥量百分比（%）	滤层状态评价
<0.5	很好	3.0～10.0	不满意
0.5～1.0	好	>10.0	很不好
1.0～3.0	满意		

（4）运行中有关技术数据的测定

1）滤速的测定

采用近似方法测定。测定前，池内壁上标定一个距离，然后迅速关闭进水阀，并记录水位在这段距离的下降历时。按下列计算。

$$v = \frac{60h}{T} \quad (m/h)$$

式中　　v——滤速（m/h）；

h——水位下降值（m）；

T——水位下降 h 的历时（min）。

2）反冲洗强度的测定

① 用水塔反冲洗的滤池：可以根据水塔的水位标尺所示的下降水位值，算出反冲洗一次所用的水量及反冲洗时间。

$$q = \frac{W}{F \times T} \; [L/(s \cdot m^2)]$$

式中　q——反冲洗强度 $[L/(s \cdot m^2)]$；

　　　W——总耗用的冲洗水量（L）；

　　　F——滤池面积（m^2）；

　　　T——反冲洗时间（s）。

② 用水泵冲洗的滤池：反冲洗强度可利用反冲洗时滤池内反冲洗水的上升速度来测定。测定时迅速关闭排水阀，待反冲洗上升流速稳定后，测定事先已标定好的一段固定高度所需时间，每次测定需重复几次，取其平均值，并以下式计算出反冲洗强度。

$$q = \frac{1000h}{t}$$

式中　q——反冲洗强度 $[L/(s \cdot m^2)]$；

　　　h——滤池内标定的高度（m）；

　　　t——水位上升 h 时所需的时间（s）。

3）膨胀率的测定

滤料膨胀率可利用自制的测棒进行测定。该测棒用宽 10cm、长 2m、厚 2cm 的木板制作，从距底部 10cm 开始每隔 2cm 设置薄钢板小斗一个，交错排列，共 20 个小斗孔口，如图 8-2 所示。

测定时将测棒竖立在排水槽边，棒底刚好碰到砂面、小斗对着砂面。反冲洗时，沙层膨胀，膨胀到敞口小斗处的砂粒留在小斗内，待反冲洗结束，测量存在砂粒的小

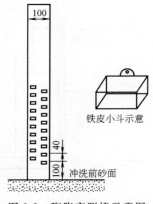

图 8-2　膨胀率测棒示意图

斗距测棒底的高度即为滤料膨胀高度。膨胀率可用下式计算：

$$e = \frac{H}{H_0} \times 100$$

式中 e——滤料层膨胀率（%）；

     H——滤料层膨胀高度（cm）；

     H_0——滤料层高度（cm）。

4）含泥量的确定

滤池反冲洗后，从滤池四角及中央部分的滤料表层以下 10cm 和 20cm 处各取滤料样品约 20g，并在 105℃ 的烘箱中烘干直至恒重，然后称取其中 100g 砂样用 10% 盐酸清洗，再用清水清洗。在清洗时务必防止砂样本身流失。将洗净的砂样重新在 105℃ 温度下烘干，再称取其重量，砂样前后的重量差即为含泥的重量，泥的重量与砂样洗净后重量之比，即为滤料含泥量。

$$l = \frac{W_i - W}{W} \times 100$$

式中 l——含泥量百分比（%）；

     W_i——滤料砂样重量（g）；

     W——滤料砂样洗净后重量（g）。

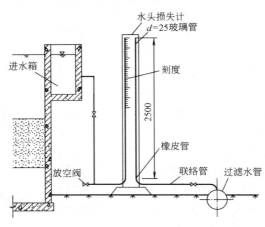

图 8-3   水头损失计

5）水头损失的测定

滤池一般应装置水头损失计。水头损失计用玻璃管及标有刻度的木板与胶皮管组成，如图8-3所示。刻度以厘米为单位，两根玻璃管上的水位差，即为滤池的水头损失值。

（5）滤速的故障及排除

滤速运行中的一般故障及其排除措施见表8-4。

滤池一般故障及其排除措施

表 8-4

现　象	产生原因	排除措施
1. 滤后水水质不合格	1. 如果水头损失增加正常，可能是沉淀池出水浊度过高； 2. 初滤水滤速过大； 3. 如水头损失增加很慢，可能是滤层内有"短路"； 4. 滤料的组成及规格不符合要求	1. 降低沉淀池出口浊度； 2. 降低初滤滤速； 3. 调节反冲洗强度或检查配水系统，排除滤层的"短路"现象； 4. 更换滤料
2. 反冲洗后短期内水质不好	1. 反冲洗强度或反冲洗历时不够，没有冲洗干净； 2. 反冲洗水本身水质不好	1. 改善反冲洗条件； 2. 确保反冲洗水质
3. 反冲洗时大量气泡上身，过滤时水头损失增大很快，工作周期缩短	1. 空气进入滤层； 2. 由于工作周期过长，水头损失过大，使砂面上水头小雨滤料中水头损失，从而产生负水头，使水中逸出空气进入滤料中； 3. 藻类滋生产生气体	1. 加强操作管理，可采取用清水倒滤等措施； 2. 调整工作周期，提高滤池内水位； 3. 采用预加氯除藻
4. 出现漏砂跑砂现象	1. 由于"气阻"或配水系统局部堵塞； 2. 反冲洗不均匀，使承托层移动； 3. 反冲洗时阀门开启太快或反冲洗强度过高； 4. 滤水管破裂	1. 加强错作管理； 2. 检修滤水管

续表

现　象	产生原因	排除措施
5. 滤料中结泥球、砂层阻塞	1. 反冲洗强度或时间不够； 2. 配水和冲洗不均匀； 3. 沉淀出口浊度过高、使滤池负担过重； 4. 加药不稳定，未根据原水浊度变化改变加药量	1. 改善反冲洗条件,调整反冲洗强度和反冲洗历时； 2. 检查承托层有无移动,配水系统是否堵塞； 3. 降低沉淀水出口浊度； 4. 加强加药操作管理
6. 滤料表面不平,出现喷口现象	1. 滤层下面承托层及配水系统有堵塞； 2. 配水系统局部有破裂或排水槽口不平	针对情况,翻整滤料层和承托层,检修配水系统和排水槽

8.2.2　水泵的运行与维护管理

1. 水泵的运行操作

(1) 离心泵

1) 引水

一般离心泵启动前，须向水泵灌水。灌水方式有用高位水箱或接通压力水管，也有用真空泵或水射器引水，小型水厂一般采用人工灌注。引水的目的在于排除水泵与吸水管路中的全部空气，保证水泵能正常启动。

① 灌水的方式适用于在底都装有底阀的吸水管。灌水时，开启泵顶放气阀，待放气阀溢出不带气泡的满管水流时即可关闭放气阀，表示吸水管和水泵都已充满水；

② 小型水泵或施工用临时水泵，可采取在泵壳上另设加水孔，人工加水的办法；

③ 采用真空引水方式，吸水管上一般不设底阀，水泵顶端与抽气管连接处通常设浮子。真空泵启动前应先开启泵壳顶部抽气阀，关闭真空箱放水阀；真空泵启动后，应注意水泵真空表上真空度是否上升，同时注意水泵顶上抽气管。如抽气管的浮子上

升到顶部时，表示水泵和吸水管都已充满水；

④ 水射器引水一般安装在便于排出气、水出流的位置。吸气端与连接水泵顶端的真空管线相接。操作时，首先开启压力水管上的阀，水射器即开始真空引水，待水泵顶端的浮子上升到顶部时，真空引水即已完成。

2）水泵机组的启动

① 启动前应试转联轴器，检查是否灵活与有否杂声，防止泵体内留存杂物损坏水泵部件；

② 离心泵引水后一般即可启动机组。启动时，应注意观察真空表和压力表，压力表应显示出水泵的最高扬程。相继逐渐开启水泵出水管上的闸阀；

③ 开启真空表旋塞，观察其指针是否在应有的真空度上，如发现真空度比通常要高，说明吸水管路不畅或底阀堵塞；如真空度比通常要低，表示吸水管路上有关部件存在漏气现象，需要检修；

④ 如用手操作补偿器启动机组时，启动后要等电流表上指针开始回落时，才可把操作手柄迅速拉回至运转位置，不能一推操作手柄后立即拉回运转位置，否则因启动电流过大，很易烧断熔丝。

3）水泵机组的停车

① 停车前，应先逐渐关闭压力表和真空表的旋塞；

② 再关闭出水闸阀，使电机最后达到空载状态；

③ 切断水泵开关，停止电机运转。

4）离心泵的运行管理要点

① 每次开泵后应及时在值班日记簿上填写各有关记载项目；

② 运行中，各仪表指示值应达到额定数值；要经常观察水泵机组的音响、振动等情况，如有反常现象，要及时停车检修；

③ 观测水泵及电机各轴承的温度，一般滚珠轴承不得比室温高 35℃，最高不得高于 75℃，滚动轴承（轴瓦）最高不得超

过 70℃；

④ 新机组第一次更换油一般宜在运行 80～100h 之后进行，以后约每隔 2400h 换油一次。凡采用机械润滑油的轴承，每 240h 换油一次，并应随时注意油面在油标尺的两刻度之间，不足时应随时添加；

⑤ 定期检查连轴器和机组上各底脚螺栓，如发现有偏移或松动，应及时纠正紧固；

⑥ 如遇供水紧张或其他原因，致使管网压力特别低时，应控制水泵出水闸阀，使水泵出口压力在不低于铭牌扬程 70％的情况下运转；

⑦ 无保温措施的水泵机组，在低温季节水泵不运行时，应从水泵底部螺纹管堵处放去存水，以防水泵冻裂，长期不用的水泵亦应放去存水。

（2）深井泵

深井泵的运行操作与离心泵大体相同，下面仅介绍不同之处：

1）深井泵是满载启动的，因此启动时必须降压。全压启动容易扭伤传动轴；降压启动设备宜用耦变压器式的补偿器，轴头电压应使用 80％或 85％；

2）每次启动前要加预润水。直接向压力管路供水的深井泵，在启动前应先把出水闸阀全部开启；

3）每运行 24h 或每次启动后，应将填料黄油杯旋入一圈润滑填料。油杯内存油压完，应及时添满备用；

4）电机添加润滑油时，油杯上油面线以停车为准。开车后油面一般将要降低，若在电动机运行时注满至油面线，则停车后油面必然溢出至内部轴承套口，淋在转子上，下次开车时就会飞溅在定子绕组上，弄脏线圈并影响绝缘；

5）深井泵停车后，一般需间隔 5～15min 后才可再启动。为达到快速再启动的要求，可在预润水管口加装一直嘴旋塞，打开此旋塞倒入空气，促使管中水柱立即下降，当没有空气吸入声时，关闭旋塞即可启动水泵。

（3）潜水泵

深井潜水泵是一种较新型的产品。可代替深井泵在深井中使用。具有管理简单、易自动控制、易损部件少等优点。常见的深井潜水泵有 JQ 系列等产品。

1）JQ 型深井潜水泵使用要求

① 潜水泵第一级翼轮应浸入动水位以下 $1\sim2m$；

② 潜水泵机组浸入静水位以下深度，不得超过 70m，机组距井底不得小于 5m；

③ 井水中不能含任何油类；pH 值宜在 $6.5\sim8.5$；氯离子含量不得大于 $400mg/L$，含铁量不大于 $0.5mg/L$，且含砂量不能过大；

④ 运行时，采用橡胶护套电缆，适合井上环境温度 $-40℃$ 以上；使用塑料护套电缆时，应高于 $0℃$，超出上述范围应采取保温措施；

⑤ 井内水温不得超过 $20℃$。

2）深井潜水泵机组使用注意事项

① 使用 JQS 型配套电机时，要特别注意井水中含砂量不能过大；

② 潜水泵机组对充油压力有所要求。如长期运行中，密封圈磨损，引起充油压力降低，贫油装置发出信号时，机组应立即全部吊出，防止电动机被水浸入而损害，待检查、更换密封圈后才能使用。

2. 水泵的维护与管理

水泵正常运行是保证供水的重要环节。操作人员应掌握水泵机组的主要性能，能够判断常见故障产生的原因，及时排除一般故障。

（1）一般故障及其排除

表 8-5 列出电动机直接带动、采用槽水的水泵机组运行故障及其排除。

水泵机组一般故障与排除　　　　　表 8-5

故障现象	产生原因	排除方法
1. 水泵灌不满水或灌不进水	1. 底阀或吸水管漏水； 2. 泵底部放空螺丝或阀门没关闭； 3. 泵壳顶部或排气孔阀未开启	1. 检修底阀或吸水管； 2. 关闭有关放空闸阀； 3. 打开排气阀等
2. 振动或轴承发热	1. 基础螺栓松动或安装不善； 2. 吸水管堵塞或产生汽蚀； 3. 泵轴弯曲或电机轴磨损； 4. 润滑油不够或轴承内进水	1. 拧紧螺栓，调整基础安装； 2. 清除杂物，减少吸水系统阻力； 3. 检修或更换泵轴和电机轴承； 4. 添加或更换润滑油
3. 水泵流量降低、压力不够	1. 吸水面下底阀淹没深度不够； 2. 底阀、叶轮或管路阻塞或漏气； 3. 叶轮、叶壳间隙过大； 4. 未达到额定转速； 5. 总扬程超过规定值； 6. 吸水高度过大，超过允许值； 7. 填料损坏或放松	1. 底阀没入吸水面应大于吸水管直径的1.5倍； 2. 清除杂物和检修； 3. 重新调整叶轮与叶壳轴向间隙； 4. 检修电路，是否电压、频率太低或调整转速； 5. 减少管路损失或重新选泵； 6. 减少吸水系统阻力或降低水泵位置； 7. 调换或增加填料
4. 电机过负荷	1. 转速过高； 2. 流量过大； 3. 泵内混入异物； 4. 电机或水泵机械损失过大	1. 检查电机是否配套； 2. 关小出水闸门； 3. 拆泵除去异物； 4. 检查水泵叶轮与泵壳之间间隙，填料函、泵轴、轴承是否正常
5. 水泵启动困难或轴功率过大	1. 填料压得太死，泵轴弯曲、轴承磨损； 2. 联轴器间隙太小； 3. 电压过低； 4. 流量过大、超过使用范围太多	1. 松压盖，矫直泵轴，更换轴承； 2. 调整间隙； 3. 检查电路，对症检修； 4. 关小出水阀门

故障现象	产生原因	排除方法
6. 深井泵配套电机止逆装置不起作用	1. 防逆盘上止逆子孔不清洁或止逆子卡住；	1. 拆下放逆盘,清洗止逆子孔与止逆子,并擦干、修正止逆子毛刺,使防逆盘上小气孔畅通；
	2. 止退盘突起部分磨损或破坏	2. 拆下止退盘,补焊磨损部分至原状或更换

（2）水泵零部件的清洗与检查

零部件的清洗与检查主要包括以下内容：

1）水泵零件拆卸后用煤油清洗所有的螺丝，清洗水泵和法兰盘接合面上的油垢和铁锈；

2）刮去叶轮内外表面和口环等处的水垢和铁锈。要特别注意清除叶轮流道内的水垢，因为它对水泵的流量和效率影响很大。检查口环是否断裂、磨损或变形，检查口环与叶轮外缘间径向间隙是否符合要求；

3）清洗泵壳内表面、水封管、水封环。检查泵壳内有无磨损或因汽蚀造成的沟槽、坑斑或孔洞，检查叶轮有无裂纹和损伤、偏磨现象。轻者可进行修补，重者需要更换；

4）用汽油彻底清洗滚动轴承。如为滑动轴承，应将轴瓦上的油垢刮去，再用煤油清洗擦净，检查轴承的滚球是否破损或偏磨，内外环有无裂纹，滚珠和内外环之间的间隙是否合格、滑动轴承应检查轴瓦有无裂纹和斑点、磨损程度和轴瓦间隙；

5）橡胶轴承遇油会软化，不能用油类清洗，可擦刮干净后涂上滑石粉。橡胶轴承除一般检查外，还应检查有无偏磨和变质发硬现象；

6）对深井泵应彻底清洗止逆装置。清洗后将止逆盘、止逆销等擦干存放，其上不能涂抹机油、黄油，以防将来安装后止逆失灵；

7）用手锤轻敲壳体，如有破哑声，说明泵壳有裂纹。在疑有裂纹处浇上煤油，然后擦干表面并涂上一薄层白粉，若有裂纹，煤油就会从裂纹中渗出来浸入白粉，呈现一道湿线，据此可判断裂纹的位置和大小。

（3）泵房的运行管理规程

泵房是小城镇给水的重要组成部分，它需要有专人负责管理、并应制定安全操作和技术规程。主要内容包括：

1）值班人员不得擅自离开工作岗位，不允许酒后值班。禁止非值班人员操作机电设备；

2）必须严格按照操作规程启动、停泵。操作高压电气设备，送、停电必须严格按照《电气安全技术规程》执行；

3）各种设施应有安全措施。如电机吸风口、联轴器、电缆头必须设置防护罩；

4）要经常检查水压、电压、电流等仪表指示变化情况，注意运行中的异常现象，如机泵有振动声和杂音、轴承发热等。发现问题及时处理；

5）突然停电或设备发生事故时，应立即切断电源，然后通报情况和进行处理；

6）操作人员应积极配合检修人员进行泵房的各项检修，严禁带电维修。下吸水井工作时，必须有人在旁边监护，以防意外情况发生；

7）严禁在运行中接触转动部分，不得用水冲洗电缆头等带电部件。

8.3 西部小城镇供水管理的建议

小城镇供水管理是一项极为重要的工作。其管理的好坏直接关系到供水质量的好坏、生产水量的多少、制水成本的高低与能否安全生产。以下从水质管理、技术管理、安全管理等方面给出一些建议。

8.3.1 水质管理

水质好坏直接关系到广大人民群众的身体健康与工业产品的质量好坏。为此，水厂必须树立"质量第一"的观点，建立和健全水质检验制度，确保供水质量符合国家生活饮用水水质标准要求。这是供水水质管理的重要任务之一。

化验室是水厂质量管理的的职能部门，应对水源加强管理；对出厂水水质进行检测；对净水剂进行检测并对净水工艺所需的加矾量和加氯量进行测定。

1. 水源管理

水质管理首要环节是抓好水源卫生防护管理。对水源卫生防护地带的卫生状况进场进行调查研究，对水源水质经常进行监测。如发现水体受到污染，应及时提出处理意见。对防护地带以外的地区，应会同防疫部门一起对水源上、下游水系进行全面调查，摸清可能存在的污染源。根据调查情况对水系分段设置检测点，定期进行检测。一般可从污水排水口开始，在每隔 500～1000m 处、河道转弯处、分叉处设点采样检验。每季度要普查一次，对水源水质作全面分析。在干旱季节，江河下游水倒流或农药使用时，更应针对某种可能存在的污染物及时进行检测，掌握水质动向。当污染物可能影响到防护地带与威胁水质安全时，应及时向各级领导汇报，并与有关单位取得联系，采取有力措施，控制污染源，确保防护区的水质安全。

2. 净水剂检测

小城镇水厂目前常用混凝剂为铝盐（明矾、硫酸铝及铵明矾、聚合铝等），消毒剂有液氯、漂白粉等。

化验室应对各种混凝剂、消毒剂的有效成分与毒性进行检测。如漂白粉应经常测定有效氯含量，因漂白粉中有效氯极易分解，贮存时间长常易失效。铝盐应在每批进货时测定三氧化二铝含量及铅与砷等有毒物质含量。所有净水剂中有毒物质含量均应符合国家规定质量标准的要求，以保证饮用水质量。净水剂具体检测方法，详见有关资料。

3. 加矾量与加氯量测定

化验室应根据净水要求定期定时测试确定经济加矾量与经济加氯量，作为生产操作依据。

4. 水质检测

水质检测内容主要包括：水源水、各净化构筑物出水、出厂水与管网水的水质检测。水质检测工作应有明确的岗位责任制。我国小城镇水厂水质检测工作，一般实行车间（或班、组）、化验室（厂级）两级进行检测。

车间（或班、组）级检测的项目、内容、时间及次数见表8-6。如果是地下水，车间只检验原水和出厂水。

水质监测有关内容   表8-6

水样	项目	时间(h)	次数
水源水	浊度	8	1
沉淀水	浊度	1～2	1
滤后水	浊度	1～2	1
出厂水	余氯	1	1

化验室（厂级）检测，一般对水源水、出厂水的浊度、色度、臭味、肉眼可见物、pH值、余氯、细菌、大肠杆菌、需矾量、需氯量以及重点污染物质（根据各厂水体污染情况自行决定）等项目，每天测定一次。每周必须检验氨氮、亚硝酸盐氮、耗氧量、碱度、总铁、硬度、氯化物等项目。每月对管网水的余氯、浊度、细菌、大肠杆菌等四个项目检验两次；如是地下水，则应再增加硬度、铁、氯化物三项。管网水采样点应选在居民经常用水点及管网末梢易受到污染点，采样点位置应当与当地卫生防疫部门共同协商确定。在条件具备的水厂，每季度还应对水源水与出厂水检测锰、铜、锌、酚、洗涤剂、氟、氰、砷、硒、汞、镉、铬、铅等项目。

8.3.2　技术管理

加强技术管理，对于保证水质，增加供水量，安全供水，提高设备使用率、降低消耗都有十分重要的作用，技术管理应做好以下几个方面工作：

编制各类构筑物与设备的运行技术指标，并付诸实施。

编制设备检修计划，必须对所有的构筑物和设备定期进行检修和技术测定，保证设备完好。

一般每年对构筑物及管网进行一次清理、冲洗、消毒工作。测量仪表、水表每年也应校核与修理一次。

对净化构筑物，投药设备，输配水管网，切实做好冬季防冻工作。

搞好厂外设备管理。自来水厂人少、面宽、管线长，输配水管、阀门、水表等设备都装在厂外，故对厂外设备除了定期做好巡回检查、检修、保养等工作外，还要广泛宣传，共同管好厂外设备。做到及时报漏，循序抢修，减少管网水的漏失。

技术资料管理。水厂技术资料包括：设计文件、各种图纸、成井资料及水文地质资料、技术革新小结等。特别是管网图纸，无论是厂内连络管道或厂外输配水管网均应及时整理，妥善保存，以便于今后检修、接户、扩建等各项工作的顺利进行。

对于各生产环节的技术报表，必须及时进行整理和分析，这对于进行技术改造，挖掘生产潜力，指导生产，降低能耗十分重要。同时还应经常收集与学习国内外有关先进技术资料，结合本厂实际，不断提高水平。

8.3.3　安全管理

安全是水厂正常生产的保证，是一切工作的生命线，生产讲安全，安全为生产。因此水厂要将安全工作作为全厂重点工作之一，从抓宣传、教育、检查、整改、落实等环节入手，切实做好安全工作。

首先制定目标，形成安全生产的工作机制。制定目标后，各科室、车间各行其职的安全生产工作领导小组和工作小组，健全和形成水厂安全工作运行机制。

然后，分解目标，制订指标，落实安全生产工作目标责任制。把年度安全生产目标以及为实现目标的工作要求和措施，分解为各车间、科室的经济责任制考核指标，在此基础上，制订厂、车间、班组分级负责，层层有指标、层层抓落实的安全现场工作责任制，签定年度《安全生产责任书》，将安全生产责任制落实到各车间、科室，落实到各产生班组、生产岗位，建立"纵向到底，横向到边"的安全工作网络。抓住环节，突出重点，结合水厂的特点开展各项安全生产管理工作。加强宣传教育，如开展安全生产宣传周、宣传月活动，开展安全知识竞赛等，开展岗位培训，加强检查考核，抓住薄弱环节整改，坚持生产班组每周安全学习制度，坚持安全例会制度。

8.3.4 节约用水

水与社会发展、经济发展以及人民生活息息相关，供水事业的发展不仅应受到各级政府部门的重视，全社会都要关心和支持，往往人们只在停水时才认识到水的重要性，而平时不加以珍惜。因此我们要大力宣传供水政策，供水技术标准，水在社会经济发展中的重要地位及其作用，增强人们用水的价值观念，自觉关心和支持用水设施建设。

节约用水，是水厂搞好"开源"、"节流"工作的重要方面。水厂为了满足社会主义生产建设飞速发展与人民生活水平不断提高的需要，除了进行必要的基建，加强技术改造，不断挖掘企业潜力来增加供水量外，还应大力抓好节约用水工作，应该做到：

1. 向广大群众大力开展节约用水的宣传教育工作，不断提高群众节约用水的自觉性。

2. 在保证水质的前提下，要尽量减少给水系统本身的耗水量，精心管理，延长滤池运行周期，节约反冲洗用水。对管网要经常听漏检漏，加强维修，减少漏损。

3. 对于用水量较大的大用水户，要实行计划供水，要提倡一水多用与水的重复利用。

8.3.5　企业化管理

供水是小城镇基础设施的一个重要方面。小型水厂与大中型水厂有着很大的差距，城镇规模决定水厂规模，水厂规模决定供水量的大小，供水量越大，成本越低，反之供水量越小，成本越高。县镇人口一般都在 10 万人以下，3 万 m^3/d 供水能力的水厂完全可以满足需要，小型水厂靠自身的能力再建新水厂，就显得力不从心了，不要说还贷款，连利息也付不起。改变小型水厂性质，实行事业单位企业化管理，最终目的就是解决供水事业发展的资金投入来源问题。平时，供水部门上缴财政积累，由地方财政拨付建设资金发展供水设施和扩建改造水厂。同时也可免交所得税部分，可更多的积累建设资金。另一方面供水部门定为事业单位后经费包干，人员须定编，没有编制不能增加人员，这就能够有效地控制人员超编问题。

此外，水厂应将长短利益相结合，运用经济杠杆作用促进节约用水，延缓建设周期。目前，只要水源比较充足的地区，新厂建成后，就千方百计地扩大供水量，用户用多少就供多少，以发挥水厂最佳经济效益，一旦供水达到设计能力时，就必须改变策略，运用水价和定额供水来抑制用水量，最大限度地使水厂满负荷生产，在日平均供水达到设计能力时，才能考虑建新厂或扩建改造，只有这样才能发挥水厂的最佳效益。

第9章 给水处理技术经济分析

9.1 供水工程技术经济指标

技术经济指标按其表示的范围可分为：表示整个工程设计经济性的总指标和直接表示设计方案某个局部问题经济性的局部指标。按应用的时限可分为：建设阶段的指标和投产后阶段的指标两大类。在建设项目概预算中主要应计算建设阶段的技术经济指标。在建设项目经济评价中应同时反映建设阶段和投产后的技术经济指标并做出分析评价。供水工程建设阶段主要技术经济指标如下：

1. 建设项目总投资

2. 单位生产能力经济指标

（1）供水工程综合经济指标，按设计供水量为计算单位，即元/（m³·d）。

（2）取水工程经济指标，按设计取水量为计算单位，即元/（m³·d）。

（3）输水工程经济指标。管道按单位长度或单位长度设计流量为计算单位，即元/m 或元/[（m³/d）·km]。渠道按单位长度或单位长度过水流量为计算单位，即元/100m 或元/[（m³/s）·km]。

（4）净水厂工程经济指标，按设计水量为计算单位，即元/（m³·d）。

3. 单位工程造价指标

（1）供水单项构筑物，按设计水量或有效容积为计量单位，即：元/（m³·d）或元/m³。

（2）配水厂工程，按设计水量为计量单位，即：元/($m^3 \cdot d$)。

（3）配水管网，按不同口径管道单位长度为计量单位，即：元/100m 或元/km。

（4）辅助性建筑工程，按单位面积或单位体积为计量单位，即：元/m^2 或元/m^3。

（5）变电所，按电容量为计量单位，即：元/kVA。

（6）输电线路，按单位长度为计量单位，即：元/km。

（7）其他特殊构筑物等。

4. 建设工期指标（年、月）

5. 劳动耗用量指标

（1）基建劳动工日。

（2）建设项目投产后的设计定员。

6. 主要材料消耗指标

（1）金属管道，不同口径、材质、接口的总长度（m），总重量（t）。

（2）非金属管道，不同口径、材质、接口的总长度（m），总重量（t）。

（3）钢材，不同规格钢材的重量（t）。

（4）水泥，不同强度等级水泥的总重量（t）。

（5）木材（m^3）。

（6）其他。

7. 主要机电设备的功率和重量（kW，t）

8. 占用土地面积（m^2）

9.2　造价构成及投资成本计算

9.2.1　给水处理厂造价构成分析

给水处理的造价受地区条件、工程规模和设计标准的影响很大，造价指标的变化幅度可能相差 2～3 倍之多，其变化规律也不易掌握。但构成给水处理厂的各单项构筑物造价与厂的总造价的比例有一定的规律性，即处理厂的造价构成有一定的比例关系。一般来说，此比例受工程规模的影响较小，在工艺标准和结构类型大致相近的情况下，各部分占总造价的比重比较接近。

给水处理厂各单项构筑物在水厂总造价中所占比例与净化方法、工艺流程、结构布置以及建筑材料的选用、地区材料价格和施工方法等有关。根据近年来给水处理厂的造价分析资料，其造价构成列于表 9-1 中。

给水处理厂造价构成　　　　　　　　　表 9-1

构筑物名称	各构筑物占水厂总造价的比例(%)	
	幅度范围	一般平均
沉淀池(或澄清池)	14～21	15
快滤池及冲洗设备	16～22	19
清水池	12～16	14
二级泵房及变配间	14～19	16
加药间	5	4
辅助建筑物	6～10	7
平面布置	14～19	16
宿舍及其他	5～13	9

由表 9-1 可以看出，沉淀池、快滤池、清水池、二级泵房和平面布置五项造价构成占整个给水厂造价的 80% 左右，因此，价值分析和优化设计的着眼点首先应是这些主要构成部分。

9.2.2　基本建设投资的估算

1. 基本建设投资

基本建设投资是指一个建设项目从筹建、设计、施工、试生产到正式投入运行所需的全部资金，它包括可以转入固定资产价值的各项支出以及"应核销的投资支出"。

基本建设投资的组成有多种分类，主要可分为以下两种：

（1）总概算的费用项目分类

总概算的费用项目，目前一般分为以下三部分：

1）工程费用项目 包括主要工程项目、辅助工程项目、宿舍和生活福利等项目的工程费用。

2）其他费用项目 包括土地征用及迁移补偿费、建设单位管理费、生产人员培训费、勘察设计费、研究试验费、施工机械迁移费、场地清理费、供电贴费、联合试车费、技术咨询和考察费、监理费、引进技术和进口设备项目的其他费用等。

3）不可预见的费用（亦称预备费） 包括工程预备费和考虑建设期间价格上涨因素的价格预备费等项费用。

（2）按建设费用的性质划分

按建设费用性质，一般可划分为五个部分：

1）建设工程费用 包括各种房屋和建筑物的建筑工程、各种管道铺设工程、采暖通风机照明工程和其他特殊工程等费用。

2）设备安装工程费用 包括动力、电气、自控仪表的安装、管道、配件及阀门安装等。

3）设备购置费用 包括各种水处理机械、水泵和电机、自控仪表、电气、机修、运输、化验等设备的购置费用。

4）工器具及生产家具购置费。

5）其他费用 指在上述费用以外的其他非生产性费用，如建设单位管理费、生产人员培训、勘察设计费等。

2. 基本建设投资的估算方法

基本建设投资估算的精确度，在不同的设计研究阶段有不同的要求，大致可以分为两类：一是粗估，或称为研究性估算，一般是根据概念性设计编制，在已确定初步的流程图、主要处理设备、管道长度和建设工程的地理位置的基础上进行。其可能的误差范围在 $\pm(20\% \sim 30\%)$ 之间，一般适用于城市或区域性规划

的筹划或优化。二是概念性估算（或称认可估算），应用于设计
任务书的编制、可行性研究、估算依据是概念性设计和将来可能
建设的技术条件，其可能的误差为±（10%～20%）。常用的估算
方法有以下几种：

（1）指标估算法

采用国家或部门制定的技术经济指标为估算依据，或以已经
建筑的同类工程的造价指标为基础，结合工程的具体条件，考虑
时间、地点、材料价差等可变因素做必要的调整。

1988 年建设部颁发的《城市基础设施工程投资估算指标》
和正在制定的《城市给水工程项目建设标准》，为进行投资估算
提供了基本依据。表 9-2 所列举的是给水处理厂单位水量投资估
算和主要材料消耗综合指标，可供粗估时参考。

给水处理厂单位水量投资估算和主要材料消耗综合指标　　表 9-2

设计规模 （$10^4 m^3/d$）	投资（元）	主 要 材 料				
		钢材（kg）	水泥（kg）	木材（m^3）	金属管 （kg）	非金属管 （kg）
5～10	210～300	11.7～17.3	58～72	0.009～0.012	7.4～9.8	4～5
10～30	190～250	11.4～14.3	48～80	0.008～0.010	6.4～8.0	3～4
30 以上	150～200	10～11.7	39～52	0.007～0.009	5.0～6.0	2～3

注：1. 根据原水水质、工艺标准、建筑结构标准、工程地质条件选用。北方严
　　　寒地区净水构筑物设在室内时，指标相应提高；水质好、一次直接过滤
　　　净化时，指标可适当降低。

　　2. 指标未包括场地准备费、征地拆迁费以及地区规定收取的费用。

　　3. 投资指标系指按 1990 年材料价格计算。应用时可按建设当年与 1990 年
　　　的材料价格指数进行调整。

（2）造价公式估算法

造价公式（或称费用模型），是通过数学关系式来描述工程
费用特征及其内在的联系。根据 1990 年材料价格和设计标准分
析得出的常规给水处理厂造价计算公式如下：

$$C_W = (350 \sim 450)Q_W^{0.87} \tag{9-1}$$

式中　C_W——给水处理厂的工程投资（万元），不包括场地准备
　　　　　　和征地拆迁费用；

　　　Q_W——设计水量（$10^4 \text{m}^3/\text{d}$）；系数为工程投资上、下限
　　　　　　的幅度范围（如 $10 \times 10^4 \text{m}^3/\text{d}$ 常规给水处理厂的
　　　　　　工程投资，上限为 $450 \times 10^{0.87} = 3340$ 万元，下限
　　　　　　为 $350 \times 10^{0.87} = 2600$ 万元）。

如果要求提高估算的精确度，则可按单项构筑物的造价公式
分别计算，然后累计得出总投资。

（3）主要造价构成估算

估算时着重于造价构成的主要方面，次要方面则按主、次两
者的比例关系进行估算。

在进行单项构筑造价估算时，同样可以利用造价构成分析的
比例关系，重点估算比例较大的方面。如在估算多斗式沉淀池的
投资时，应首先认真估算土建工程费用，因为土建费用占沉淀池
总造价的 80% 左右。

（4）参照同类工程的造价或根据概算定额进行估算

利用过去已建成同类工程或同一类型构筑物的造价资料作为
估算基础，分析两个工程项目的不同特征对造价可能产生的影
响，就工程环境条件、主体工程量、施工方法、材料价格等因素
的差异，对造价做出必要的调整。如按各单项构筑物造价分项分
析估算，就能使造价的比较和调整工作更为细致，估算精确性亦
随之提高。

在缺乏同类工程造价可资利用的情况下，就必须按概算指标
或概算定额的分项要求，计算出主要工程数量，然后按概算单价
进行估算。

3. 制水成本的计算

生产成本是企业生产经营的综合性指标，使企业在各方面经
营活动状况的综合反映，核算和分析生产成本是技术经济分析的

一项重要内容。现将给水处理厂的生产成本的计算介绍如下。

按水厂制水成本的构成项目计算全年的费用，然后除以全年的制水量，即为单位制水成本，用元/m³ 表示。构成制水成本的费用如下：

（1）水资源费 E_1　按各地有关部门的规定计算，如无规定，可不计。

（2）动力费 E_2　通常只计算水泵电费，因场内其他用电设备所占比例甚小，可忽略不计。电费计算式为：

$$E_2 = \frac{QHd}{\eta k_1} \tag{9-2}$$

式中　Q——最高日供水量（m³/d）；

　　　H——工作全扬程，包括一级泵房、二级泵房及增压泵房的全部扬程（m）；

　　　d——电费单价［元/（kW·h）］；

　　　η——水泵和电动机的效率（%），一般采用 70%～80%；

　　　k_1——日变化系数。

电价按供电部门的规定，受电变压器容量不足 315kV·A 者，用一部电价，即电费单价乘用电量（电度电价）；受电变压器容量等于或大于 315kV·A 者，用二部电价，即基本电价加电度电价，基本电价按用户受电变压器的容量（kV·A）每月计费。

（3）药剂费 E_3　其计算式如下：

$$E_3 = \frac{365Qk_2}{k_1 \times 10^6}(a_1b_1 + a_2b_2 + a_3b_3 + A) \tag{9-3}$$

式中　k_2——考虑水厂自用水量的系数，一般可取 1.05；

a_1、a_2、a_3——各种药剂（包括混凝剂、助凝剂、消毒剂等）的平均投加量（mg/L）；

b_1、b_2、b_3——各种药剂的相应单价（元/t）；

A——职工每人每年的平均工资及福利费〔元/（人·年）〕。

（4）工资福利费 E_4　其计算式如下：

$$E_4 = AM \tag{9-4}$$

式中　M——职工定员（人）。

（5）固定资产基本折旧费 E_5　其计算式如下：

$$E_5 = (Sf + 建设期利息) \times 综合基本折旧率 \tag{9-5}$$

（6）大修理基金提存额 E_6　其计算式如下：

$$E_6 = (Sf + 建设期利息) \times 大修理基金提存率 \tag{9-6}$$

（7）日常检修维护费 E_7　其计算式如下：

$$E_7 = (Sf + 建设期利息) \times 检修维护费率 \tag{9-7}$$

日常检修维护费率可参照同类给水处理厂的经营费用资料确定，一般可按 $0.5\% \sim 1\%$ 计算。

（8）行政管理费和其他费用 E_8　包括管理部门的办公费、差旅费、研究试验费、会议费、成本中列出的税金以及其他不属于以上项目的支出等，一般可按以上各项费用总和的 10% 计算。

（9）年成本费用

1）静态年成本费用 YC_1　为上述 1～8 项费用之总和，即

$$YC_1 = \sum_{j=1}^{8} E_j \tag{9-8}$$

2）动态年成本费用 YC_2　为简化计算，假设全部投资为一次的初始投资，逐年经营成本均相同，不考虑自有流动资金及回收固定资产余值。YC_2 的简化计算式为

$$YC_2 = YC_1 - E_5 + (S + 建设期利息) \times \frac{i(1+i)^n}{(1+i)^n - 1} \tag{9-9}$$

式中　i——投资收益率（%），自来水厂的 i 一般可按 $6\% \sim 8\%$

考虑；

n——资金回收年限，一般按 15～20 年计算。

（10）单位制水成本

1）静态单位制水成本 AC_1　其计算式为：

$$AC_1 = \frac{YC_1 \times k_1}{365Q} \qquad (9\text{-}10)$$

2）动态单位制水成本 AC_2　其计算式为：

$$AC_2 = \frac{YC_2 \times k_2}{365Q} \qquad (9\text{-}11)$$

【例】　设一座 $5 \times 10^4 \text{m}^3/\text{d}$ 的给水处理厂，日变化系数 $k_1 =$ 1.2，各级水泵扬程总和为 81m，水泵和电动机效率为 80%，水源不收费，电费按一部电价收费，单价为 0.30 元/（kW·h）；絮凝剂投加量平均为 20mg/L，絮凝剂单价 1250 元/t，不用助凝剂；消毒剂投加量平均为 3mg/L，消毒剂单价为 960 元/t；职工定员 101 人，人均年工资及福利费 3000 元，基建投资 1100 万元，固定资产投资形成率 95%，建设期贷款利息 132 万元，综合基本折旧率 4.5%，大修理基金提存率 2.5%，水厂自用水量 5%，要求的投资收益率为 8%，投资回收年限为 20 年。试算单位制水成本多少？

【解】　试算单位成本如下：

$$E_1 = 0（未计水资源费）$$

$$E_2 = \frac{50000 \times 81 \times 0.30}{0.8 \times 1.2} \times 10^{-5} = 126.56 \text{ 万元}$$

$$E_3 = \frac{365 \times 50000 \times 1.05}{1.2 \times 10^6} \times (20 \times 1250 + 3 \times 960) \times 10^{-5}$$

$$= 44.52 \text{ 万元}$$

$$E_4 = 101 \times 3000 \times 10^{-5} = 30.3 \text{ 万元}$$

$$E_5 = (1100 \times 0.95 + 132) \times 0.045 = 52.97 \text{ 万元}$$

$$E_6 = (1100 \times 0.95 + 132) \times 0.025 = 29.43 \text{ 万元}$$

$$E_7 = (1100 \times 0.95 + 132) \times 0.01 = 11.77 \text{ 万元}$$

$$E_8 = (126.56 + 44.52 + 30.3 + 52.97 + 29.43 + 11.77) \times 0.1$$
$$= 29.56 \text{ 万元}$$

$$YC_1 = 126.56 + 44.52 + 30.3 + 52.97 + 29.43 + 11.77 + 29.56$$
$$= 325.11 \text{ 万元}$$

$$YC_2 = 325.11 - 52.97 + (1100 + 132) \times \frac{0.08 \times (1+0.08)^{20}}{(1+0.08)^{20} - 1}$$

$$= 397.62 \text{ 万元}$$

单位制水成本计算如下：

$$AC_1 = \frac{3251100 \times 1.2}{365 \times 50000} = 0.21 \text{ 元/m}^3$$

$$AC_2 = \frac{3976200 \times 1.2}{365 \times 50000} = 0.26 \text{ 元/m}^3$$

9.3　技术经济分析

建设项目经济评价是可行性研究的有机组成部分和重要内容，是项目和方案决策科学化的重要手段。经济评价的目的是根据国民经济发展规划的要求，在做好需求预测及厂址选择、工艺技术选择等工程科技研究的基础上，计算项目的投入费用和产出效益，通过多方案比较，对拟建项目的经济可行性和合理性进行论证分析，做出全面的经济评价，经比较后推荐最佳方案，为项目决策提供科学依据。

建设项目经济评价包括财务评价和国民经济评价两个部分。项目方案的取舍一般应取决于国民经济评价的结果。

9.3.1　财务评价

财务评价是根据现行的财税制度，从财税角度来分析计算项目的费用、效益、盈利状况及借款偿还能力。财务评价只计算项目本身的直接费用和直接效益，即项目的内部效果，以考察项目本身的财务可行性。

财务评价一般是通过财务现金流量计算表、财务平衡表和借款偿还平衡表进行计算。原国家计划委员会在《建设项目经济评价方法与参数》一书中，对现金流量表和财务平衡表等基本表式已做了规定。

给水处理厂财务评价的主要内容如下：

1. 投资成本及资金来源

2. 投资分年度用款计划

3. 给水制水成本的计算

4. 单位水量自来水销售价格的测算（实际售价由地区主管部门根据当地经济水平和有关政策确定）。

5. 编制基本财务报表，包括财务现金流量表、财务平衡表和借款偿还平衡表等。

6. 计算财务评价的主要评价指标。根据《建设项目经济评价方法和参数》，一般以财务内部收益率、投资回收期和固定资产投资借款偿还期作为主要评价指标，根据项目的特点及实际需要，也可计算财务净现值、财务净现值率、投资利润率等辅助指标。

财务内部收益率应满足国家有关部门规定的基准收益，给水处理厂一般要求不低于 6%～8%，投资回收期一般要求不大于 15～20 年（不包括建设期）。

7. 敏感性分析。分析、预测对经济评价其作用的各因素发生变化时，对项目经济效益的影响，可提供各项基本数据，可指明各项基本数据的相对重要性。相对重要性的"指针"，将有助于对主要敏感因素的掌握、控制和权衡。

在敏感性分析中通常设定的变化因素是总投资、售水价格和生产能力，可根据项目特点和实际需要确定。

9.3.2 某地表水厂可行性研究中的财务评价

1. 概述

工程项目的经济评价主要分为企业财务评价和国民经济评价。企业财务评价是在我国现行财税制度和价格条件下，从企业财务角度分析、测算项目的费用和效益，根据国家或行业的基准指标和借款条件判别项目的财务可行性；国民经济评价是从国家、社会的角度考察、分析和计算项目需要国家付出的代价和对国家的贡献，以判别项目的经济合理性。由于国民经济分析中影响因素多难以定量计算，本分析主要着眼于企业财务评价。

2. 财务评价

本财务评价依据推荐方案计算项目的获利能力、清偿能力。

（1）财务评价的前提条件

1）本工程的项目计算期 17 年，建设期 2 年，营运期 15 年。

2）职工定员按 112 人计，年人均工资和福利费按 0.72 万元/（人·年）计。

3）固定资产折旧率按年摊销法考虑，大修理费 2.2%，维修费 0.5%。

4）电费和药剂费按设计指标和目前实际生产资料计算确定。

5）归还贷款的资金主要来源有固定资产折旧、摊销费及盈利等几个方面。

6）物价水平的变动因素。

为简化计算，对建设期较短的项目，在建设期内各年采用平均实价，生产经营期内采用建设期末物价总水平基础，不考虑物价总水平上涨因素。

7）借款利息的计算　在财务评价中，对国内外借款，均简化按年计息，并假定借款发生当年均在年中支用，按半年计息，其后年份按全年计息，还款当年按年末偿还，按全年计息。

8）税金及附加　根据现行会计制度，从营运收入中直接扣除的税金及附加有：增值税、城市维护建设税、资源税及教育费附加，从利润中扣除的有所得税。

9）盈余公积金的提取比例　盈余公积金（包括法定盈余公

积金和任意盈余公积金）的提取比例，按税后利润（扣除弥补亏损）的10%提取。

10）**财务基准收益率和基准投资回收期**　是建设项目评价财务内部收益率和投资回收期指标的基准判据。根据近几年给排水行业的统计数据，并考虑到国家资金的有效利用、行业技术进步和价格结构等因素，取定税前财务基准收益率（不含通货膨胀率）为6%，基准投资回收期（自投产开始年算起）为15年。

11）**自来水收费价格预测**

① **制水成本估算**

本工程制水成本为 0.84 元/m³，详见制水成本计算表（表9-3 和表9-4）。

制水成本计算表　　　　　　　　　　　表 9-3

序号	项目	年费用（万元）	序号	项目	年费用（万元）
1	水资源费	64.24	9	维护费	36.33
2	动力费	147.74	10	管理费、销售费及其他	159.43
3	药剂费	56.05	11	流动资金贷款利息	10.03
4	污泥处理费	51.1	12	年经营费	755.37
5	人工费	80.64	13	年总成本费	1232.34
6	固定资产折旧费	465.01	14	单位制水成本（元/m³）	0.84
7	大修理基金提成费	159.85	15	可变成本费	488.58
8	摊销费	1.94	16	固定成本费	743.7

总成本费用是建设项目投产运行后一年内的生产营运而花费的全部成本和费用。包括外购原材料费用、燃料和动力费、工资及福利费、维修费、利息支出以及其他费用。

经营成本是项目总成本扣除固定资产折旧、无形及递延摊销费和利息支出以后的全部费用。

生产成本按其与产量变化的关系，分为可变成本和固定成本。在总成本费用中，随处理水量增减而成比例增减的费用部分为可变成本，动力和药剂等费用都属可变成本；与处理水量无关的费用部分为固定成本。

制水成本计算表   表 9-4

序　号	项　目	年费用(万元)
1	设计水量($\times 10^4 m^3/d$)	5
2	日变化系数	1.25
3	各级水泵计算总扬程(m)	42
4	水泵电机效率	0.8
5	其他次要设备用电量(%)	5
6	水资源费(元/m^3)	0.04
7	电费单价[元/(kW·h)]	0.67
8	水厂自用水增加系数(%)	10
9	污泥量(m^3/d)	35
10	污泥处理(元/m^3)	40
11	混凝剂(1)投加量(mg/L)	10
12	混凝剂(1)单价(元/t)	2500
13	混凝剂(2)投加量(mg/L)	
14	混凝剂(2)单价(元/t)	
15	消毒剂(1)投加量(mg/L)	3
16	消毒剂(1)单价(元/t)	3300
17	消毒剂(2)投加量(mg/L)	
18	消毒剂(2)单价(元/t)	
19	职工定员(人)	112
20	人均年工资福利[万元/(人·年)]	0.72
21	工程总投资(万元)	8073.00
22	其中:固定资产原值	7265.71
23	无形资产及递延资产	24.19
24	固定资产及基本折旧	年摊销法
25	固定资产残值(%)	4
26	大修理提存率(%)	2.2
27	年摊销费率(%)	8
28	检修维护费率(%)	0.5
29	管理费、销售费及其他(%)	15
30	流动资金贷款额(万元)	188.84
31	流动资金贷利率(%)	5.31
32	生产年限(年)	15

② 自来水价格预测

售水单价是在总成本的基础上增计增值税、城市维护建设税及教育费附加等项费用，并考虑适当的利润率等因素进行测算，供主管部门科学决策参考。本工程经济评估自来水价暂定为 1.30 元/m^3（未包括水厂建设费及污水处理费），进行财务效益分析。

（2）财务评价的基本报表

本工程财务评价采用的基本计算报表包括成本计算表、现金流量表（表 9-5）、损益表（表 9-6）、资金来源与运用表（表 9-7）、借款还本付息计算表（表 9-8）。表 9-9 为工程估算汇总表。

现金流量表（全部投资）（万元）

表 9-5

序号	年份项目	建设期 1	建设期 2	生产期 1	2	3	4	5	6	7	8	9	10
	生产负荷			100%	100%	100%	100%	100%	100%	100%	100%	100%	100%
1	现金流入			1803.10	1803.10	1803.10	1803.10	1803.10	1803.10	1803.10	1803.10	1803.10	1803.10
1.1	产品销售（营业）收入			1803.10	1803.10	1803.10	1803.10	1803.10	1803.10	1803.10	1803.10	1803.10	1803.10
1.2	回收固定资产产余值												
1.3	回收流动资金												
2	资金流出	3016.44	5001.77	1064.48	875.64	896.14	912.16	928.18	944.20	960.22	976.24	992.26	1008.28
2.1	固定资产投资（含投资方向调节税）	3016.44	5001.77										
2.2	流动资金			188.84									
2.3	经营成本			755.37	755.37	755.37	755.37	755.37	755.37	755.37	755.37	755.37	755.37
2.4	增值税及附加			120.27	120.27	120.27	120.27	120.27	120.27	120.27	120.27	120.27	120.27
2.5	所得税					20.51	36.52	52.54	68.56	84.58	100.60	116.62	132.64
2.6	特种基金												
3	净现金流量（1-2）	-3016.44	-5001.77	738.62	927.46	906.96	890.94	874.92	858.90	842.88	826.86	810.84	794.82
4	累计现金流量	-3016.44	-8018.21	-7279.59	-6352.13	-5445.17	-4554.23	-3679.31	-2820.42	-1977.54	-1150.68	-339.84	454.98
5	所得税前净现金流量（3+2.5）	-3016.44	-5001.77	738.62	927.46	927.46	927.46	927.46	927.46	927.46	927.46	927.46	927.46
6	所得税前累计净现金流量（从建设期起）	-3016.44	-8018.21	-7279.59	-6352.13	-5424.66	-4497.20	-3569.74	-2642.28	-1714.81	-787.35	140.11	1067.57

计算指标：
财务内部收益率（FIRR）：所得税后 6.34%　所得税前 7.72%
财务净现值（FNPV）：所得税后 75.26万元 $ic=6\%$　所得税前 739.11万元 $ic=6\%$
投资回收期（从建设期起）：所得税后 11.43年　所得税前 10.85年

260

续表

序号	项目	达到设计能力生产期 11	12	13	14	15	合计
	生产负荷	100%	100%	100%	100%	100%	
1	现金流入	1803.10	1803.10	1803.10	1803.10	2282.57	27525.97
1.1	产品销售(营业)收入	1803.1	1803.1	1803.1	1803.1	1803.1	27046.50
1.2	回收固定资产余值					290.63	290.63
1.3	回收流动资金					188.84	188.84
2	资金流出	1024.30	1024.30	1024.30	1024.30	1024.30	22697.52
2.1	固定资产投资(含投资方向调节税)						8018.21
2.2	流动资金					188.84	188.84
2.3	经营成本	755.37	755.37	755.37	755.37	755.37	11330.56
2.4	增值税及附加	120.27	120.27	120.27	120.27	120.27	1804.00
2.5	所得税	148.66	148.66	148.66	148.66	148.66	1355.91
2.6	特种基金						0.00
3	净现金流量(1-2)	778.80	778.80	778.80	778.80	1258.27	4828.45
4	累计现金流量	1233.78	2012.58	2791.38	3570.18	4828.45	-29742.21
5	所得税前净现金流量(3+2.5)	927.46	927.46	927.46	927.46	1406.93	6184.36
6	所得税前累计净现金流量	1995.04	2922.50	3849.96	4777.42	6184.36	-22365.45

计算指标:

财务内部收益率(FIRR): 所得税后 6.34% 所得税前 7.72%

财务净现值(FNPV): 所得税后 75.26万元 $i_c=6\%$ 所得税前 739.11万元 $i_c=6\%$

投资回收期(从建设期算起): 所得税后 11.43年 所得税前 10.85年

261

损　益　表（万元）

表9-6

序号	年份项目	建设期		达到设计能力生产期									
		1	2	1	2	3	4	5	6	7	8	9	10
	生产负荷			100%	100%	100%	100%	100%	100%	100%	100%	100%	100%
1	产品销售（营业）收入			1803.10	1803.10	1803.10	1803.10	1803.10	1803.10	1803.10	1803.10	1803.10	1803.10
2	销售税金及附加			120.27	120.27	120.27	120.27	120.27	120.27	120.27	120.27	120.27	120.27
3	总成本（费用）			1232.34	1232.34	1232.34	1232.34	1232.34	1232.34	1232.34	1232.34	1232.34	1232.34
4	长期借款利息支出			485.45	436.90	388.36	339.81	291.27	242.72	194.18	145.63	97.09	48.54
5	利润总额（1-2-3-4）			-34.95	13.59	62.14	110.68	159.23	207.77	256.32	304.86	353.40	401.95
6	弥补前的年度亏损额				34.95								
7	应纳税所得额（5-6）			-34.95	-21.36	62.14	110.68	159.23	207.77	256.32	304.86	353.40	401.95
8	所得税					20.51	36.52	52.54	68.56	84.58	100.60	116.62	132.64
9	税后利润（7-8）			-34.95	-21.36	41.63	74.16	106.68	139.21	171.73	204.26	236.78	269.31
10	可供分配利润				-21.36	41.63	74.16	106.68	139.21	171.73	204.26	236.78	269.31
10.1	盈余公积金				-2.14	4.16	7.42	10.67	13.92	17.17	20.43	23.68	26.93
10.2	应付利润												
10.3	未分配利润				-19.22	37.47	66.74	96.01	125.29	154.56	183.83	213.10	242.38
	累计未分配利润				-19.22	18.25	84.99	181.00	306.29	460.84	644.67	857.78	1100.15

续表

序号	年份 项目	达到设计能力生产期					合计
		11	12	13	14	15	
	生产负荷	100%	100%	100%	100%	100%	
1	产品销售（营业）收入	1803.10	1803.10	1803.10	1803.10	1803.10	27046.50
2	销售税金及附加	120.27	120.27	120.27	120.27	120.27	1804.00
3	总成本（费用）	1232.34	1232.34	1232.34	1232.34	1232.34	18485.09
4	长期借款利息支出						2669.95
5	利润总额（1－2－3－4）	450.49	450.49	450.49	450.49	450.49	4087.46
6	弥补的前年度亏损额						34.95
7	应纳税所得额（5－6）	450.49	450.49	450.49	450.49	450.49	4052.51
8	所得税	148.66	148.66	148.66	148.66	148.66	1355.91
9	税后利润（7－8）	301.83	301.83	301.83	301.83	301.83	2696.60
10	可供分配利润	301.83	301.83	301.83	301.83	301.83	2731.55
10.1	盈余公积金	30.18	30.18	30.18	30.18	30.18	273.15
10.2	应付利润						
10.3	未分配利润	271.65	271.65	271.65	271.65	271.65	2458.39
	累计未分配利润	1371.80	1643.45	1915.10	2186.75	2458.39	13210.23

资金来源与运用表（万元）

表9-7

序号	年份项目	建设期		达到设计能力生产期									
		1	2	1	2	3	4	5	6	7	8	9	10
	生产负荷			100%	100%	100%	100%	100%	100%	100%	100%	100%	100%
1	资金来源	3103.31	5324.58	620.83	480.53	529.08	577.62	626.17	674.71	723.26	771.80	820.35	868.89
1.1	利润总额			-34.95	13.59	62.14	110.68	159.23	207.77	256.32	304.86	353.40	401.95
1.2	折旧费			465.01	465.01	465.01	465.01	465.01	465.01	465.01	465.01	465.01	465.01
1.3	摊销费			1.94	1.94	1.94	1.94	1.94	1.94	1.94	1.94	1.94	1.94
1.4	长期借款	3103.31	5324.58										
1.5	流动资金			188.84									
1.6	其他短期												
1.7	自有资金												
1.8	其他短期												
1.9	回收固定												
1.10	回收流动												
2	资金运用	3103.31	5324.58	1031.63	842.79	863.29	879.31	895.33	911.35	927.37	943.39	959.41	957.43
2.1	固定资产	3016.44	5001.77										
2.2	建设期利	86.87	322.80										
2.3	流动资金												
2.4	所得税					20.51	36.52	52.54	68.56	84.58	100.60	116.62	132.64
2.5	特种基金												
2.6	应付利润												
2.7	长期借款			842.79	842.79	842.79	842.79	842.79	842.79	842.79	842.79	842.79	842.79
2.8	流动资金												
2.9	其他短期												
3	盈余资金	0.00	0.00	-410.80	-362.25	-334.22	-301.69	-269.17	-236.64	-204.12	-171.59	-139.07	-106.54
4	累计盈余	0.00	0.00	-410.80	-773.05	-1107.27	-1408.96	-1678.13	-1914.77	-2118.88	-2290.48	-2429.54	-2536.08

续表

序号	年份项目	建设期		达到设计能力生产期									
		1	2	1	2	3	4	5	6	7	8	9	10
1	生产负荷			100%	100%	100%	100%	100%	100%	100%	100%	100%	100%
	借款及还本利息												
1.1	年初借款本息累计		3103.31	8427.89	7585.10	6742.31	5899.52	5056.73	4213.94	3371.15	2528.37	1685.58	842.79
1.1.1	本金		3016.41	8018.21									
1.1.1.1	利息		86.87	409.68									
1.2	本年借款	3016.44	5001.77										
1.3	本年应计利息	86.87	322.80										
1.4	本年还本			842.79	842.79	842.79	842.79	842.79	842.79	842.79	842.79	842.79	842.79
1.5	本年付息			485.45	436.90	388.36	339.81	291.27	242.72	194.18	145.63	97.09	48.54
2	偿还借款本金的资金来源												
2.1	利润			−34.95	13.59	62.14	110.68	159.23	207.77	256.32	304.86	353.40	401.95
2.2	折旧			465.01	465.01	465.01	465.01	465.01	465.01	465.01	465.01	465.01	465.01
2.3	摊销			1.94	1.94	1.94	1.94	1.94	1.94	1.94	1.94	1.94	1.94
2.4	其他资金												
2.5	合计(2.1+2.2+ 2.3+2.4)			431.99	480.53	529.08	577.62	626.17	674.71	723.26	771.80	820.35	868.89

借款还本付息计算表（万元）

表9-8

序号	年份项目	建设期		达到设计能力生产期									
		1	2	1	2	3	4	5	6	7	8	9	10
	生产负荷			100%	100%	100%	100%	100%	100%	100%	100%	100%	100%
1	借款及还本利息												
1.1	年初借款本息累计		3103.31	8427.89	7585.10	6742.31	5899.52	5056.73	4213.94	3371.15	2528.37	1685.58	842.79
1.1.1	本金		3016.41	8018.21									
1.1.1	利息		86.87	409.68									
1.2	本年借款	3016.44	5001.77										
1.3	本年应计利息	86.87	322.80										
1.4	本年还本			842.79	842.79	842.79	842.79	842.79	842.79	842.79	842.79	842.79	842.79
1.5	本年付息			485.45	436.90	388.36	339.81	291.27	242.72	194.18	145.63	97.09	48.54
2	偿还借款本金的资金来源												
2.1	利润			−34.95	13.59	62.14	110.68	159.23	207.77	256.32	304.86	353.40	401.95
2.2	折旧			465.01	465.01	465.01	465.01	465.01	465.01	465.01	465.01	465.01	465.01
2.3	摊销			1.94	1.94	1.94	1.94	1.94	1.94	1.94	1.94	1.94	1.94
2.4	其他资金												
2.5	合计(2.1+2.2+2.3+2.4)			431.99	480.53	529.08	577.62	626.17	674.71	723.26	771.80	820.35	868.89

续表

序号	年份项目	建设期		达到设计能力生产期									
		1	2	1	2	3	4	5	6	7	8	9	10
	生产负荷			100%	100%	100%	100%	100%	100%	100%	100%	100%	100%
1	借款及还本利息												
1.1	年初借款本息累计	3103.31		8427.89	7585.10	6742.31	5899.52	5056.73	4213.94	3371.15	2528.37	1685.58	842.79
1.1.1	本金	3016.41		8018.21									
1.1.1.1	利息	86.87		409.68									
1.2	本年借款	3016.44	5001.77										
1.3	本年应计利息	86.87	322.80										
1.4	本年还本			842.79	842.79	842.79	842.79	842.79	842.79	842.79	842.79	842.79	842.79
1.5	本年付息			485.45	436.90	388.36	339.81	291.27	242.72	194.18	145.63	97.09	48.54
2	偿还借款本金的资金来源												
2.1	利润			−34.95	13.59	62.14	110.68	159.23	207.77	256.32	304.86	353.40	401.95
2.2	折旧			465.01	465.01	465.01	465.01	465.01	465.01	465.01	465.01	465.01	465.01
2.3	摊销			1.94	1.94	1.94	1.94	1.94	1.94	1.94	1.94	1.94	1.94
2.4	其他资金来源												
2.5	合计(2.1+2.2+2.3+2.4)			431.99	480.53	529.08	577.62	626.17	647.71	723.26	771.80	820.35	868.89

表 9-9

工程估算汇总表（万元）

序号	工程或费用名称	价值估算（万元）						技术经济指标				备注
		建筑工程	安装工程	设备购置	工器具及生产家具	其他费用	合计	单位	数量	单位价值（元）	占投资额（%）	
一	第一部分工程费用											
	水源厂											
1	DN1000取水自流管	178.42	26.53				204.95					
2	取水泵房	298.86	51.62	63.48			413.96					
3	电气	14	14	50			78.00					
4	加氯间	5.84	39.20	0			45.04					
5	总图	20.00					20.00					
	小计	517.12	131.35	113.48			761.95					
二	浑水输水管 DN700	3143.25					3143.25					
三	净水厂											
1	配水井	5.85	0.7				6.55					
2	机械加速澄清池	253.24					253.24					
3	滤池	149.34	112.00	29.87			191.21					
4	清水池	267.56	3				270.56					
5	二泵房及吸水井	134.42	79.60	63.48			277.50					
6	污泥池	24	7	45			76.00					
7	加氯间	25.71	3.20	28.2093			57.11					
8	加矾间	27.71	4.00	29.21			60.91					

续表

序号	工程或费用名称	价值估算（万元）						技术经济指标				备注
		建筑工程	安装工程	设备购置	工器具及生产家具	其他费用	合计	单位	数量	单位价值（元）	占投资额（%）	
9	变电所	20					20.00					
10	全长电气		50.45	190			240.45					
11	综合楼	86.69					86.69					
12	车车仓库	10					10.00					
13	传达室	1.5					1.50					
14	自控仪表	15	100				115.00					
15	厂区通讯		10				10.00					
16	总图	158.90	138.42	0.00			297.32					
17	化验、运输设备			70			70.00					
	小计	1179.91	508.366	455.764			2144.04					
	小计（一、二、三）	4840.28	639.71	569.24			6049.23					
	工器具购置费1%				5.69		5.69					
	三通一平	54.80					54.80					
	第一部分 工程费合计	4895.08	639.71	569.24	5.69		6109.72				76.36%	
	第二部分 其他费用											
1	测量钻探费0.55%					33.90	33.90					
2	可行性研究费、咨询费					10.00	10.00					
3	设计费2.5%					154.11	154.11					

序号	工程或费用名称	价值估算（万元）						技术经济指标			占投资额（%）	备注
		建筑工程	安装工程	设备购置	工器具及生产家具	其他费用	合计	单位	数量	单位价值（元）		
4	建设单位管理费1.2%					73.97	73.97					
5	监理费1.4%					86.30	86.30					
6	外电线路		0.3km,40万元/km			12.00	12.00					
7	质检费1.5%					9.25	9.25					
8	征地费		110亩,3万元/亩			330.00	330.00					
9	家具购置费					11.20	11.20					
10	联合试运转费1%					5.69	5.69					
11	人员培训费		112人×60%×1000元/人			11.20	11.20					
11	人员培训费		112人×60%×3600元/人			24.19	24.19					
12	竣工图编制费		设计费8%			12.33	12.33					
	第二部分 其他费用合计					750.63	750.63				9.30%	
	第三部分 预备费											
1	工程预备费10%				691.52		691.52					
	第三部分 预备费 小计				691.52		691.52				8.75%	
	第四部分 建设期贷款利息		2年		409.68		409.68				5.07%	
	第五部分 铺地资金		(年经营成本/360)×90×30%		56.65		56.65				0.70%	
	工程总投资				8073.00		8073.00				100.00%	

1) 成本计算表 反映本项目的营运费、总成本及单位水处理成本。

2) 财务现金流量表 反映该项目的内部收益率，投资回收期及基准折现率的净现值。

3) 损益率 反映项目计算期内各年的利润总额及投资利润率和投资利税率。本工程投资利润率为 5.58%，投资利税率为 7.07%。

投资利润率 = 平均利润总额/总投资 = 450.49/8073 × 100% = 5.58%

投资利税率 = 平均利税总额/总投资 = (450.49 + 120.27)/8073 × 100% = 7.07%

4) 资金来源与运用表 反映各年资金盈余或短缺情况，选择资金的筹措方案，制定借款偿还计划。从表中可见，项目在建设期内各年收支平衡，生产期间内还贷期收支平衡，还贷结束后各年皆有盈余资金。

5) 借款还本付息计算表 反映贷款情况。

(3) 财务评价的主要指标

表 9-10 为财务收支总表，表 9-11 为主要评价指标。

财务收支总表 表 9-10

项　　目	收支费用（万元）	项　　目	收支费用（万元）
财务收支计算期内营运收入	27525.97	利息支出	2669.95
财务支出	23429.42	所得税交纳	1355.91
工程建设费	8073.00	财务收益	4096.55
营运费	11330.56		

主要评价指标 表 9-11

项　　目	全　部　投　资	
	所得税后	所得税前
财务内部收益率(%)	6.34	7.72
投资回收期(年)	11.43	10.85
基准折现率净现值(万元)	75.26	739.11

（4）不确定性分析

项目评价所采用的数据，大部分来自预测和估算，存在一定程度的不确定性。为了分析不确定性因素对经济评价的影响，需进行不确定性分析，估计项目可能承担的风险，考察项目在经济上的可靠性。

1）盈亏平衡分析

盈亏平衡分析是通过盈亏平衡点（BEP）分析拟建项目对市场需求的适应能力。

$$BEP = 年固定成本/（销售收入－年可变资本－$$
$$年销售税金及附加）\times 100\%$$
$$= 743.76/（1803.10－488.58－120.27）\times 100\% = 62.28\%。$$

计算结果表明，该项目在投产第一年只要达到设计能力的62.28%，也就是年生产能力达到 $3.12 \times 10^4 m^3/d$，企业就可以保本，可见该项目有一定的抗风险能力。

2）敏感性分析

根据本项目的特点，该项目在计算期内可能发生变化的主要因素为固定资产投资、营运收入和经营成本。其变化幅度设定在±10%和±20%，这些变化对财务内部收益的影响见表9-12。

（5）财务评价结论

敏感性分析结果　　　　　　　　表 9-12

项　　目	财务内部收益率(%)		项　　目	财务内部收益率(%)	
	税后	税前		税后	税前
基本情况	6.34	7.72	＋10%	4.79	6.43
营运收入			－10%	7.61	8.81
＋20%	10.90	11.74	－20%	8.68	9.74
＋10%	9.05	10.07	固定资产投资		
－10%	2.02	4.18	＋20%	3.13	4.77
－10%	－5.95	－1.79	＋10%	4.75	6.26
经营费			－10%	7.90	9.16
＋20%	2.89	4.87	－20%	9.43	10.58

从上述财务评价看，财务内部收益率高于行业基准收益率，投资回收期低于行业基准投资回收期，借款偿还期能满足借贷机构的要求。从敏感性分析看，本项目具有一定的抗风险能力。因此，本项目从财务上讲是可行的。

3. 工程效益分析

由于本工程是城市供水基础设施，对促进国民经济发展的作用主要表现为外部效果，所产生的效益除部分经济效益可以定量计算外，大部分则表现为难以货币量化的社会效益。运用系统的观点，将本工程与全市人民健康条件的改善和生活水平的提高以及全市工业生产的提高的宏观效益综合在一起进行评价，本工程的经济和社会效益主要表现为以下几个方面：

（1）随着工业生产发展和人民生活水平的提高，该县城市供水量仍然跟不上发展的需要。因此，本工程对改善城区的供水水质，缓解城市供水矛盾，改善投资环境，促进整个城市的发展具有重要的作用。

（2）工程建成可极大地改善城区的供水情况和供水结构，确保城市供水的安全。

（3）工程建成后改善了水质，有益于居民的身体健康和工业用水的需要。

综合财务评价和国民经济效益两项分析，在企业财务方面，工程投资以及日常运转费都较大，因此，制水成本较高。现行水价偏低未能反映出水资源应有的价值，为了改变人们对水的价值观念，促进开源节流，更好地搞好城市的供水事业，以水养水，建议调整水价。

根据经济评价准则，项目的取舍应取决于国民经济评价。本项目的国民经济评价效益显著，因此本工程在经济上是可行的。

9.3.3　国民经济评价

国民经济评价是项目经济评价的核心部分，是从国民经济综合平衡的角度分析计算项目需要过国家付出的代价和对国家的贡献。国民经济评价除了计算项目本身的直接费用和直接效益外，还应计算间接费用和间接效益，即项目的全部效果，据此判别项目的经济合理性。

给水处理厂为城市基础设施项目，它所产生的效益，除部分经济效益可以定量计算外，大部分效益表现为难以用货币量化的社会效益和环境效益；有些以外在形式表现的效益，如供水对工农业生产发展的影响、为旅游事业创造的效益等，究竟有多少比例可归属于该项目，也很难确定。此外，售水价格往往采取政府补贴政策，并不能反映真实价值，而只能用假设的计算价格（或影子价格）来估算其收益。因此，给水处理厂的国民经济评价比一般工业项目难度更大。目前通常仅进行工程的效益分析，未进行各项国民经济报表的编制和评价指标的计算。

城镇供水项目效益的计算方法，目前还没有成熟的经验。在《水利经济计算规范》（SD 139—85）中，列举了以下几种计算方法：

1. 按举办最优等效替代工程（扩建或开发新税源、采取节水措施等）所需的年折算费用计算。

2. 根据水在工业生产中的地位，以工业净产值乘分摊系数计算。在缺水地区也可用因缺水使工业生产遭受的损失计算。

3. 按供水投资和工业投资具有相同的投资效益率计算。

4. 按满足工业用水后，相应减少农业用水或其他用水，而使农业生产或其他部门遭受的损失计算，这一方法主要用于水资源缺乏而又无合理替代措施的地区。

国外在水资源经济评价中，通常采用"等效替代工程法"，它能比较正确地表达供水工程的效益，关键是要尽可能选用最优、等效的替代工程，同时在费用计算时应采用同样的计算标准。

关于分摊系数法，主要是如何根据当地工业生产的实际情况，核算确定供水效益的分摊系数。据一些分析资料介绍，供水效益与工业净产值的比值约为 3%～4%，供水效益与工业生产的经收益的比值约为 10%左右。

按供水投资和工业投资相同投资收益率计算的主要缺陷是供水效益随着工程投资的增加而增大，以至在相同供水量时，将出现造价越高、效益就越大的不合理现象，这就不利于方案的选优。

附　　录

居民生活用水定额（L/(cap·d)）　　　附录 1 （a）

城市规模	特大城市		大城市		中、小城市	
用水情况分区	最高日	平均日	最高日	平均日	最高日	平均日
一	180～270	140～210	160～250	120～190	140～230	100～170
二	140～200	110～160	120～180	90～140	100～160	70～120
三	140～180	110～150	120～160	90～130	100～140	70～110

注：cap 表示"人"的计量单位。

综合生活用水定额（L/(cap·d)）　　　附录 1 （b）

城市规模	特大城市		大城市		中、小城市	
用水情况分区	最高日	平均日	最高日	平均日	最高日	平均日
一	260～410	210～340	240～390	190～310	220～370	170～280
二	190～280	150～240	170～260	130～210	150～240	110～180
三	170～270	140～230	150～250	120～200	130～230	100～170

注：1. 居民生活用水指：城市居民日常生活用水。

　　2. 综合生活用水指：城市居民日常生活用水和公共建筑用水。但不包括浇洒道路、绿地和其他市政用水。

　　3. 特大城市指：市区和近郊区非农业人口 100 万人及以上的城市；大城市指：市区和近郊区非农业人口 50 万人及以上，不满 100 万人的城市；中、小城市指：市区和近郊区非农业人口不满 50 万人的城市。

　　4. 一区包括：贵州、四川、湖北、湖南、江西、浙江、福建、广东、广西、海南、上海、云南、江苏、安徽、重庆；二区包括：黑龙江、吉林、辽宁、北京、天津、河北、山西、河南、山东、宁夏、陕西、内蒙古河套以东和甘肃黄河以东的地区；三区包括：新疆、青海、西藏、内蒙古河套以西和甘肃黄河以西的地区。

　　5. 经济开发区和特区城市，根据用水实际情况，用水定额可酌情增加。

工业企业建筑淋浴用水定额　　附录 2

车　间　卫　生　特　征			每人每班淋浴用水定额(L)
有毒物质	生产性粉尘	其他	
极易经皮肤吸收引起中毒的剧毒物质(如有机磷、三硝基甲苯、四乙基铅等)		处理传染性材料、动物原料(如皮毛等)	60
易经皮肤吸收或有恶臭的物质,或高毒物质(如丙烯腈、吡啶、苯酚等)	严重污染全身或对皮肤有刺激的粉尘(如炭黑、玻璃棉等)	高温作业、井下作业	
其他毒物	一般粉尘(如棉尘)	重作业	40
不接触有毒物质及粉尘,不污染或轻度污染身体(如仪表、金属冷加工、机械加工等)			

注：1. 每辆汽车的冲洗时间为 10min,同时冲洗的汽车数应按汽车台的数量确定。

2. 汽车库内存放汽车在 25 辆及 25 辆以下时,应按全部汽车每日冲洗一次计算；存放汽车在 25 辆以上时,每日冲洗数,一般按全部汽车的 70%～90%计算。

城镇、居住区室外消防用水量　　附录 3

人数(万人)	同一时间同的火灾次数(次)	一次灭火用水量(L/s)
≤1.0	1	10
≤2.5	1	15
≤5.0	2	25
≤10.0	2	35
≤20.0	2	45
≤30.0	2	55
≤40.0	2	65
≤50.0	3	75
≤60.0	3	85
≤70.0	3	90
≤80.0	3	95
≤100	3	100

注：城镇的室外消防用水量应包括居住区、工厂、仓库(含堆场、储罐)和民用建筑的室外消火栓用水量。当工厂、仓库和民用建筑的室外消火栓用水量按附录 5 计算,其值与按本表计算不一致时,应取其较大值。

工厂、仓库和民用建筑同时发生火灾次数　　附录4

名称	基地面积（ha）	附有居住区人数（万人）	同一时间内的火灾次数	备　注
工厂	≤100	≤1.5	1	按需水量最大的一座建筑物（或堆场、储罐）计算
		>1.5	2	工厂、居住区各一次
	>100	不限	2	按需水量最大的两座建筑物（或堆场、储罐）计算
仓库民用建筑	不限	不限	1	按需水量最大的一座刀过竹解物（或堆场、储罐）计算

注：1. 采矿、选矿等工业企业、如各分散基地有单独的消防给水系统时，可分别计算。

2. 建筑物的室外消火栓用水量，不应小于附录5的规定。

3. 一个单位内有泡沫设备、带架水枪、自动喷水灭火设备，以及其他消防用水设备时，其消防用水量，应将上述设备所需的全部消防用水量加上附录5规定的室外消火栓用水量的50%，但采用的水量不应小于附录5的规定。

建筑物的室外消火栓用水量　　附录5

耐火等级	建筑物名称和火灾危险性		建筑物体积（m³）					
			≤1500	1501～3000	3001～5000	5001～20000	20001～50000	>50000
			一次灭火用水量（L/s）					
一、二级	厂房	甲、乙、丙、丁、戊	10 10 10	15 15 10	20 20 10	25 25 15	30 30 15	35 40 20
	库房	甲、乙、丙、丁、戊	15 15 10	15 15 10	25 25 10	25 25 15	— 35 15	— 45 20
	民用建筑		10	15	15	20	25	30
三级	厂房或库房	乙、丙	15	20	30	40	45	—
		丁、戊	10	10	15	20	25	35
	民用建筑		10	15	20	25	30	—
四级	丁、戊类厂房或库房		10	15	20	25	—	—
	民用建筑		10	15	20	25	—	—

注：1. 室外消火栓用水量应按消防需水量最大的一座建筑物或一个防火分区计算。

2. 耐火等级和生产厂房的火灾危险性，详见《建筑设计防火规范》。

附录6　中华人民共和国地表水环境质量标准

（GB 3838-2002）

1. 范围

1.1　本标准按照地表水环境功能分类和保护目标，规定了水环境质量应控制的项目及限值，以及水质评价、水质项目的分析方法和标准的实施与监督。

1.2　本标准适用于中华人民共和国领域内江河、湖泊、运河、渠道、水库等具有使用功能的地表水水域。具有特定功能的水域，执行相应的专业用水水质标准。

2. 引用标准

《生活饮用水卫生规范》（卫生部，2001 年）和本标准表 4～表 6 所列分析方法标准及规范中所含条文在本标准中被引用即构成为本标准条文，与本标准同效。当上述标准和规范被修订时，应使用其最新版本。

3. 水域功能和标准分类

依据地表水水域环境功能和保护目标，按功能高低依次划分为五类：

Ⅰ类　主要适用于源头水、国家自然保护区；

Ⅱ类　主要适用于集中式生活饮用水地表水源地一级保护区、珍稀水生生物栖息地、鱼虾类产卵场、仔稚幼鱼的索饵场等；

Ⅲ类　主要适用于集中式生活饮用水地表水源二级保护区、鱼虾类越冬场、洄游通道、水产养殖区等渔业水域及游泳区；

Ⅳ类　主要适用于一般工业用用区及人体非直接接触的娱乐用水区；

Ⅴ类　主要适用于农业用水区及一般景观要求水域。

对应地表水上述五类水域功能，将地表水环境质量标准基本项目标准值分为五类，不同功能类别分别执行相应类别的标准值。水域功能类别高的标准值严于水域功能类别低的标准值。同一水域兼有多类使用功能的，执行最高功能类别对应的标准值。实现水域功能与达功能类别标准为同一含义。

4. 标准值

4.1　地表水环境质量标准基本项目标准限值见表1。

4.2　集中式生活饮用水地表水源地补充项目标准值限值见表2。

4.3　集中式生活饮用水地表水源地特定项目标准限值见表3。

5. 水质评价

5.1　地表水环境质量评价应根据应实现的水域功能类别，选取相应类别标准，进行单因子评价，评价结果应说明水质达标情况，超标的应说明超标项目和超标倍数。

5.2　丰、平、枯水期特征明显的水域，应分水期进行水质评价。

5.3　集中式生活饮用水地表水源地水质评价的项目应包括表1中的基本项目、表2中的补充项目以及由县级以上人民政府环境保护行政主管部门从表3中选择确定的特定项目。

6. 水质监测

6.1　本标准规定的项目标准值，要求水样采集后自然沉降30min，取上层非沉降部分按规定方法进行分析。

6.2　地表水水质监测的采样布点、监测频率应符合国家地表水环境监测技术规范的要求。

6.3　本标准水质项目的分析方法应优先选用表4～表6规定的方法，也可采用ISO方法体系等其他等效分析方法，但须进行适用性检验。

7. 标准的实施与监督

7.1 本标准由县级以上人民政府环境保护行政主管部门及相关部门按职责分工监督实施。

7.2 集中式生活饮用水地表水源地水质超标项目经自来水厂净化处理后,必须到达《生活饮用水卫生规范》的要求。

7.3 省、自治区、直辖市人民政府可以对本标准中未作规定的项目,制定地方补充标准,并报国务院环境保护行政主管部门备案。

地表水环境质量标准基本项目标准限值　　　　（mg/L）　表1

项　　　目	Ⅰ类	Ⅱ类	Ⅲ类	Ⅳ类	Ⅴ类
水温(℃)	人为造成的环境水温变化应限制在:周平均最大温升≤1;周平均最大温降≤2				
pH 值(无量纲)	6～9				
溶解氧≥	饱和率90%(或7.5)	6	5	3	2
高锰酸盐指数≤	2	4	6	10	15
化学需氧量(COD)≤	15	15	20	30	40
五日生化需氧量(BOD$_5$)≤	3	3	4	6	10
氨氮(NH$_3$-N)≤	0.15	0.5	1.0	1.5	2.0
总磷(以 P 计)≤	0.02	0.1	0.2	0.3	0.4
	(湖、库0.01)	(湖、库0.025)	(湖、库0.05)	(湖、库0.1)	(湖、库0.2)
总氮(湖、库,以 N 计算)	0.2	0.5	1.0	1.5	2.0
铜≤	0.01	1.0	1.0	1.0	1.0
锌≤	0.05	1.0	1.0	2.0	2.0
氟化物(以 F 计)≤	1.0	1.0	1.0	1.5	1.5
硒≤	0.01	0.01	0.01	0.02	0.02
砷≤	0.05	0.05	0.05	0.1	0.1
汞≤	0.00005	0.00005	0.0001	0.001	0.001

项　　目	Ⅰ类	Ⅱ类	Ⅲ类	Ⅳ类	Ⅴ类
镉≤	0.001	0.005	0.005	0.005	0.01
铬(六价)≤	0.01	0.05	0.05	0.05	0.1
铅≤	0.01	0.01	0.05	0.05	0.1
氰化物≤	0.005	0.05	0.2	0.2	0.2
挥发酚≤	0.002	0.002	0.005	0.01	0.1
石油类≤	0.05	0.05	0.05	0.5	1.0
阴离子表面活性剂≤	0.2	0.2	0.2	0.3	0.3
硫化物≤	0.05	0.1	0.2	0.5	1.0
粪大肠菌群(个/L)≤	200	2000	10000	20000	40000

集中式生活饮用水地表水源补充项目

标准限值　　　　　　（mg/L）　表2

项　　目	标准值	项　　目	标准值
硫酸盐(以 SO_4^{2-} 计)	250	铁	0.3
氯化物(以 Cl^- 计)	250	锰	0.1
硝酸盐(以 N 计)	10		

集中式生活饮用水地表水源地特定项目

标准限值　　　　　　（mg/L）　表3

序号	项　　目	标准值	序号	项　　目	标准值
1	三氯甲烷	0.06	9	1,2-二氯乙烯	0.05
2	四氯化碳	0.002	10	三氯乙烯	0.07
3	三溴甲烷	0.1	11	四氯乙烯	0.04
4	二氯甲烷	0.02	12	氯丁二烯	0.002
5	1,2-二氯乙烷	0.03	13	六氯丁二烯	0.0006
6	环氧氯丙烷	0.02	14	苯乙烯	0.02
7	氯乙烯	0.005	15	甲醛	0.9
8	1,1-二氯乙烯	0.03	16	乙醛	0.05

序号	项目	标准值	序号	项目	标准值
17	丙烯醛	0.1	44	邻苯二甲酸二(2-乙基己基)酯	0.008
18	三氯乙醛	0.01	45	水合肼	0.01
19	苯	0.01	46	四乙基铅	0.0001
20	甲苯	0.7	47	吡啶	0.2
21	乙苯	0.3	48	松节油	0.2
22	二甲苯[1]	0.5	49	苦味酸	0.5
23	异丙苯	0.25	50	丁基黄原酸	0.005
24	氯苯	0.3	51	活性氯	0.01
25	1,2-二氯苯	1.0	52	滴滴涕	0.001
26	1,4-二氯苯	0.3	53	林丹	0.002
27	三氯苯[2]	0.02	54	环氧七氯	0.0002
28	四氯苯[3]	0.02	55	对硫磷	0.003
29	六氯苯	0.05	56	甲基对硫磷	0.002
30	硝基苯	0.017	57	马拉硫磷	0.05
31	二硝基苯[4]	0.5	58	乐果	0.08
32	2,4-二硝基甲苯	0.0003	59	敌敌畏	0.05
33	2,4,6-三硝基甲苯	0.5	60	敌百虫	0.05
34	硝基氯苯[5]	0.05	61	内吸磷	0.03
35	2,4-二硝基氯苯	0.5	62	百菌清	0.01
36	2,4-二氯苯酚	0.093	63	甲萘威	0.05
37	2,4,6-三氯苯酚	0.2	64	溴氰菊酯	0.02
38	五氯酚	0.009	65	阿特拉津	0.003
39	苯胺	0.1	66	苯并(a)芘	2.8×10^{-6}
40	联苯胺	0.0002	67	甲基汞	1.0×10^{-6}
41	丙烯酰胺	0.0005	68	多氯联苯[6]	2.0×10^{-5}
42	丙烯腈	0.1	69	微囊藻毒素-LR	0.001
43	邻苯二甲酸二丁酯	0.003	70	黄磷	0.003

序号	项 目	标准值	序号	项 目	标准值
71	铝	0.07	76	镍	0.02
72	钴	1.0	77	钡	0.7
73	铍	0.002	78	钒	0.05
74	硼	0.5	79	钛	0.1
75	锑	0.005	80	铊	0.0001

注：1. 二甲苯：指对-二甲苯、间-二甲苯、邻-二甲苯。

2. 三氯苯：指 1,2,3-三氯苯、1,2,4-三氯苯、1,3,5-三氯苯。

3. 四氯苯：指 1,2,3,4-四氯苯、1,2,3,5-四氯苯、1,2,4,5-四氯苯。

4. 二硝基苯：指对-二硝基苯、间-二硝基苯、邻-二硝基苯。

5. 硝基氯苯：指对-硝基氯苯、间-硝基氯苯、邻-硝基氯苯。

6. 多氯联苯：指 PCB-1016、PCB-1221、PCB-1232、PCB-1242、PCB-1248、PCB-1254、PCB-1260。

地表水环境质量标准基本项目分析方法　　　表4

序号	项 目	分析方法	最低检出限（mg/L）	方法来源
1	水温	温度计法		GB 13195-91
2	pH 值	玻璃电极法		GB 6920-86
3	溶解氧	碘量法	0.2	GB 7489-87
		电化学探头法		GB 11913-89
4	高锰酸盐指数		0.5	GB 11892-89
5	化学需氧量	重铬酸盐法	10	GB 11914-89
6	五日生化需氧量	稀释与接种法	2	GB 7488-87
7	氨氮	纳氏试剂比色法	0.05	GB 7479-87
		水杨酸分光光度法	0.01	GB 7481-87
8	总磷	钼酸铵分光光度法	0.01	GB 11893-89
9	总氮	碱性过硫酸钾消解紫外分光光度法	0.05	GB 11894-89

序号	项 目	分析方法	最低检出限（mg/L）	方法来源
10	铜	2,9-二甲基-1,10-菲啰啉分光光度法	0.06	GB 7473-87
		二乙基二硫代氨基甲酸钠分光光度法	0.010	GB 7474-87
		原子吸收分光光度法（螯合萃取法）	0.001	GB 7475-87
11	锌	原子吸收分光光度法	0.05	GB 7475-87
12	氟化物	氟试剂分光光度法	0.05	GB 7483-87
		离子选择电极法	0.05	GB 7484-87
		离子色谱法	0.02	HJ/T 84-2001
13	硒	2,3-二氨基萘荧光法	0.00025	GB 11902-89
		石墨炉原子吸收分光光度法	0.003	GB/T 15505-1995
14	砷	二乙基二硫代氨基甲古巴银分光光度法	0.007	GB 7485-87
		冷原子荧光法	0.00006	1)
15	汞	冷原子吸收分光光度法	0.00005	GB 7468-87
		冷原子荧光法	0.00005	1)
16	镉	原子吸收分光光度法（螯合萃取法）	0.001	GB 7475-87
17	铬（六价）	二苯碳酰二肼分光光度法	0.004	GB 7467-87
18	铅	原子吸收分光光度法（螯合萃取法）	0.01	GB 7475-87
19	氰化物	异烟酸-吡唑啉酮比色法	0.004	GB 7487-87
		吡啶-巴比妥酸比色法	0.002	
20	挥发酚	蒸馏后4-氨基安替比林分光光度法	0.002	GB 7490-87
21	石油类	红外分光光度法	0.01	GB/T 16488-1996

续表

序号	项目	分析方法	最低检出限 （mg/L）	方法来源
22	阴离子表面活性剂	亚甲蓝分光光度法	0.05	GB 7494-87
23	硫化物	亚甲基蓝分光光度法	0.005	GB/T 16489-1996
		直接显色分光光度法	0.004	GB/T 17133-1997
24	粪大肠菌	多管发酵法、滤膜法		1)

注：暂采用下列方法，待国家方法标准发布后，执行国家标准。（《水和废水监测分析方法（第三版）》，中国环境科学出版社，1989年）

集中式生活饮用水地表水源地补充项目分析方法　　表5

序号	项目	分析方法	最低检出限(mg/L)	方法来源
1	硫酸盐	重量法	10	GB 11899-89
		火焰原子吸收分光光度法	0.4	GB 13196-91
		铬酸钡光度法	8	1)
		离子色谱法	0.09	HJ/T 84-2001
2	氯化物	硝酸银滴定法	10	GB 11896-89
		硝酸汞滴定法	2.5	1)
		离子色谱法	0.02	HJ/T 84-2001
3	硝酸盐	酚二磺酸分光光度法	0.02	GB 7480-87
		紫外分光光度法	0.08	1)
		离子色谱法	0.08	HJ/T 84-2001
4	铁	火焰原子吸收分光光度法	0.03	GB 11911-89
		邻菲啰啉分光光度法	0.03	1)
5	锰	高碘酸钾分光光度法	0.02	GB 11906-89
		火焰原子吸收分光光度法	0.01	GB 11911-89
		甲醛肟光度法	0.01	1)

注：暂采用下列方法，待国家方法标准发布后，执行国家标准。（《水和废水监测分析方法（第三版）》，中国环境科学出版社，1989年）

集中式生活饮用水地表水源地特定项目分析方法　　表 6

序号	项目	分析方法	最低检出限（mg/L）	方法来源
1	三氯甲烷	顶空气相色谱法	0.0003	GB/T 17130-1997
		气相色谱法	0.0006	2)
2	四氯化碳	顶空气相色谱法	0.00005	GB/T 17130-1997
		气相色谱法	0.0003	2)
3	三溴甲烷	顶空气相色谱法	0.001	GB/T 17130-1997
		气相色谱法	0.006	2)
4	二氯甲烷	顶空气相色谱法	0.0087	2)
5	1,2-二氯乙烷	顶空气相色谱法	0.0125	2)
6	环氧氯丙烷	气相色谱法	0.02	2)
7	氯乙烯	气相色谱法	0.001	2)
8	1,1-二氯乙烯	吹出捕集气相色谱法	0.000018	2)
9	1,2-二氯乙烯	吹出捕集气相色谱法	0.000012	2)
10	三氯乙烯	顶空气相色谱法	0.005	GB/T 17130-1997
		气相色谱法	0.003	2)
11	四氯乙烯	顶空气相色谱法	0.0002	GB/T 17130-1997
		气相色谱法	0.0012	2)
12	氯丁二烯	顶空气相色谱法	0.002	2)
13	六氯丁二烯	气相色谱法	0.00002	2)
14	苯乙烯	气相色谱法	0.01	2)
15	甲醛	乙酰丙酮分光光度法	0.05	GB 13197-91
		4-氨基-3 联氨-5-巯基 1,2,4-三氮杂茂（AHMT）分光光度法	0.05	2)

序号	项目	分析方法	最低检出限（mg/L）	方法来源
16	乙醛	气相色谱法	0.24	2)
17	丙烯醛	气相色谱法	0.019	2)
18	三氯乙醛	气相色谱法	0.001	2)
19	苯	液上气相色谱法	0.005	GB 11890-89
		顶空气气相色谱法	0.00042	2)
20	甲苯	液上气相色谱法	0.005	GB 11890-89
		二硫化碳萃取气相色谱法	0.05	
		气相色谱法	0.01	2)
21	乙苯	液上气相色谱法	0.005	GB 11890-89
		二硫化碳萃取气相色谱法	0.05	
		气相色谱法	0.01	2)
22	二甲苯	液上气相色谱法	0.005	GB 11890-89
		二硫化碳萃取气相色谱法	0.05	
		气相色谱法	0.01	2)
23	异丙苯	气相色谱法	0.0032	2)
24	氯苯	气相色谱法	0.01	HJ/T 74-2001
25	1,2-二氯苯	气相色谱法	0.002	GB/T 17131-1997
26	1,4-二氯苯	气相色谱法	0.005	GB/T 17131-1997
27	三氯苯	气相色谱法	0.00004	2)
28	四氯苯	气相色谱法	0.00002	2)
29	六氯苯	气相色谱法	0.00002	2)
30	硝基苯	气相色谱法	0.0002	GB 13194-91
31	二硝基苯	气相色谱法	0.2	2)
32	2,4-硝基甲苯	气相色谱法	0.0003	GB 13191-91

序号	项目	分析方法	最低检出限（mg/L）	方法来源
33	2,4,6 三硝基甲苯	气相色谱法	0.1	2)
34	硝基氯苯	气相色谱法	0.0002	GB 13194-91
35	2,4-硝基氯苯	气相色谱法	0.1	2)
36	2,4-二氯苯酚	电子捕获-毛细色谱法	0.0004	2)
37	2,4,6-三氯苯酚	电子捕获-毛细色谱法	0.00004	2)
38	五氯酚	气相色谱法	0.00004	GB 8972-88
		电子捕获-毛细色谱法	0.000024	2)
39	苯胺	气相色谱法	0.002	2)
40	联苯胺	气相色谱法	0.0002	3)
41	丙烯酰胺	气相色谱法	0.00015	2)
42	丙烯腈	气相色谱法	0.10	2)
43	邻苯二甲酸二丁酯	液相色谱法	0.0001	HJ/T 72-2001
44	邻苯二甲酸二（2-乙基已基）酯	气相色谱法	0.0004	2)
45	水合肼	对二甲按基苯甲醛直接分光光度法	0.005	2)
46	四乙基铅	双硫腙比色法	0.0001	2)
47	吡啶	气相色谱法	0.031	GB/T 14672-93
		巴比士酸分光光度法	0.05	2)
48	松节油	气相色谱法	0.02	2)
49	苦味酸	气相色谱法	0.001	2)
50	丁基黄原酸	铜试剂亚铜分光光度法	0.002	2)

序号	项目	分析方法	最低检出限（mg/L）	方法来源
51	活性氯	N,N-二乙基对苯二胺（DPD）分光光度法	0.01	2)
		3,3,5,5-四甲基联苯胺比色法	0.005	2)
52	滴滴涕	气相色谱法	0.0002	GB 7492-87
53	林丹	气相色谱法	43×10^{-6}	GB 7492-87
54	环氧七氯	液液萃取气相色谱法	0.000083	2)
55	对硫磷	气相色谱法	0.00054	GB 13192-91
56	甲基对硫磷	气相色谱法	0.00042	GB 13192-91
57	马拉硫磷	气相色谱法	0.00064	GB 13192-91
58	乐果	气相色谱法	0.00057	GB 13192-91
59	敌敌畏	气相色谱法	0.00006	GB 13192-91
60	敌百虫	气相色谱法	0.000051	GB 13192-91
61	内吸磷	气相色谱法	0.0025	2)
62	百菌清	气相色谱法	0.0004	2)
63	甲萘威	高效液相色谱法	0.01	2)
64	溴氰菊酯	气相色谱法	0.0002	2)
		高效液相色谱法	0.002	2)
65	阿特拉津	气相色谱法		3)
66	苯并[a]芘	乙酰化滤纸层析荧光分光光度法	43×10^{-6}	GB/11895-89
		高效液相色谱法	13×10^{-6}	GB/13198-91
67	甲基汞	气相色谱法	13×10^{-8}	GB/T 17132-1997
68	多氯联苯	气相色谱法		3)
69	微囊藻毒素-LR	高效液相色谱法	0.00001	2)
70	黄磷	钼-锑-抗分光光度法	0.0025	2)

序号	项目	分析方法	最低检出限 （mg/L）	方法来源
71	钼	无火焰原子吸收分光光度法	0.00231	2)
72	钴	无火焰原子吸收分光光度法	0.00191	2)
73	铍	铬菁 R 分光光度法	0.0002	HJ/T 58-2000
		石墨炉原子吸收分光光度法	0.00002	HJ/T 59-2000
		桑色素荧光分光光度法	0.0002	2)
74	硼	姜黄素分光光度法	0.02	HJ/T 49-1999
		甲亚胺-H 分光光度法	0.2	2)
75	锑	氢化原子吸收分光光度法	0.00025	2)
76	镍	无火焰原子吸收分光光度法	0.00248	2)
77	钡	无火焰原子吸收分光光度法	0.00618	2)
78	钒	钽试剂（BPHA）萃取分光光度法	0.018	GB/T 15503-1995
		无火焰原子吸收分光光度法	0.00698	2)
79	钛	催化示波极谱法	0.0004	2)
		水杨基荧光酮分光光度法	0.02	2)
80	铊	无火焰原子吸收分光光度法	43×10^{-6}	2)

注：暂采用下列方法，待国家方法标准发布后，执行国家标准。

1.《水和废水监测分析方法（第三版）》，中国环境科学出版社，1989 年。

2.《生活饮用水卫生规范》，中华人民共和国卫生，2001 年。

3.《水和废水标准检验法（第 15 版）》，中国建筑工业出版社，1985 年。

附录7 中华人民共和国城镇建设行业标准
生活饮用水水源水质标准

（CJ 3020-93）

1. 主题内容与适用范围

本标准规定了生活饮用水水源的水质指标、水质分级、标准限值、水质检验以及标准的监督执行。

本标准适用于城乡集中式生活饮用水的水源水质（包括各单位自备生活饮用水的水源）。分散式生活饮用水水源的水质，亦应参照使用。

2. 引用标准

《生活饮用水卫生标准》（GB 5749）

《生活饮用水源水中铍卫生标准》（GB 8161）

《水源水中百菌清卫生标准》（GB 11729）

《生活饮用水标准检验法》（GB 5750）

3. 生活饮用水水源水质分级

生活饮用水水源水质分为两级，其两极标准的限值见表1。

生活饮用水水源水质两级标准限值　　　　表1

项　　目	标　准　限　值	
	一级	二级
色	色度不超过 15 度，并不得呈现其他异色	不应有明显的其他异色
浑浊度（度）	≤3	
嗅和味	不得有异臭、异味	不应有明显的异臭、异味
pH 值	6.5～8.5	6.5～8.5
总硬度（以碳酸钙计）(mg/L)	≤350	≤450
溶解铁(mg/L)	≤0.3	≤0.5
锰(mg/L)	≤0.1	≤0.1
铜(mg/L)	≤1.0	≤1.0

项　目	标　准　限　值	
	一级	二级
锌（mg/L）	≤1.0	≤1.0
挥发酚（以苯酚计）（mg/L）	≤0.002	≤0.004
阴离子合成洗涤剂（mg/L）	≤0.3	≤0.3
硫酸盐（mg/L）	<250	<250
氯化物（mg/L）	<250	<250
溶解性总固体（mg/L）	<1000	<1000
氟化物（mg/L）	≤1.0	≤1.0
氰化物（mg/L）	≤0.05	≤0.05
砷（mg/L）	≤0.05	≤0.05
硒（mg/L）	≤0.01	≤0.01
汞（mg/L）	≤0.001	≤0.001
镉（mg/L）	≤0.01	≤0.01
铬（六价）（mg/L）	≤0.05	≤0.05
铅（mg/L）	≤0.05	≤0.07
银（mg/L）	≤0.05	≤0.05
铍（mg/L）	≤0.0002	≤0.0002
氨氮（以氮计）（mg/L）	≤0.5	≤1.0
硝酸盐（以氮计）（mg/L）	≤10	≤20
耗氧量（$KMnO_4$ 法）（mg/L）	≤3	≤6
苯并（α）芘（μg/L）	≤0.01	≤0.01
滴滴涕（μg/L）	≤1	≤1
六六六（μg/L）	≤5	≤5
百菌清（mg/L）	≤0.01	≤0.01
总大肠菌群（个/L）	≤1000	≤10000
总 α 放射性（bq/L）	≤0.1	≤0.1
总 β 放射性（bq/L）	≤1	≤1

　　3.1　一级水源水：水质良好。地下水只需消毒处理，地表水经简易净化处理（如过滤）、消毒后即可供生活饮用者。

　　3.2　二级水源水：水质受轻度污染。经常规净化处理（如絮凝、沉淀、过滤、消毒等），其水质即可达到 GB 5749 规定，可供生活饮用者。

3.3　水质浓度超过二级标准限值的水源水，不宜作为生活饮用水的水源。若限于条件需加以利用时，应采用相应的净化工艺进行处理。处理后的水质应符合 GB 5749 规定，并取得省、市、自治区卫生厅（局）及主管部门批准。

4. 标准的限值

4.1　生活饮用水水源的水质，不应超过表 1 所规定的限值。

4.2　水源水中如含有表 1 中未列入的有害物质时，应按有关规定执行。

5. 水质检验

5.1　水质检验方法按 GB 5750 执行。铍的检验方法按 GB 8161 执行。百菌清的检验方法按 GB 1729 执行。

5.2　不得根据一次瞬时检测值使用本标准。

5.3　已使用的水源或选择水源时，至少每季度采样一次作全分析检验。

6. 标准的监督执行

6.1　本标准由城乡规划、设计和生活饮用水供水等有关单位负责执行。生活饮用水供水单位主管部门、卫生部门负责监督和检查执行情况。

6.2　各级公安、规划、卫生、环保、水利与航运部门应结合各自职责，协同供水单位做好水源卫生防护区的保护工作。

7. 附加说明

本标准由建设部标准定额研究所提出。

本标准由建设部水质标准技术归口单位中国市政工程中南设计院归口管理。

本标准由中国市政工程中南设计院负责起草。

本标准主要起草人：徐广祥、江运通。

本标准委托中国市政工程中南设计院负责解释。

附录8　中华人民共和国国家标准生活饮用水卫生标准

（卫法监发〔2001〕161号）

1. 范围

本规范规定了生活饮用水及其水源水水质卫生要求。

本规范适用于城市生活饮用集中式供水（包括自建集中式供水）及二次供水。

2. 引用资料

生活饮用水检验规范（2001）

二次供水设施卫生规范（GB 17051-1997）

WHO Guidelines for Drinking Water Quality，1993

WHO Guidelines for Drinking Water Quality，Addendum to Volume 2，1998

3. 定义

3.1　生活饮用水：由集中式供水单位直接供给居民作为饮水和生活用水，该水的水质必须确保居民终生饮用安全。

3.2　城市：国家按行政建制设立的直辖市、市、镇。

3.3　集中式供水：由水源集中取水，经统一净化处理和消毒后，由输水管网送到用户的供水方式。

3.4　自建集中式供水：除城建部门建设的各级自来水厂外，由各单位自建的集中式供水方式。

3.5　二次供水：用水单位将来自城市集中式供水系统的生活饮用水经贮存或再处理（如过滤、软化、矿化、消毒等）后，经管道输送给用户的供水方式。

4. 生活饮用水水质卫生要求

4.1　生活饮用水水质应符合下列基本要求

4.1.1　水中不得含有病原微生物。

4.1.2 水中所含化学物质及放射性物质不得危害人体健康。

4.1.3 水的感官性状良好。

4.2 生活饮用水水质规定

4.2.1 生活饮用水水质常规检验项目

生活饮用水水质常规检验项目及限值见表1。

生活饮用水水质常规检验项目及限值 表1

项　　目	限　　值
感官性状和一般化学指标	
色	色度不超过15度,并不得呈现其他异色
浑浊度	不超过1度(NTU)①,特殊情况下不超过5度(NTU)
臭和味	不得有异臭、异味
肉眼可见物	不得含有
pH	6.5～8.5
总硬度(以 $CaCO_3$ 计)	450mg/L
铝	0.2mg/L
铁	0.3mg/L
锰	0.1mg/L
铜	1.0mg/L
锌	1.0mg/L
挥发酚类(以苯酚计)	0.002mg/L
阴离子合成洗涤剂	0.3mg/L
硫酸盐	250mg/L
氯化物	250mg/L
溶解性总固体	1000mg/L
耗氧量(以 O_2 计)	3mg/L,特殊情况下不超过5mg/L②
毒理学指标	
砷	0.05mg/L
镉	0.005mg/L
铬(六价)	0.05mg/L

续表

项 目	限 值
氰化物	0.05mg/L
氟化物	1.0mg/L
铅	0.01mg/L
汞	0.001mg/L
硝酸盐(以 N 计)	20mg/L
硒	0.01mg/L
四氯化碳	0.002mg/L
氯仿	0.06mg/L
细菌学指标	
细菌总数	100CFU/mL[3]
总大肠菌群	每 100mL 水样中不得检出
粪大肠菌群	每 100mL 水样中不得检出
游离余氯	在与水接触 30min 后应不低于 0.3mg/L,管网末梢水不应低于 0.05mg/L(适用于加氯消毒)
放射性指标[4]	
总 α 放射性	0.5Bq/L
总 β 放射性	1Bq/L

注:1. 表中 NTU 为散射浊度单位。2. 特殊情况包括水源限制等情况。3. CFU 为菌落形成单位。4. 放射性指标规定数值不是限值,而是参考水平。放射性指标超过表中所规定的数值时,必须进行核素分析和评价,以决定能否饮用。

4.2.2 生活饮用水水质非常规检验项目

生活饮用水水质非常规检验项目及限值见表 2。

生活饮用水水质非常规检验项目及限值　　表 2

项 目	限 值	项 目	限 值
感官性状和一般化学指标		锑	0.005mg/L
硫化物	0.02mg/L	钡	0.7mg/L
钠	200mg/L	铍	0.002mg/L

项　　目	限　值	项　　目	限　值
硼	0.5mg/L	微囊藻毒素-LR	0.001mg/L
钼	0.07mg/L	甲草胺	0.02mg/L
镍	0.02mg/L	灭草松	0.3mg/L
银	0.05mg/L	叶枯唑	0.5mg/L
铊	0.0001mg/L	百菌清	0.01mg/L
二氯甲烷	0.02mg/L	滴滴涕	0.001mg/L
1,2-二氯乙烷	0.03mg/L	溴氰菊酯	0.02mg/L
1,1,1-三氯乙烷	2mg/L	内吸磷	0.03mg/L（感官限值）
氯乙烯	0.005mg/L		
1,1-二氯乙烯	0.03mg/L	乐果	0.08mg/L（感官限值）
1,2-二氯乙烯	0.05mg/L		
三氯乙烯	0.07mg/L	2,4-滴	0.03mg/L
四氯乙烯	0.04mg/L	七氯	0.0004mg/L
苯	0.01mg/L	七氯环氧化物	0.0002mg/L
甲苯	0.7mg/L	六氯苯	0.001mg/L
二甲苯	0.5mg/L	六六六	0.005mg/L
乙苯	0.3mg/L	林丹	0.002mg/L
苯乙烯	0.02mg/L	马拉硫磷	0.25mg/L（感官限值）
苯并[a]芘	0.00001mg/L		
氯苯	0.3mg/L	对硫磷	0.003mg/L（感官限值）
1,2-二氯苯	1mg/L		
1,4-二氯苯	0.3mg/L	甲基对硫磷	0.02mg/L（感官限值）
三氯苯（总量）	0.02mg/L		
邻苯二甲酸二（2-乙基已基）酯	0.008mg/L	五氯酚	0.009mg/L
丙烯酰胺	0.0005mg/L	亚氯酸盐	0.2(mg/L)（适用于二氧化氯消毒）
毒理学指标		一氯胺	3mg/L
六氯丁二烯	0.0006mg/L	2,4,6 三氯酚	0.2mg/L

项　目	限　值	项　目	限　值
甲醛	0.9mg/L	二溴一氯甲烷	0.1mg/L
三卤甲烷①	该类化合物中每种化合物的实测浓度与其各自限值的比值之和不得超过1	一溴二氯甲烷	0.06mg/L
		二氯乙酸	0.05mg/L
		三氯乙酸	0.1mg/L
		三氯乙醛（水合氯醛）	0.01mg/L
溴仿	0.1mg/L	氯化氰（以CN⁻计）	0.07mg/L

注：三卤甲烷包括氯仿、溴仿、二溴一氯甲烷和一溴二氯甲烷共四种化合物。

5. 生活饮用水水源水质要求

5.1　作为生活饮用水水源的水质，应符合下列要求。

5.1.1　只经过加氯消毒即供作生活饮用的水源水，每100mL水样中总大肠菌群MPN值不应超过200；经过净化处理及加氯消毒后供生活饮用的水源水，每100mL水样中总大肠菌群MPN值不应超过2000。

5.1.2　必须按第4.2节表1的规定，对水源水进行全部项目的测定和评价。

5.1.3　水源水的感官性状和一般化学指标经净化处理后，应符合本规范第4.2节表1的规定。

5.1.4　水源水的毒理学指标，必须符合本规范第4.2节表1的规定。

5.1.5　水源水的放射性指标，必须符合本规范第4.2节表1的规定。

5.1.6　当水源水中可能含有本规范4.2节表1所列之外的有害物质时，应由当地卫生行政部门会同有关部门确定所需增加的检测项目，凡列入4.2节表2及附录A中的有害物质限值，应符合其相应规定（感官性状和一般化学指标经净化处理后需符合相关规定）。在此列表之外的有害物质限值应由当地卫生行政部门另行确定。

5.1.7　水源水中耗氧量不应超过 4mg/L；五日生化需氧量不应超过 3mg/L。

5.1.8　饮水型氟中毒流行区应选用含氟化物量适宜的水源。当无合适的水源而不得不采用高氟化物的水源时，应采取除氟措施，降低饮用水中氟化物含量。

5.1.9　当水源水碘化物含量低于 10μg/L 时，应根据具体情况，采取补碘措施，防止发生碘缺乏病。

5.2　当水质不符合 5.1 节和附录 A 中的规定时，不宜作为生活饮用水水源。若限于条件需加以利用时，应采用相应的净化工艺进行处理，处理后的水应符合规定，并取得卫生行政部门的批准。

6. 水质监测

6.1　水质的检验方法应符合《生活饮用水检验规范》（2001）的规定。

6.2　集中式供水单位必须建立水质检验室，配备与供水规模和水质检验要求相适应的检验人员和仪器设备，并负责检验水源水、净化构筑物出水、出厂水和管网水的水质。

自建集中式供水及二次供水的水质也应定期检验。

6.3　采样点的选择和监测

检验生活饮用水的水质，应在水源、出厂水和居民经常用水点采样。

城市集中式供水管网水的水质检验采样点数，一般应按供水人口每两万人设一个采样点计算。

供水人口超过 100 万人时，按上述比例计算出的采样点数可酌量减少。人口在 20 万人以下时，应酌量增加。在全部采样点中应有一定的点数，选在水质易受污染的地点和管网系统陈旧部分等处。

每一采样点，每月采样检验应不少于两次，细菌学指标、浑浊度和肉眼可见物为必检项目。其他指标可根据当地水质情况和需要选定。对水源水、出厂水和部分有代表性的管网末梢水至少每半年进行一次常规检验项目的全分析。对于非常规检验项目，可根据当地水质情况和存在问题，在必要时具体确定检验项目和频率。当检测指标超出本规范第 4.2 节中的规定时，应立即重复测定，并增加监测频率。连续超标时，应查明原因，并采取有效措施，防止对人体健康造成危害。在选择水源时或水源情况有改变时，应测定常规检测项目的全部指标。具体采样点的选择，应由供水单位与当地卫生监督机构根据本地区具体情况确定。

出厂水必须每天测定一次细菌总数、总大肠菌群、粪大肠菌群、浑浊度和肉眼可见物，并适当增加游离余氯的测定频率。

自建集中式生活饮用水水质监测的采样点数、采样频率和检验项目，按上述规定执行。

6.4 选择水源时的水质鉴定，应检测本规范第 4.2 节表 1 中规定的项目及该水源可能受某种成分污染的有关项目。

6.5 卫生行政部门应对水源水、出厂水和居民经常用水点进行定期监测，并应作出水质评价。

7. 本规范由卫生部负责解释

8. 本规范自 2001 年 9 月 1 日起施行

饮用水源中有定物质的限值　　　　附录 A

项　　目	限值(mg/L)	项　　目	限值(mg/L)
乙腈	5.0	丙烯醛	0.1
丙烯腈	2.0	二氯甲烷	0.02
乙醛	0.05	1,2-二氯乙烷	0.03
三氯乙醛	0.01	环氧氯丙烷	0.02
甲醛	0.9	二硫化碳	2.0

项　　目	限值（mg/L）	项　　目	限值（mg/L）
苯	0.01	吡啶	0.2
甲苯	0.7	松节油	0.2
二甲苯	0.5	苦味酸	0.5
乙苯	0.3	丁基黄原酸	0.005
氯苯	0.3	活性氯	0.01
1,2-二氯苯		硫化物	0.02
二硝基苯	0.5	黄磷	0.003
硝基氯苯	0.05	钼	0.07
二硝基氯苯	0.5	钴	1.0
三氯苯	6.02	铍	0.002
三硝基甲苯	0.5	硼	0.5
四氯苯	0.02	锑	0.005
六氯苯	0.05	镍	0.02
异丙苯	0.25	钡	0.7
苯乙烯	0.02	钒	0.05
苯胺		钛	0.1
三乙胺	3.0	铊	0.0001
已内酰胺	3.0	马拉硫磷（4049）	0.25
丙烯酰胺	0.0005	内吸磷（E059）	0.03
氯乙烯	0.005	甲基对硫磷（甲基 E605）	0.02
三氯乙烯	0.07	对硫磷（E605）	0.003
四氯乙烯	0.04	乐果	0.08
邻苯二甲酸二（2-乙基己基）酯	0.008	林丹	0.002
氯丁二烯	0.002	百菌清	0.01
水合肼	0.01	甲萘威	0.05
四乙基铅	0.0001	溴氰菊酯	0.02
石油（包括煤油、汽油）	0.3	叶枯唑	0.5

附录 9　2000 年各类水司暂行水质目标

2000 年各类水司暂行水质目标　　　　　表 1

第四类水司		第三类水司较第四类水司增加的项目		第二类水司较第三类水司增加的项目		第一类水司较第二类水司增加的项目	
项目	指标值	项目	指标值	项目	指标值	项目	指标值
色度	1.5mg/L Pt-Co（标准）					电	400(2°) μS/cm
浊度	3.0NTU					导率	100mg/L
臭和味	无	各类水司浊度指标值见表 2				钙	50mg/L
肉眼可见物	无					镁	
pH	6.5～8.5					硅	
				铝	0.2mg/L		
总硬度	450mg CaCO$_3$/L			钠	200mg/L	溶解氧	
氯化物	250mg/L					碱度	＞30mg CaCO$_3$/L
硫酸盐	250mg/L					亚硝酸盐	0.1mg NO$_2$/L
溶解性固体	1000mg/L					氨	0.5mg NH$_3$/L

第四类水司		第三类水司较第四类水司增加的项目		第二类水司较第三类水司增加的项目		第一类水司较第二类水司增加的项目	
项目	指标值	项目	指标值	项目	指标值	项目	指标值
硝酸盐	20mgN/L				10μg/L	耗氧量	5mg/L
氟化物	1.0mg/L			2,4,6-三氯酚	10μg/L	总有机碳	
阴离子洗涤剂	0.3mg/L			1,2,-二氯乙烷	0.3μg/L	矿物油	0.01mg/L
剩余氯	0.3,末 0.05mg/L			1,1-二氯乙烯	10μg/L	钡	0.1mg/L
挥发酚	0.002mg/L	银	0.05mg/L	四氯乙烯	30μg/L	硼	1mg/L
铁	0.3mg/L	氯仿	60μg/L	三氯乙烯	10μg/L	酚类：(总量)苯酚	0.002 mg/L
锰	0.1mg/L	四氯化碳	3μg/L	五氯酚		间甲酚	
铜	1.0mg/L			苯	10μg/L		
锌	1.0mg/L					2,4-二氯酚对硝基酚	
(银)	0.05mg/L					有机氯：(总量)二氯甲烷	1μg/L
(氯仿)	60μg/L						
(四氯化碳)	3μg/L					对二氯苯	0.01μg/L
氰化物	0.05mg/L					六氯苯	0.0002 mg/L

续表

第四类水司		第三类水司较第四类 水司增加的项目		第二类水司较第三类 水司增加的项目		第一类水司较第二类 水司增加的项目	
项目	指标值	项目	指标值	项目	指标值	项目	指标值
放射性 （总 α）	0.1Bq/L						
（总 β）	1Bq/L						
共 35 项		共 35 项		共 16 项		共 38 项	

注：括号中项目表示可委托测定项目。

各类水司浊度指标值（NTU）　　　　表 2

水司类别	指标值	最大允许值	水司类别	指标值	最大允许值
第一类水司	1	2	第三类水司	3	5
第二类水司	2	3	第四类水司	3	5

附录 10　城市供水水质标准

CJ/T 206-2005

1. 范围

本标准规定了供水水质要求、水源水质要求、水质检验和监测、水质安全规定。

本标准适用于城市公共集中式供水、自建设施供水和二次供水。

城市公共集中式供水企业、自建设施供水和二次供水单位，在其供水和管理范围内的供水水质应达到本标准规定的水质要求。用户受水点的水质也应符合本标准规定的水质要求。

2. 规范性引用文件

下列文件中的条款通过本标准的引用而成为本标准的条款。凡是注日期的引用文件，其随后所有的修改单（不包括勘误的内容）或修订版均不适用于本标准，然而，鼓励根据本标准达成协议的各方研究是否可使用这些文件的最新版本。凡是不注日期的引用文件，其最新版本适用于本标准。

GB 3838 地表水环境质量标准

GB 5750 生活饮用水标准检验法

GB/T 14848 地下水质量标准

CJ/T 141 城市供水二氧化硅的测定硅钼蓝分光光度法

CJ/T 142 城市供水锑的测定

CJ/T 143 城市供水钠、镁、钙的测定离子色谱法

CJ/T 144 城市供水有机磷农药的测定气相色谱法

CJ/T 145 城市供水挥发性有机物的测定

CJ/T 146 城市供水酚类化合物的测定液相色谱法

CJ/T 147 城市供水多环芳烃的测定液相色谱法

CJ/T 148 城市供水粪性链球菌的测定

CJ/T 149 城市供水亚硫酸盐还原厌氧菌（梭状芽胞杆菌）孢子的测定

CJ/T 150 城市供水致突变物的测定鼠伤寒沙门氏菌/哺乳动物微粒体酶试验

3. 术语和定义

3.1 城市

国家按行政建制设立的直辖市、市、镇。

3.2 城市供水

城市公共集中式供水企业和自建设施供水单位向城市居民提供的生活饮用水和城市其他用途的水。

3.3 城市公共集中式供水

城市自来水供水企业以公共供水管道及其附属设施向单位和居民的生活、生产和其他活动提供用水。

3.4 自建设施供水

城市的用水单位以其自行建设的供水管道及其附属设施主要向本单位的生活、生产和其他活动提供用水。

3.5 二次供水

供水单位将来自城市公共供水和自建设施的供水，经贮存、加压或经深度处理和消毒后，由供水管道或专用管道向用户供水。

3.6 用户受水点

供水范围内用户的用水点，即水嘴（水龙头）。

4. 供水水质要求

4.1 城市供水水质

城市供水水质应符合下列要求。

4.1.1 水中不得含有致病微生物。

4.1.2 水中所含化学物质和放射性物质不得危害人体健康。

4.1.3　水的感官性状良好。

4.2　城市供水水质检验项目

4.2.1　常规检验项目见表1。

常规检验项目　　　　　　　　　　表1

序号	项　目		限　　　值
1	微生物学指标	细菌总数	≤80CFU/mL
		总大肠菌群	每100mL水样中不得检出
		耐热大肠菌群	每100mL水样中不得检出
		余氯(加氯消毒时测定)	与水接触30min后出厂游离氯≥0.3mg/L;或与水接触120min后出水总氯≥0.5mg/L
		臭和味	无异臭异味,用户可接受
		浑浊度	1NTU(特殊情况≤3NTU)[①]
		肉眼可见物	无
		氯化物	250mg/L
2	感官性状和一般化学指标	铝	0.2mg/L
		铜	1mg/L
		总硬度(以$CaCO_3$计)	450mg/L
		铁	0.3mg/L
		锰	0.1mg/L
		pH	6.5~8.5
		硫酸盐	250mg/L
		溶解性总固体	1000mg/L
		锌	1.0mg/L
		挥发酚(以苯酚计)	0.002mg/L
		阴离子合成洗涤剂	0.3mg/L
		耗氧量(COD_{Mn},以O_2计)	3mg/L(特殊情况≤5mg/L)[②]

序号	项 目		限 值
3	毒理学指标	砷	0.01mg/L
		镉	0.003mg/L
		铬(六价)	0.05mg/L
		氰化物	0.05mg/L
		氟化物	1.0mg/L
		铅	0.01mg/L
		汞	0.001mg/L
		硝酸盐(以N计)	10mg/L(特殊情况≤20mg/L)③
		硒	0.01mg/L
		四氯化碳	0.002mg/L
		三氯甲烷	0.06mg/L
		敌敌畏(包括敌百虫)	0.001mg/L
		林丹	0.002mg/L
		滴滴涕	0.001mg/L
		丙烯酰胺(使用聚丙烯酰胺时测定)	0.0005mg/L
	毒理学指标	亚氯酸盐(使用 ClO_2 时测定)	0.7mg/L
		溴酸盐(使用 α 时测定)	0.01mg/L
		甲醛(使用 β 时测定)	0.9mg/L
4	放射性指标	总 a 放射性	0.1Bq/L
		总 p 放射性	1.0Bq/L

① 特殊情况为水源水质和净水技术限制等。

② 特殊情况指水源水质超过Ⅲ类即耗氧量＞6mg/L。

③ 特殊情况为水源限制,如采取下水等。

4.2.2 非常规检验项目见表2。

城市供水水质非常规检验项目及限值　　　表 2

序号		项　目	限　值
1	微生物学指标	粪型链球菌群	每 100mL 水样不得检出
		蓝氏贾第鞭毛虫（Giardialam-blio）	＜1 个/10L①
		隐孢子虫（Cryptosporidium）	＜1 个/10L②
2	感官性状和一般化学指标	氨氮	0.5mg/L
		硫化物	0.02mg/L
		钠	200mg/L
		银	0.05mg/L
3	毒理学指标	锑	0.005mg/L
		钡	0.7mg/L
		铍	0.002mg/L
		硼	0.5mg/L
		镍	0.02mg/L
		钼	0.07mg/L
		铊	0.0001mg/L
		苯	0.01mg/L
		甲苯	0.7mg/L
		乙苯	0.3mg/L
		二甲苯	0.5mg/L
		苯乙烯	0.02mg/L
		1,2-二氯乙烷	0.005mg/L
		三氯乙烯	0.005mg/L
		四氯乙烯	0.005mg/L
		1,2-二氯乙烯	0.05mg/L
		1,1-二氯乙烯	0.007mg/L

续表

序号	项　目		限　值
3	毒理学 指标	三卤甲烷(总量)	0.1mg/L⑤
		氯酚(总量)	0.010mg/L⑥
		2,4,6-三氯酚	0.010mg/L
		TOC	无异常变化(试行)
		五氯酚	0.009mg/L
		乐果	0.02mg/L
		甲基对硫磷	0.01mg/L
		对硫磷	0.003mg/L
		甲胺磷	0.001mg/L(暂定)
		2,4-滴	0.03mg/L
		溴氰菊酯	0.02mg/L
		二氯甲烷	0.005mg/L
		1,1,1-三氯乙烷	0.20mg/L
		1,1,2-三氯乙烷	0.005mg/L
		氯乙烯	0.005mg/L
		一氯苯	0.3mg/L
		1,2-二氯苯	1.0mg/L
		1,4-二氯苯	0.075mg/L
		三氯苯(总量)	0.02mg/L⑦
		多环芳烃(总量)	0.002mg/L⑧
		苯并[a]芘 i	0.00001mg/L
		二(2-乙基已基)邻苯二甲酸酯	0.08mg/L
		环氧氯丙烷	0.0004mg/L
		微囊藻毒素-LR	0.001mg/L③
		卤乙酸(总量)	0.06mg/L④⑨

续表

序号	项 目		限 值
3	毒理学指标	莠去津(阿特拉津)	0.002mg/L
		六氯苯	0.001mg/L
		六氯苯	0.001mg/L
		六氯苯	0.001mg/L

①、②、③、④ 从 2006 年 6 月起检验。

⑤ 三卤甲烷（总量）包括三氯甲烷、一氯二溴甲烷、二氯一溴甲烷、三溴甲烷。

⑥ 氯酚（总量）包括 2-氯酚、2,4-二氯酚、2,4,6-三氯酚三个消毒副产物，不含农药五氯酚。

⑦ 三氯苯（总量）包括 1,2,4-三氯苯、1,2,3-三氯苯、1,3,5-三氯苯。

⑧ 多环芳烃（总量）包括苯并 [a] 芘、苯并 [g, h, i] 芘、苯并 [b] 荧蒽、苯并 [k] 荧蒽、荧蒽、茚并 [1,2,3-c,d] 芘。

5. 水源水质要求

5.1　选用地表水作为供水水源时，应符合 GB 3838 的要求。

选用地下水作为供水水源时，应符合 GB/T 14848 的要求。

5.2　水源水质的放射性指标，应符合表 1 的规定。

5.3　当水源水质不符合要求时，不宜作为供水水源。若限于条件需加以利用时，水源水质超标项目经自来水厂净化处理后，应达到本标准的要求。

6. 水质检验和监测

6.1　水质的检验方法应按 GB 5750、CJ/T 141～CJ/T 150等标准执行。未列入上述检验方法标准的项目检验，可采用其他等效分析方法，但应进行适用性检验。

6.2　地表水水源水质监测，应按 GB 3838 有关规定执行。

6.3　地下水水源水质监测，应按 GB/T 14848 有关规定执行。

6.4　城市公共集中式供水企业应建立水质检验室，配备与供水规模和水质检验项目相适应的检验人员和仪器设备，并负责检验水源水、净化构筑物出水、出厂水和管网水的水质，必要时应抽样检验用户受水。

6.5 自建设施供水和二次供水单位应按本标准要求做水质检验。若限于条件，也可将部分项目委托具备相应资质的监测单位检验。

6.6 采样点的选择

采样点的设置要有代表性，应分别设在水源取水口、水厂出水口和居民经常用水点及管网末梢。管网的水质检验采样点数，一般应按供水人口每两万人设一个采样点计算。供水人口在20以下，100万以上时，可酌量增减。

6.7 水质检验项目和检验频率见表3。

水质检验项目和检验频率 表3

水样类别	检验项目	检验频率
水源水	浑浊度、色度、臭和味、肉眼可见物、CODMn、氨氮、细菌总数、总大肠菌群、耐热大肠菌群	每日不少于一次
	GB 3838中有关水质检验基本项目和补充项目共29项	每月不少于一次
出厂水	浑浊度、色度、臭和味、肉眼可见物、余氯、细菌总数、总大肠菌群、耐热大肠菌群、CODMn	每日不少于一次
	表1全部项目，表2中可能含有的有害物质	每月不少于一次
	表2全部项目	以地表水为水源:每半年检测一次 以地下水为水源:每一年检测一次
管网水	浑浊度、色度、臭和味、余氯、细菌总数、总大肠菌群、CODMn（管网末梢点）	每月不少于两次
管网末梢水	表1全部项目，表2中可能含有的有害物质	每月不少于一次

注：当检验结果超出表1、表2中水质指标限值时，应立即重复测定，并增加检测频率。水质检验结果连续超标时，应查明原因，采取有效措施，防止对人体健康造成危害。

313

6.8 水质检验项目合格率要求见表4。

水质检验项目合格率 表4

水样检验项目 出厂水或管网水	综合	出厂水	管网水	表1项目	表2项目
合格率(%)	95	95	95	95	95

注：1. 综合合格率为：表1中42个检验项目的加权平均合格率。

    2. 出厂水检验项目合格率：浑浊度、色度、臭和味、肉眼可见物、余氯、细菌总数、总大肠菌群、耐热大肠菌群、COD_{Mn}共9项的合格率。

    3. 管网水检验项目合格率：浑浊度、色度、臭和味、余氯、细菌总数、总大肠菌群、COD_{Mn}（管网末梢点）共7项的合格率。

    4. 综合合格率按加权平均进行统计

计算公式：

(1) 综合合格率（%）=

$$\frac{管网水7项各单项合格率之和+42项扣除7项后的综合合格率}{7+1}\times100\%$$

(2) 管网水7项各单项合格率（%）=$\dfrac{单项检验合格次数}{单项检验总次数}\times100\%$

(3) 42项扣除7项后的综合合格率（35项）（%）=

$$\frac{35项加权后的总检验合格次数}{各水厂出厂水的检验次数\times35\times各该厂供水区分布的取水点数}\times100\%$$

7. 水质安全规范

7.1 供水水源地必须依法建立水源保护区。保护区内严禁建任何可能危害水源水质的设施和一切有碍水源水质的行为。

7.2 城市公共集中式供水企业和自建设施供水单位，应依据有关标准，对饮用水源水质定期监测和评价，建立水源水质资料库。

7.3 当供水水质出现异常和污染物质超过有关标准时，要加强水质监测频率。并应及时报告城市供水行政主管部门和卫生监督部门。

7.4 水厂、输配水设施和二次供水设施的管理单位，应根据本标准对供水水质的要求和水质检验的规定，结合本地区的情况建立相应的生产、水质检验和管理制度，确保供水水质符合本标准要求。

7.5 当城市供水水源水质或供水设施发生重大污染事件时，城市公共集中式供水企业或自建设施供水单位，应及时采取有效措施。当发生不明原因的水质突然恶化及水源性疾病暴发事件时，供水企业除立即采取应急措施外，应立即报告当地供水行政主管部门。

7.6 城市公共集中式供水企业、自建设施供水和二次供水单位应依据本标准和国家有关规定，对设施进行维护管理，确保到达用户的供水水质符合本标准要求。

参 考 文 献

1　上海市政工程设计研究院. 给水排水设计手册（第二版）第 3 册—城镇给水. 北京：中国建筑工业出版社，2004

2　中国市政工程西南设计研究院. 给水排水设计手册（第二版）第 1 册—常用资料. 北京：中国建筑工业出版社，2000

3　华东建筑设计研究院有限公司. 给水排水设计手册（第二版）第 4 册—工业给水处理. 北京：中国建筑工业出版社，2002

4　严煦世，范瑾初. 给水工程（第四版）. 北京：中国建筑工业出版社，1999

5　姜乃昌，陈锦章. 水泵及水泵站（第二版）. 北京：中国建筑工业出版社，1986

6　许保玖. 给水处理理论与设计. 北京：中国建筑工业出版社，2000

7　聂梅生等. 水资源及给水处理. 北京：中国建筑工业出版社，2000

8　何品晶，顾国维等. 城市污泥处理与利用. 北京：科学技术出版社，2003

9　尹士君，李亚峰. 水处理构筑物设计与计算. 北京：化学工业出版社，2004

10　丁亚兰. 国内外给水工程设计实例. 北京：化学工业出版社，1999

11　王占生，刘文君. 微污染水源饮用水处理. 北京：中国建筑工业出版社，1999

12　许保玖，龙腾锐. 当代给水与废水处理原理. 北京：高等教育出版社，2000

13　上海市基本建设委员会. 室外给水设计规范（1997 年版）. 北京：中国计划出版社，1997

14　北京市自来水总公司. 城镇水厂运行、维护及安全技术规程. 北京：中国计划出版社，1994

15　张勤，张建高. 水工程经济. 北京：中国建筑工业出版社，2002

16　周律. 给水排水工程技术经济与造价管理. 北京：清华大学出版社，2003

17　北京市城市节约用水办公室. 中水工程实例及评析. 北京：中国建筑工业出版社，2003

18　宋祖诏，张思俊等. 取水工程. 北京：中国水利水电出版社，2002